＼ 網 頁 美 編 的 救 星 ！ ／

零基礎也能看得懂的
HTML & CSS 網頁設計

1冊ですべて身につくHTML & CSSとWebデザイン入門講座

Mana 著　吳嘉芳 譯

感謝您購買旗標書，
記得到旗標網站
www.flag.com.tw
更多的加值內容等著您…

- FB 官方粉絲專頁：旗標知識講堂
- 旗標「線上購買」專區：您不用出門就可選購旗標書！
- 如您對本書內容有不明瞭或建議改進之處，請連上旗標網站，點選首頁的 聯絡我們 專區。

若需線上即時詢問問題，可點選旗標官方粉絲專頁留言詢問，小編客服隨時待命，盡速回覆。

若是寄信聯絡旗標客服 email，我們收到您的訊息後，將由專業客服人員為您解答。

我們所提供的售後服務範圍僅限於書籍本身或內容表達不清楚的地方，至於軟硬體的問題，請直接連絡廠商。

學生團體　訂購專線：(02)2396-3257 轉 362
　　　　　傳真專線：(02)2321-2545

經銷商　服務專線：(02)2396-3257 轉 331
　　　　將派專人拜訪
　　　　傳真專線：(02)2321-2545

國家圖書館出版品預行編目資料

網頁美編的救星！
零基礎也能看得懂的 HTML & CSS 網頁設計
Mana 著；吳嘉芳譯
初版．臺北市：旗標科技股份有限公司，2021.01 面；公分
譯自：1 冊ですべて身につく HTML & CSS と Web デザイン入門講座

ISBN 978-986-312-628-7（平裝）

1.HTML（文件標記語言）2.CSS（電腦程式語言）
3. 網頁設計 4. 全球資訊網
312.1695　　109018946

作　　者／Mana
譯　　者／吳嘉芳
翻譯著作人／旗標科技股份有限公司
發行所／旗標科技股份有限公司
　　　　台北市杭州南路一段15-1號19樓
電　　話／(02)2396-3257(代表號)
傳　　真／(02)2321-2545
劃撥帳號／1332727-9
帳　　戶／旗標科技股份有限公司
監　　督／陳彥發
執行企劃／蘇曉琪
執行編輯／蘇曉琪
美術編輯／薛詩盈
封面設計／薛詩盈
校　　對／蘇曉琪

新台幣售價：550 元
西元 2024 年 3 月 初版 7 刷
行政院新聞局核准登記 - 局版台業字第 4512 號
ISBN 978-986-312-628-7

前言

想做網站的人，應該都曾經上網搜尋「HTML」或「CSS」這類的關鍵字吧？想必也曾經從網路上找到不少的教學文章。我自己長久以來其實也一直在部落格介紹網站的製作方法、最新技術、設計趨勢等。不過我發現，網路上的知識雖然很容易取得，但是比較零碎，並不適合按部就班、系統化的學習方式。尤其對於完全不瞭解 HTML 與 CSS、「現在才想要開始學習做網站的人」而言，恐怕很難理解網路上零碎片段的教學內容。

因此我寫了這本書。這本書會針對網站的初學者，依序說明必備的知識。

本書前半部的 CHAPTER 1～3，主要是介紹網站的結構、幫讀者建立 HTML 及 CSS 的基本知識。

本書後半部的 CHAPTER 4～7，將複習前面學過的內容，實際做出一個網站。過程中會不斷對照原始碼，讓讀者一邊做一邊學習，體驗實際製作網站的流程。

除了基本知識與製作方法之外，本書還會徹底介紹支援智慧型手機的「響應式網頁設計」寫法，以及「Flexbox」、「CSS 格線」等最新技術。如果讀者以前就學過傳統的架站方式，亦可透過本書，搶先學習今後將成為趨勢的「流行技術」。

除此之外，本書還有一大特色，就是不只有 HTML 與 CSS 的教學，也會一併解說網頁的配色、排版技巧、字體選擇等「設計基礎觀念」。

因此，本書的優點就是可以一次學會「HTML」、「CSS」、「網頁設計」這三大重點技能，不僅能設計出版面美觀的網頁，也有能力做出美觀而且實用的網站。這些網站設計的知識，一定能在未來自己製作網站時發揮有用的效果。

自己製作網站時，必須先瞭解的事情非常多，應該很難一次就記住所有內容。當你日後在做網站的過程中，遇到「這裡該怎麼設定啊？」的疑問時，希望你能把本書放在電腦附近，以便隨時複習和查閱，這會讓我深感榮幸。

Web Creator Box **Mana**

INTRODUCTION

ABOUT THE CONTENTS

本書內容簡介

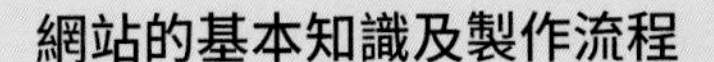

網站的基本知識及製作流程

網站的基本結構、HTML 的基本知識

網站的裝飾與設計、CSS 的基本知識

本書前半部 CHAPTER 1～3 的內容，是學習製作網站時，需要瞭解的基本知識。

本書後半部 CHAPTER 4～7 的內容，是要一邊動手操作，一邊實際製作出範例網站。

本書將引導你做出具備這些頁面的網站　index.html / news.html / menu.html / contact.html

全螢幕版面

index.html

全螢幕版面是指使用整個畫面來顯示影像或影片等主視覺的設計，常用於網站首頁，適合具有震撼力的設計。

兩欄式版面

news.html

兩欄式版面是指將內容排成兩欄，較適合內容量較多的新聞網站或部落格的文章等。兩欄式版面是網路上非常常見、高通用性的網頁版面。

響應式網頁設計

使用智慧型手機等裝置上網，現在已經是主流，因此在設計網頁時，必須隨著裝置的螢幕寬度自動調整顯示方式，像這樣的「響應式網頁設計」已經是製作網站時必須具備的功能。本書在製作每個頁面時，都會解說該頁面的響應式設計，讓讀者了解最適合的設定。

磚牆式版面

menu.html

磚牆式版面是透過格線的設計，整齊地呈現大量影像與文字。適用於購物網站、圖庫網站等圖片眾多的網站。

「聯絡我們」網頁

contact.html

幾乎每個網站都會需要製作的「聯絡我們」網頁，內容會包含聯絡表單，以便使用者和站方聯繫。除此之外，這個頁面通常都會置入媒體連結，因此本書也會解說置入 Google 地圖、社群媒體、YouTube 影片等外部媒體的用法。

CONTENTS

目錄

CHAPTER 1

想做網站必須先搞懂的重點！架設網站的基本知識

CHAPTER 2

建立網站的基本結構！HTML 的基本知識

CHAPTER 3

開始設計網站！CSS 的基本知識

CHAPTER 4

製作全螢幕網頁

CHAPTER 5

製作兩欄式網頁

CONTENTS

CHAPTER 6

製作磚牆式網頁

CHAPTER 7

使用外部媒體

CONTENTS

DOWNLOAD SAMPLE DATA

如何下載範例檔案

本書包含了用來練習的範例檔案，請透過以下網址下載，下載後解壓縮即可使用。

URL https://www.flag.com.tw/DL.asp?F1469

範例檔案中收錄了多數本書解說過的內容，包括 HTML、CSS 檔案、示範用的資料，以及本書完成的網站檔案等。資料夾結構如下圖所示。

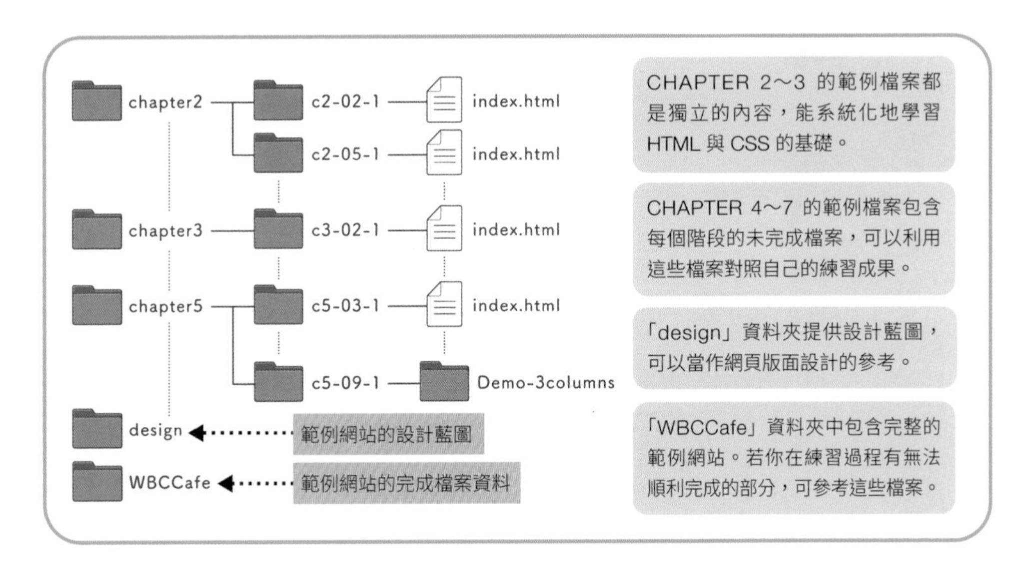

此外，在本書內文中提及檔案的地方，也會如下標示應該開啟哪個檔案，以便對照。

※ 收錄在範例檔案內的原始碼，不論個人或商用都可以自由運用。但是網站中的文字原稿、影像素材請勿使用於學習本書以外的目的。若讀者自行將網頁內容更換成自己準備的文字及影像素材，則可以當作原創網站使用。

CHAPTER 1

—

想做網站必須先搞懂的重點！架設網站的基本知識

你是否也是這樣，雖然想要開始製作網站，卻因為不知道該從何著手而煩惱不已。首先，我們就從徹底掌握網站的基本結構及製作網站的流程開始吧。

WEBSITE ｜ WEB DESIGN ｜ HTML ｜ CSS ｜ SINGLE PAGE ｜ MEDIA

7-7 CHAPTER 何謂好的網站設計

聽到「設計」這兩個字，許多人往往會想到「好看」或是「漂亮」這類對於外觀的描述。其實，真正的「好設計」絕對不會光只有外觀好看而已。以下讓我們仔細探討「設計」的意義。

設計的目的是將訊息傳達給對方

所謂的「傳達訊息」，並非只是用文字表達某個內容。所謂的設計，就是針對想要傳達的訊息，善用照片、圖示、表格等光憑文字無法完整傳達的元素，從視覺方面去傳達。簡言之，透過設計去表達「想傳達的訊息」，這點非常重要，倘若設計完成後仍無法順利將訊息傳達給對方或是造成誤解，這樣的設計就稱不上是好設計。

換句話說，設計是「**傳達訊息的方法**」，而不是「**華而不實的裝飾**」。

左邊的網站看起來很好看，卻看不出是什麼內容；相較之下，右邊的網站讓人一看就懂，會比較受歡迎。

網站是否好用很重要

使用者通常是為了某種目的才會去看網站的內容。例如：想要查詢活動會場的地點、想知道現在上映的電影、想看看熱門遊戲的內容等。無論如何，如果使用者進入網站後無法找到他想找的資料，或是無法瞭解網站的內容，他就會毫不猶豫地離開了。

因此我們在製作網站時，可以加上讓網站更好用的巧思，舉例來說，以兒童為對象的遊戲廣告，要避免使用艱深的字詞；為了體貼聽障使用者，最好幫影片加上字幕等等。有考慮到這些重點而設計出來的網站，才能說是讓任何人都能覺得好用的好設計。

設計能帶來更好的生活

設計的目的除了傳達訊息，也有人認為「設計是解決問題的方法」。例如，澳洲人非常喜歡衝浪等海上活動，因此有很多人會把錢放在口袋裡就去海邊玩水，可是這樣一來，每次紙鈔都會破損不堪，令人十分困擾。後來澳洲政府就推出塑膠製的鈔票，於 1988 年首度發行，這種塑膠鈔票同時還具有防偽功能。

其實這也是一種設計。改變鈔票的材質後，就解決了衝浪者的困擾，在這個案例中，設計也代表著要提供更美好的體驗、更舒適的生活。好設計就像這樣，除了外觀好看，更重要的是能幫助使用者輕易達成目的，這就是我所說的「帶來更好的生活」。

COLUMN

—

設計一定要有「SENSE」嗎？

「這個設計很有 sense」、「這道菜很有 sense」、「你很有商業的 sense」我想你應該有聽過這種說法。大家很愛講的「sense」究竟是什麼？

我自己的看法是，「有 sense」應該是「具備相關知識」。換言之，說你「有 sense」就代表「具備設計知識」、「具備料理知識」、「具備商業知識」，這樣你就放心了吧！很多人一聽到「sense」，可能會以為是先天的、與生俱來的天分，其實並非如此。設計需要的應該是知識而非 sense。所以，只要努力學習，應該任何人都能學會。

「有 sense」的人可以說是精通該領域的基礎知識或基本作法，不論面對哪種情況，都能根據既有知識，找到方法去執行。只要掌握基本理論及重點，就算不會創新，也能完成令人容易理解，而且別具意義的設計。

1-2 CHAPTER 認識各種用途的網站

網站根據製作的目的或用途，可分成各種類型。以下將網站大致分成 6 種，並介紹可以當作參考的範例網站。在開始製作之前，建議你先瞭解日後要製作的網站屬於哪種類型以及製作目的。

企業網站（Official website）

刊登企業資料的網站就稱為**企業網站**（也稱為「官方網站」）。這是用來發布公司概要、產品介紹、徵才訊息等企業相關資料的網站。

- 想要介紹公司的產品
- 想要說明公司與競爭對手的差異
- 想要幫公司徵求優秀的人才

http://www.mazda.co.jp/

這是 mazda 的官方網站，是以介紹自產汽車為主的企業網站。在網站上還會發布公司的沿革、最新的技術、地區活動等訊息，希望與其他公司做出區隔。

活動網站

用來通知特定商品、服務或活動的網站就稱為**活動網站**，也稱作**特設網站**。這類網站介紹的資料範圍較小，只以特定的使用者為目標對象，而且通常只在限定期間內公開。

- 想要通知限時促銷活動
- 想要將新服務推廣出去
- 想要增加網站的訪客人數

https://2018.ogijima.wordcamp.org/

這是「WordCamp Ogijima 2018」的活動網站，內容包括活動時程、交通資訊等。

作品集（Portfolio）網站

作品集網站主要是設計師、藝術家、攝影師等用來展示作品或製作成果的網站。

這裡說的「作品集（Portfolio）」，是用來展示和整理製作過的網站、插畫、攝影等作品或成果並公開。大部分的作品集網站是用於求職時，自我推銷或當作發表作品的地方。

- 想要讓人瀏覽到目前為止製作過的所有作品
- 想要在求職時介紹自己的專業技能
- 希望能接到新案子

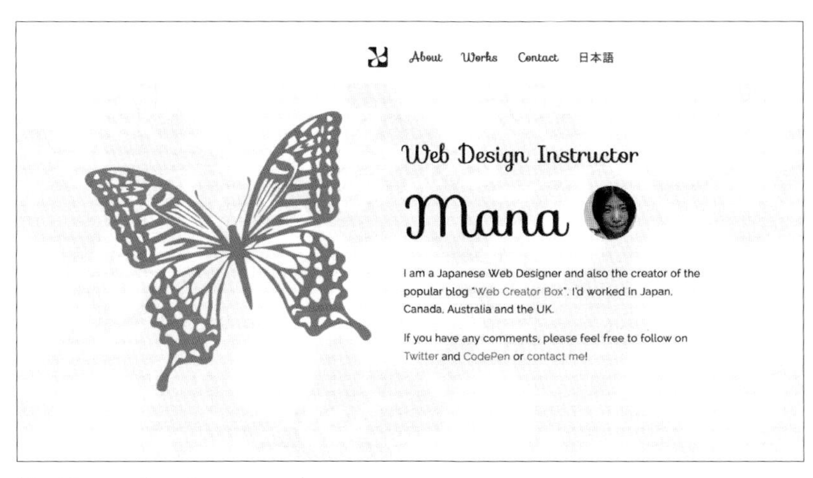

http://www.webcreatormana.com/

這是筆者自己的作品集網站，所發布的內容包括製作過的網站、經歷、興趣等，為了引起其他人對筆者的興趣而花了一番工夫。

購物網站

購物網站是在網路上銷售商品的網站，也稱為**電子商務網站**、**EC 網站**、**線上商城**等。購物網站的結構通常會包括商品列表、商品詳細說明、購物車、結帳畫面等。這種網站除了要刊登商品之外，也要思考如何設計才能吸引消費者下單，必須花很多心思設計。

- 希望在線上銷售商品
- 想要以付費下載的方式販售自己創作的樂曲
- 想要將實體門市的商品賣到國外

https://www.muji.net/store/

日本無印良品的網站，除了商品說明外，也透過用法及穿搭提案來提高業績並吸引粉絲。此外還有提供網路限定的商品，妥善活用了購物網站的優點。

媒體網站

媒體網站是由新聞或是文章報導構成的網站，就像網路版的雜誌，部落格也算是一種媒體網站。這類網站常用於發布特定領域的訊息，以介紹自家公司或導購商品等。

- 想要提供自家服務的資訊
- 想要利用廣告賺取收入
- 想要傳達自己的想法

在 SHISEIDO 官方經營的 watashi+ 網站，發布的報導都是美妝與美甲等與美容相關的訊息。報導中會介紹使用到的商品，與銷售做連結。

http://www.shiseido.co.jp/sw/beautyinfo/

SNS(社群網站)

SNS（社群網站）是「Social Networking Service」的縮寫，這類網站的特色是能即時與使用者溝通，更容易傳播訊息。適合發布非報導式的短文、照片、影片之類的訊息。

- 想要讓使用者產生親切感
- 希望與使用者直接溝通
- 想要提供使用者即時支援的資源

Instagram 就是可以在上面發布照片或影片的社群網站。公司可以在 Instagram 建立企業帳號並和使用者直接溝通，目前已有越來越多企業運用這種服務，尤其是服飾零售業。

https://www.instagram.com/

網站並不只有上述這些類型，如果要再細分，還能分出更多種類，而且光一個網站裡也可能組合了多種類型，因此重點是要根據目的去思考要建立何種類型的網站。

依目的製作網站的優點是，可以完成容易讓使用者瞭解的內容，而且對經營者而言，也比較容易依目的去改善網站內容。

1-3 CHAPTER 認識網站的「易用性」

看過各種網站之後，可以再進一步回想看看，你是否有過找不到選單、覺得網站很難用的感覺？為了避免使用者產生這種感覺，我們必須先瞭解的關鍵，就是「易用性（Usability）」。

做網站要思考「好不好用」

易用性（Usability）是指網站的「方便性」或「好用度」。如果每個造訪網站的使用者，都能輕鬆地使用網站上的功能，不會感到壓力，我們就可以說這個網站「易用性佳」。

製作網站時，最重要的就是站在使用者的立場來建置。要思考使用者的需求，設計出能流暢引導使用者、幫助使用者獲得所需資料的網站架構。

易視性：設計出容易瀏覽的畫面

如果要讓網站變得很容易查詢，重點是要讓使用者能輕鬆地瀏覽到目標資料，我稱為「易視性」。我在此列出幾個重點，請一起思考如何製作出容易瀏覽、易視性高的網站。

注意網頁用色與配色

網頁的配色與易視性的關係非常密切，最重要的關鍵就是背景色與文字顏色的對比。請試著想像看看，假如網頁背景為黑色，文字顏色為深灰色，如左下圖所示，看起來會很吃力。另一方面，背景色與文字同為亮色系的鮮豔配色也不利閱讀，眼睛容易疲累，如右下圖所示。易視性必須考慮到視覺感受，因此請選擇容易瀏覽、不會刺眼的配色。

若能將背景色與文字顏色的亮度差異拉大，應該能做出容易閱讀的畫面。配色建議選擇適合長時間瀏覽，不會讓眼睛感到疲勞的顏色。

要突顯出想強調的重點

如果有想強調的重點，就要想辦法將它突顯出來。以按鈕為例，請在網站裡最重要的網頁（通常是首頁或到達頁）內，設置明顯的按鈕。為了讓它突顯出來，你可以透過放大按鈕尺寸、以配色製造差異、調整文字大小等方法來強調。該按鈕必須與其他元素產生明顯的區別，要讓使用者在開啟網頁的瞬間就會發現。

設計一致的版面（Layout）

在同一個網站內，如果每個網頁的版面設計都不同，會讓使用者感到混亂。基本上請統一 LOGO、導覽列、頁尾等共通元素的設計。

易讀性：編排出容易閱讀的內文

接著我們要探討怎樣編排內文會比較容易閱讀。

一定要先寫結論

很少有使用者會有耐性將網頁上的文字全部看完，他們通常很討厭遲遲不進入主題，前言長篇大論的文章。一篇文章是否淺顯易懂，是以最前面的兩句話來做判斷。如果要讓文章容易閱讀，建議先陳述結論，接著再列出相關資料。

避免使用專業術語

即使是內容比較專業的報導，使用者也不見得能看懂全部的專業術語。有些使用者在感覺看不懂時，就會立刻結束閱讀，因此建議避免使用太專業的術語。如果非用不可，最好加上附註或補充說明。此外，也要衡量網站的主要目標族群，思考要使用哪種程度的用語、哪些用語可能會太過專業。

寫文章要簡潔扼要

文章越是冗長，越容易成為言之無物的報導，因此一定要簡潔扼要。此外，還可善用大小標題、適度換行及條列式清單，讓內容更容易瀏覽。使用者通常都只會大致地瀏覽網頁，因此要多利用標題設計，讓使用者光看標題的關鍵字就能瞭解大概的內容，自行決定要不要細讀。

操作性：製作出容易操作的介面

製作網頁與編排書頁或傳單等平面內容最大的差異，就是網頁要考慮到讓使用者主動去點擊或捲動等操作。因此製作時必須考慮到操作層面，思考這樣設計是否容易操作。

要採取可以預測的操作方式

當你希望使用者做出某種行為，例如點擊按鈕、加入購物車等，必須能讓使用者預測到接下來會發生的狀態。例如只寫著「這個網站」的文字連結，會讓人無法預測將跳轉到哪個網頁；如果改成「關於配色的深入報導」連結，使用者就能預測他將跳轉到何處。

此外，有些動作已經成為一般人使用網頁的習慣動作，例如「點擊 LOGO 就會跳轉到首頁」、「有底線的藍色文字代表超連結」，如果要改變使用者的習慣，必須特別注意。

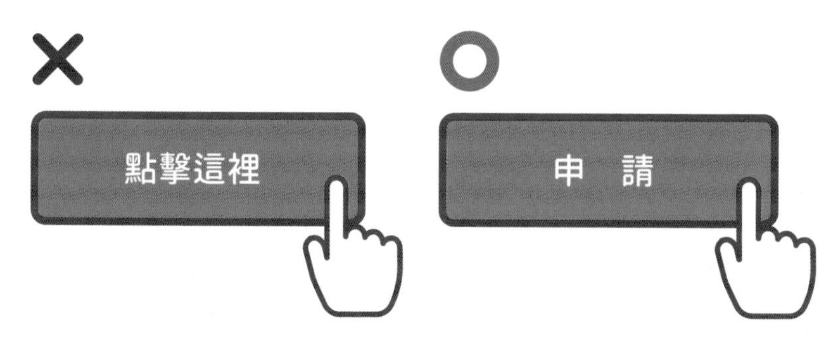

按鈕上的標籤文字應該要寫出點擊後會產生什麼動作。

要加快回應速度

載入網頁的速度及點擊回饋的速度也很重要。如果遲遲沒有顯示、毫無反應，使用者就會想離開。假如網頁要嵌入大量的大型影像或影片，就必須盡量縮小檔案容量。這種**使用時的效率高低**也屬於易用性。

POINT

製作網站時，只要稍微注意配色與排版，就會變得非常方便好用。

要讓人一目瞭然

有時候網頁上有些文字或影像包含超連結，卻沒有任何提示，這往往會讓人不知道是否可以點選。假如有超連結，要利用顏色或線條與其他元素做出差異，同時也必須避免裝飾過於華麗而干擾畫面。

製作網站時必須從提供資料端與使用者端等各種角度來思考網站結構用起來是否方便。

COLUMN

確認色彩對比

對設計而言，配色是很重要的元素。如果使用了錯誤的配色，文字及畫面的辨識度就會降低，有時甚至會讓使用者無法順利地看完內容。辨識度的好壞與「對比度」有關，而色彩的對比會受到顏色的明度影響，因此如果我們將網頁畫面調整成只有黑白灰構成的「灰階」模式，就可以確認對比的差異，找出哪些地方辨識度不佳。

以下示範我確認對比的方法。首先擷取網頁或橫幅廣告的螢幕截圖影像。接著使用繪圖軟體將圖片轉換成灰階模式（如果你是使用 Photoshop，執行『**影像→模式→灰階**』命令即可）。這樣一來就可以利用灰階影像找出不易辨識的地方。

網頁內容的辨識度會隨著配色產生大幅變化。當你在網頁中使用較多顏色時，尤其要仔細確認色彩的對比度與元素的辨識度。

在花朵背景影像上配置文字與按鈕。使用紅花與綠葉的顏色，讓整體配色有一致性。

將圖片轉成灰階，發現文字顏色融入背景色，整體變得難以辨識，而且看起來都很暗。

把文字變成白色，拉高對比。將按鈕的顏色也變成高明度的粉紅色，按鈕的文字改成黑色。

可以看到文字與按鈕的對比變明顯了，可維持配色的一致性同時提高辨識度。

1-4 CHAPTER 網站的架構

我們平常隨意瀏覽的網站，到底是怎麼建構起來的？在開始製作網站前，一定要知道這些「最基本」的內容。不過，若你對網際網路已經有基本的認識，就可以跳過這幾節，從 1-7 開始閱讀。

網際網路是什麼？

網際網路 (Internet) 是能讓全球的電腦連線、交換各種資料的網路系統，是包含無數網路的集合體。例如 E-mail、FTP、BBS，都是網際網路提供的服務之一。

Web、網站是什麼？

Web 全名為「**全球資訊網 (World Wide Web)**」，這也是網際網路上提供的服務之一。它是一套資訊系統，可藉由**超連結 (hyperlink)** 將分散於全球各地的多媒體資料加以整合應用。

網站 (Website) 則是在全球資訊網中，用 HTML 等工具製作的網頁集合，就像是布告欄，我們在網站上發布資訊，就可以透過網路讓全球的人看到。

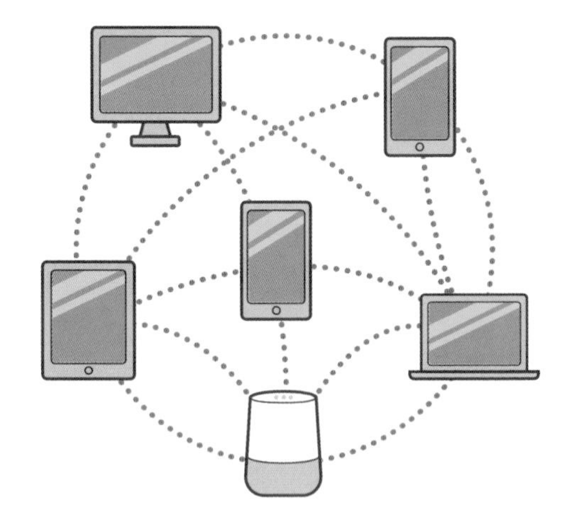

網際網路 (Internet) 串連起全球的電腦，而且不只是電腦，還有智慧型手機、平板裝置、智慧音箱等電子產品，也都會透過網際網路交換資料。

POINT

網際網路 (Internet) 是網路的集合體，Web (全球資訊網) 是利用網路發布、瀏覽網站的資訊系統；網站 (Website) 則是在全球資訊網中的網頁集合。

網路的架構

瀏覽網頁時，有兩個必備的條件，就是「**網站伺服器 (Web Server)**」與「**客戶端 (Web Client)**」。**網站伺服器**和家用電腦或手機一樣，都是一種電腦。網站伺服器具有在網路 上公開資料，儲存檔案的功能，可是卻沒有能直接操作的裝置，如螢幕或鍵盤等。製作者建立網站後，該網站所使用的檔案，都會儲存在這個網站伺服器中。

而**客戶端**則是可以連到網站伺服器、取得資料的那一方，例如使用者上網時所使用的電腦上的瀏覽器。

使用者透過電腦上的網頁瀏覽器，提出想瀏覽網頁的「要求 (request)」，等網站伺服器給予「回應 (response)」，使用者就可以瀏覽網頁。

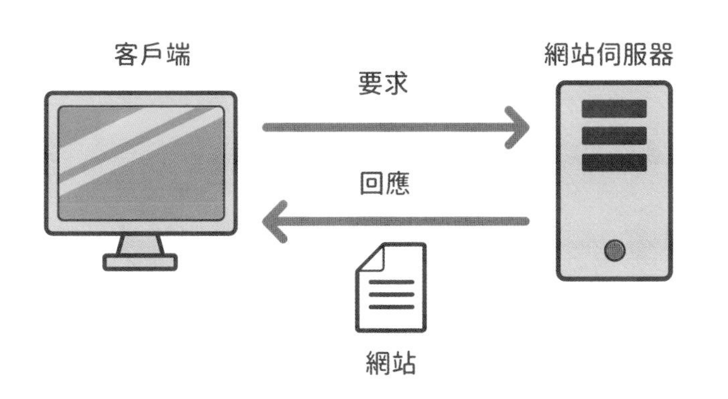

例如要用電腦瀏覽 Twitter 的網站時，就會向網站伺服器傳送「想瀏覽 Twitter 網站」的要求。則網站伺服器會針對這個要求回應「Twitter 的網站在這裡」，然後就向使用者顯示出該網頁。

網址是什麼？

網址 (URL) 通常是顯示成「http://example.com/sample/index.html」的格式，這代表抵達某個網站的地址，每個網站都會擁有其固定的網址。

可是，如果每次都要請使用者輸入長長的一串網址才能連到想去的網站，會讓人感覺非常麻煩。因此我們通常會在網頁中的特定文字或圖片上設定網址，讓使用者只要點擊已綁定網址的文字或圖片，即可跳轉至指定的網頁，這個功能稱為「**超連結 (hyperlink)**」或簡稱為「**連結 (link)**」，不用輸入網址，按一下連結就可以跳轉至指定的網頁。

http://example.com/sample/index.html

通訊協定	網域名稱	目錄名稱 (資料夾名稱)	檔案名稱	副檔名
http://	example.com/	sample/	index	.html

網址中的每個部分都有各自的功用。網站的網址通常會顯示在瀏覽器的網址列。

1-5 CHAPTER 用來上網的裝置

英文「Device」的意思是「裝置」，可泛指各種電子產品，包括個人電腦、智慧型手機、智慧手錶等。這一節我將「裝置」分成兩類來說明，包括終端裝置和電腦周邊設備。

終端裝置

如果你曾經上網查詢智慧型手機的功能，應該看過「**裝置**」這個詞。裝置的其中一種含意就是指可以上網、可以自行運作的「**終端裝置**」，像是智慧型手機或平板電腦，光是代表終端的「○○裝置」就有很多種。以下介紹幾種常聽到的裝置名稱。

iOS 裝置

「iOS」是 Apple 為行動裝置開發的操作系統，使用該系統的裝置就稱為「iOS 裝置」。具體而言，「iPhone」及「iPad」等 Apple 的電子產品都屬於 iOS 裝置。

Android 裝置

「Android OS」是 Google 為行動裝置開發的操作系統，使用該系統的裝置就稱為「Android 裝置」。和 iOS 裝置不同的是，除了 Google 自家的產品外，其他企業也會推出內建 Android OS 的裝置，例如 Sony Xperia 和 Samsung Galaxy 等智慧型手機都是。

行動裝置

行動裝置是指可以隨身攜帶的電子產品。包括智慧型手機、平板電腦、筆記型電腦等都是行動裝置，又稱為可攜式裝置。

智慧裝置

智慧一般認為就是「聰明」的意思。智慧裝置就是泛指可以連接網際網路、可以使用各種應用程式的終端裝置，通常也是指智慧型手機及平板電腦等。

穿戴式裝置

「穿戴式」就是「可穿戴在身上」的意思。這是可以穿戴在身上使用的裝置，如眼鏡、手錶、戒指等。大部分穿戴式裝置都可以用來記錄身體的動作或是健康狀態等。

IoT 裝置

「IoT」是「Internet of Things」的縮寫，稱為「物聯網」。這是指在生活周遭的物品上，內建網際網路通訊功能的終端裝置，預料未來這種裝置會愈來愈多。

電腦周邊設備

裝置的另一種意思就是可以連接電腦的「電腦周邊設備」。例如印表機、鍵盤、滑鼠、螢幕等，都是屬於電腦周邊設備的裝置。

USB 裝置

這是指支援「USB(全球通用連線規格)」的機器。例如具備 USB 接頭的滑鼠、鍵盤、USB 隨身碟等，是我們使用電腦時幾乎都會用到的裝置。

儲存裝置

這是指具備「儲存」功能的電子裝置，例如相機裡的記憶卡、電腦裡的硬碟等，都是可以儲存資料的機器。

音訊裝置

這是指可以輸入、輸出聲音的機器，例如喇叭、麥克風、耳機麥克風等。

COLUMN

—

什麼是「不明裝置」？

你在操作電腦時，應該曾經看過「找不到裝置」、「不明裝置」這類的錯誤訊息吧！這通常是因為電腦和電腦周邊裝置之間沒有連線，而呈現無法使用的狀態。

如果要透過電腦使用裝置，通常需要先安裝稱為「驅動程式」的軟體。假如出現了上述的錯誤訊息，建議先確認是否有正確安裝驅動程式，或是連接的線是否脫落，所有與電源有關的部分是否開啟等，做好完善的檢查。

1-6 CHAPTER 瀏覽器的種類

瀏覽網站時，需要使用稱作「瀏覽器」的軟體。我們透過瀏覽器檢視網站，就能輕鬆瀏覽內容。以下要介紹瀏覽器的功用與種類。

網站需要透過瀏覽器才能瀏覽

前面提過，當使用者提出要求，網站伺服器就會將網頁傳送過來，但這份網頁資料是以包含英文字母及符號的「原始碼」編寫而成，對於不了解的人來說就像是密碼一樣。在這種狀態下，我們無法輕易瀏覽網頁，此時就得透過「網頁瀏覽器」軟體，它能解讀來自網站伺服器的資料，將資料顯示成平常我們看到的網頁格式，並且調整文字大小、影像位置、顏色、版面等，讓我們輕鬆地瀏覽。

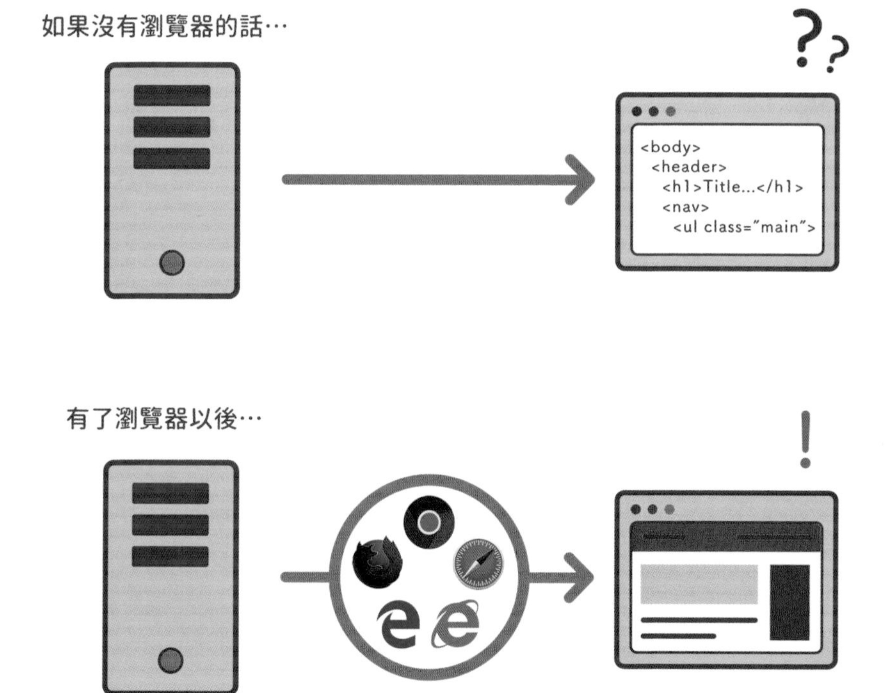

如果直接檢視網站伺服器傳送過來的資料，會發現全都是像密碼般的原始碼。若使用瀏覽器來開啟，就能輕鬆瀏覽網頁。

瀏覽器有各種類型，以下整理出平常我們主要使用的瀏覽器。

- **Google Chrome**
- **Safari**
- **Microsoft Edge**
- **Microsoft Internet Explorer**
- **Firefox**

例如 Chrome(Google Chrome) 就是 iPhone 及 Android 智慧型手機都有內建的瀏覽器應用程式，應該有很多人都聽過。

瀏覽器的功用是「把網頁資料顯示成容易閱讀的形式」，因此幾乎不會因瀏覽器的種類而改變動作。但是瀏覽器的解釋及表現方法略有不同，所以有時候會發生問題，例如「使用 Chrome 能正常顯示的網頁，用 Microsoft Edge 開啟時，版面卻亂掉了」、「使用 Safari 與 Firefox 開啟的網頁看起來略微不同」等。

因此，在開始製作網站前，最好先決定要依哪種瀏覽器的標準來製作網頁。網站製作公司通常會在討論階段就先決定網站可支援的瀏覽器，後續就以該環境來測試網站。

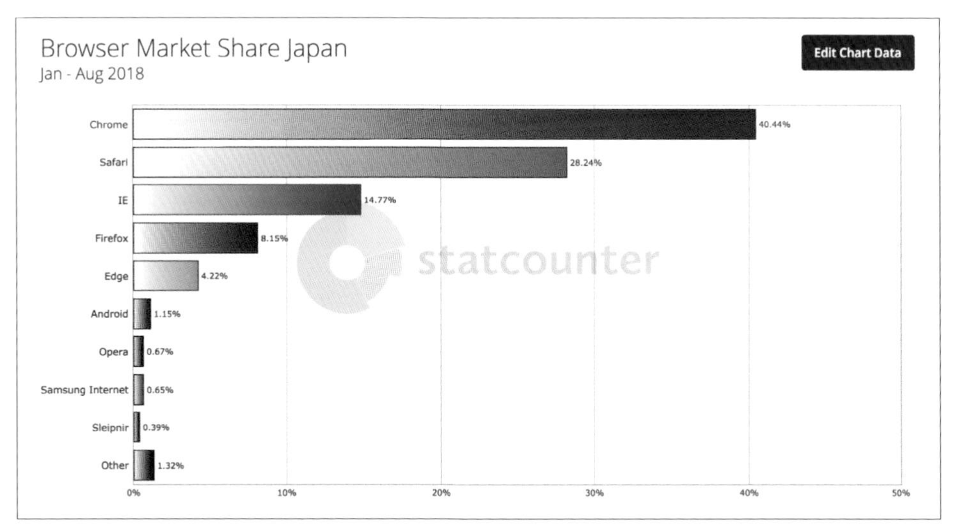

StatCounter...http://gs.statcounter.com/

上圖資料是整理 2018 年 1 月到 8 月日本的各種瀏覽器用量。根據統計數字，可知道在日本最常用的瀏覽器是 Chrome(40.44%)，其次是 Safari(28.24%)、接著是 Microsoft Internet Explorer(IE)(14.77%)。

1-7 CHAPTER 網站的製作流程

製作網站時，通常會依照循序漸進的步驟。以下我將大致地解說一般製作網站的流程規劃。

製作流程

網頁設計師不僅要製作網站的外觀，還要負責企劃、設計、以及建立**編碼檔案**。尤其是想成為自由工作者的人，就必須獨自包辦所有的工作，那就一定要先瞭解以下步驟。

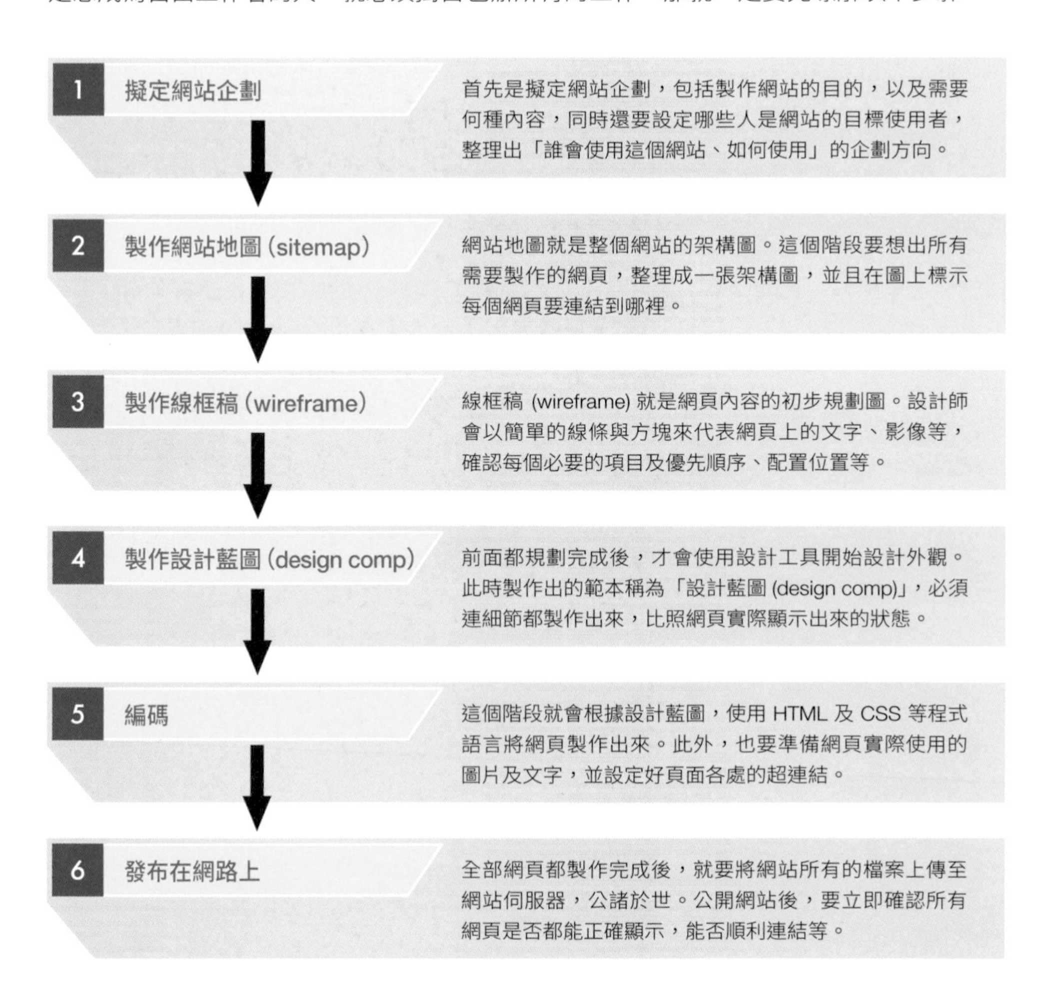

擬定網站企劃

在 p.016「認識各種用途的網站」介紹過，網站有各式各樣不同的類型。會分成這麼多類型，是因為網站的結構會隨著目的而改變。因此企劃的第一步就是要先釐清製作網站的目的，例如「使用者想要獲得的資訊」或是「希望使用者來這個網站做什麼」。

設定目標

首先請思考成為網站主軸的**主目標** (Main Goal) 以及伴隨而來的**子目標** (Sub Goal)。

主目標範例

- 提高商品的銷售業績
- 讓使用者申請資料
- 讓使用者看作品
- 找到適合公司的人才
- 向使用者宣傳新的服務

決定主目標之後，請繼續思考 1 到 3 個能達成該目標的子目標。

子目標範例

- 讓使用者瞭解商品的特色
- 讓使用者註冊會員
- 讓使用者看影片
- 讓使用者透過社群網站宣傳商品
- 讓使用者撰寫評論

請先思考如何評估達成目標的指標。例如銷售金額、瀏覽次數、會員註冊數量、社群網站上的「按讚」人數等，選擇這種用數字就能瞭解的目標，會比較容易評估。

決定目標使用者

確定網站的目標之後，接著要設定「**目標使用者**」。目標使用者是指能達成網站目標的核心使用者族群。若能具體地思考出目標使用者的特徵，例如年齡、興趣等，會比較容易激發靈感，讓設計更順利。建議先仔細思考以下項目。

- 性別
- 年齡層
- 職業
- 興趣
- 煩惱
- 收入
- 所在國家或地區

假設將目標使用者設定為「10～40 歲女性，包括家庭主婦、上班族或學生」，這樣的範圍會過於模糊，無法確認目標。年齡層最好以 10 歲左右的級距來設定。

行銷業界常透過「**人物誌**（Persona）」來描述目標使用者，這種方式會更具體。例如「使用者是 23 歲的女性，對新事物或流行很敏感，喜歡去時尚風的咖啡店，目前剛進公司三個月，月薪 20 萬日圓，喜歡低消費的娛樂活動。」這樣的描述就十分具體，更容易決定設計方向。

撰寫人物誌時，建議要設想成真實的人物，同時也要試著去思考該人物使用網站的情境。

製作網站地圖（sitemap）

決定網站的目的、釐清目標使用者之後，就進入設計的階段。首先要想出網站中需要製作的所有網頁，把網頁間的關係整理成一張結構圖，這張圖就叫做「**網站地圖**」。

把需要做的網頁分組

要整理網站結構，訣竅就是先把相關的網頁分組。先寫出幾個必要的網頁，再把相關的網頁都分在同一組。此時完成的分組，就會形成網站的「階層」架構。

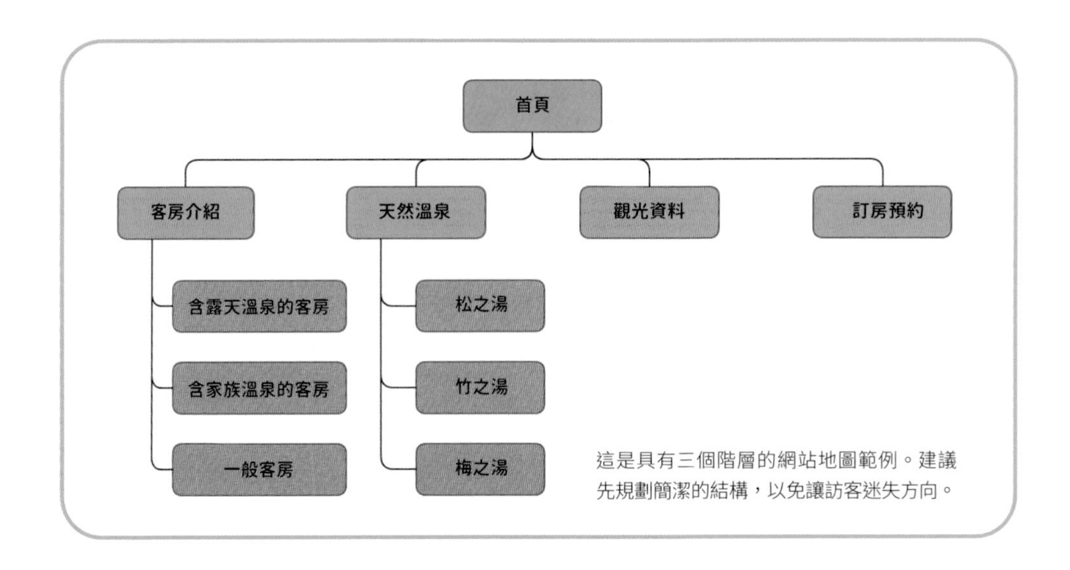

這是具有三個階層的網站地圖範例。建議先規劃簡潔的結構，以免讓訪客迷失方向。

網站的階層不宜過多，當階層有很多層，使用者就得不斷點擊，才能抵達目標網頁。為了避免讓使用者在網站內迷路，建議只篩選出必要的網頁來製作，**將階層盡量控制在兩層以內**。即使網頁數量真的很多，也得控制在三個階層以內。

網頁的優先順序

除了階層，也可以將網頁依優先順序區分，例如有某些網頁是使用者特別想查詢的、而某些網頁只是當作附加的資料。請思考最多使用者想瀏覽的網頁是哪些，**把優先順序較前面的網頁放在導覽列選單內**，可以讓使用者更容易找到。

COLUMN

製作網站地圖的工具

只要有紙和筆，就能立刻以手繪的方式畫出網站地圖。不過，如果要調整和修改，手繪的圖並不方便，所以我建議使用專業工具來製作網站地圖，以便後續管理。我平常習慣在 Cacoo (http://cacoo.com) 這個網站製作網站地圖或線框稿，善用這類工具來製作網站地圖，後續就能輕鬆修改。除此之外，也可以使用 Adobe Illustrator 或 Excel 等軟體工具，建議大家多利用這類方便的工具來製作網站地圖。

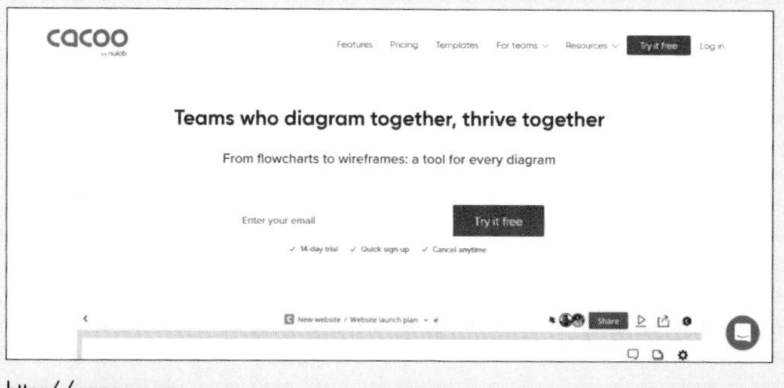

http://cacoo.com

Cacoo 可免費建立 6 張網頁，付費版為每月 5 美元起。

製作線框稿（wireframe）

畫出網站地圖、確認架構之後，我們再從首頁開始依序思考每個網頁要放什麼內容。接著就要畫出每個頁面的規劃圖，這稱為**「線框稿」**(wireframe)。線框稿只需用文字、線條、方塊表示，不必加上顏色及裝飾。如果能仔細完成線框稿，未來與客戶開會時，討論起來就會比較順利，到了設計階段也會比較容易著手。簡言之，在製作網站地圖的階段，要思考整個網站需要哪些網頁；製作線框稿時，則要構思每個網頁的內容。

內容的優先順序

首先要寫出每一個網頁內需要放哪些元素。接著思考在這些元素中，你最想強調的是哪一個，決定出先後順序。

接著就要依順序來規劃版面。順序愈前面的元素，建議放置在網頁的上半部，並且要放大。理想的網頁版面，就是當使用者開啟網頁時，重要的元素都出現在他第一眼看到的範圍內（稱為「**First View**」），這樣就能讓他立即瞭解這個網頁的目的。

範例

1. 主視覺
2. LOGO
3. 導覽列選單
4. 標題
5. 介紹內容
6. 商品照片

思考視線的動線

一般而言，使用者的視線是由上往下，由左往右移動。因此，幾乎所有的網站都會將LOGO 放置在左上方，因為左上方就是開啟網頁時最先看到的位置。如同上面所說的，優先順序愈前面的內容，就要依序放置在網頁的上方、左側。導覽列選單也一樣，一定要把重要的網頁連結設置在網頁的左側。

製作線框稿的繪圖工具

就如前面所說的，只要有紙和筆，就能用手繪方式畫出線框稿。雖然可以手繪，但是萬一日後要修改，會比較難調整，因此建議使用繪圖軟體來畫，才能輕鬆管理。以下就為大家介紹幾種製作線框稿的工具。

製作線框稿的線上工具（可直接在瀏覽器上使用）

Cacoo	免費服務，可以製作六張工作表 https://cacoo.com/
Moqups	提供豐富的圖示。在免費的方案中，可以建立一個專案 https://moqups.com
Mockingbird	進入網站之後，就能立刻建立線框稿。費用是每月 12 美元起 https://gomockingbird.com
Wireframe.cc	可以在畫面上以拖曳的方式繪製圖形，可直覺地建立出線框稿 https://wireframe.cc
InVision	這是國外常用的工具，適合製作複雜的原型 https://www.invisionapp.com

製作線框稿的線上工具（須安裝應用程式才能使用）

Adobe XD	這是可以免費使用的圖形工具。除了繪製線框稿之外，也能製作設計藍圖或是操作介面設計圖 https://www.adobe.com/tw/products/xd.html
Adobe COMP CC	智慧型手機、平板電腦等行動裝置都可以使用的版面繪製工具 https://www.adobe.com/tw/products/comp.html
Adobe Illustrator	這是繪製插圖用的工具，也可以描繪出精緻的插畫 https://www.adobe.com/tw/products/illustrator.html
Sketch	這是 Mac 電腦專用的繪圖應用程式，操作方式簡單，深受喜愛。利用擴充功能就能自訂更多功能 https://www.sketchapp.com
Justinmind	這個程式裡有提供豐富的智慧型手機網站以及 app 的設計範本。可以免費使用，但只有英文版本 https://www.justinmind.com

線框稿的製作範例

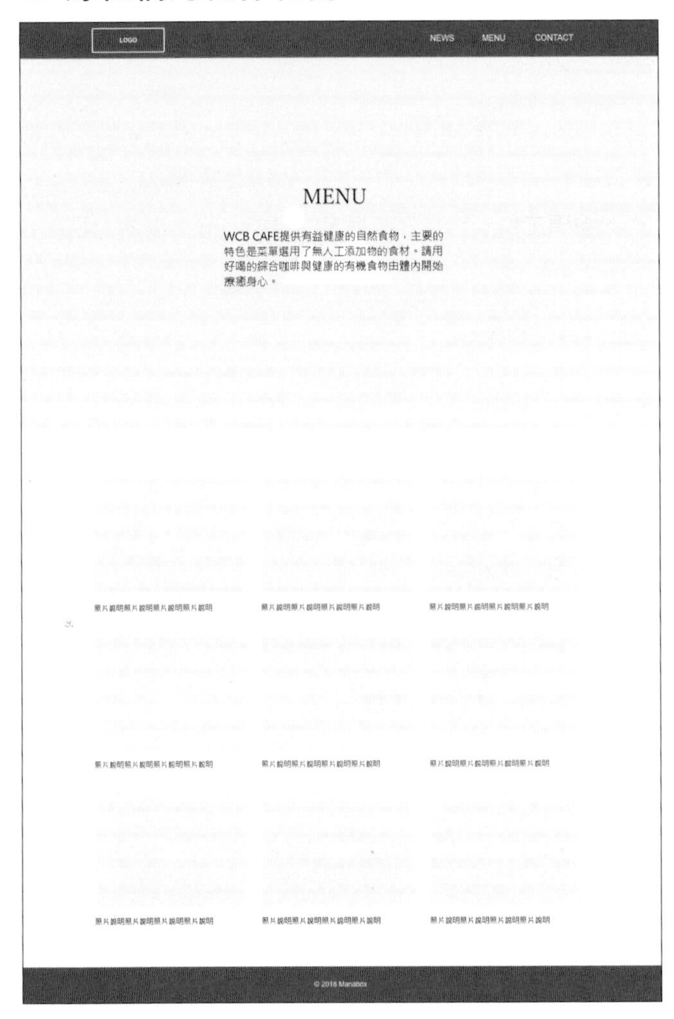

上圖和右圖是我製作的線框稿的範例。製作的時候，我盡量不要多加裝飾，把思考重點放在如何安排必要的內容。

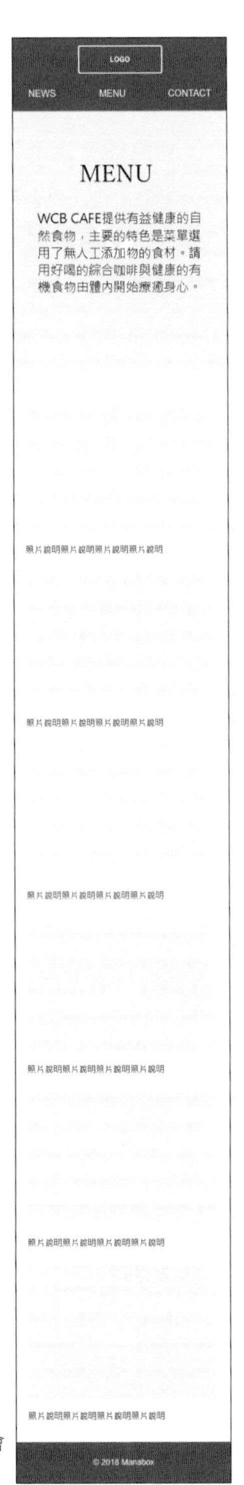

從電腦版網站跳轉至手機版時，版面通常也會跟著調整，所以也要先製作手機版的線框稿。

製作設計藍圖 (Design Comp)

完成線框稿之後，終於要開始著手設計了！

這個階段是使用平面設計工具，製作出與實際顯示的網頁幾乎一模一樣的設計，這個部分稱為「**設計藍圖 (Design Comp)**」。完成設計藍圖，就能想像出網頁將呈現的效果，之後就依照設計藍圖來執行網頁的編碼工作。製作時要思考的是如何安排影像、配色、字體、留白等，想辦法抓住使用者的視線。

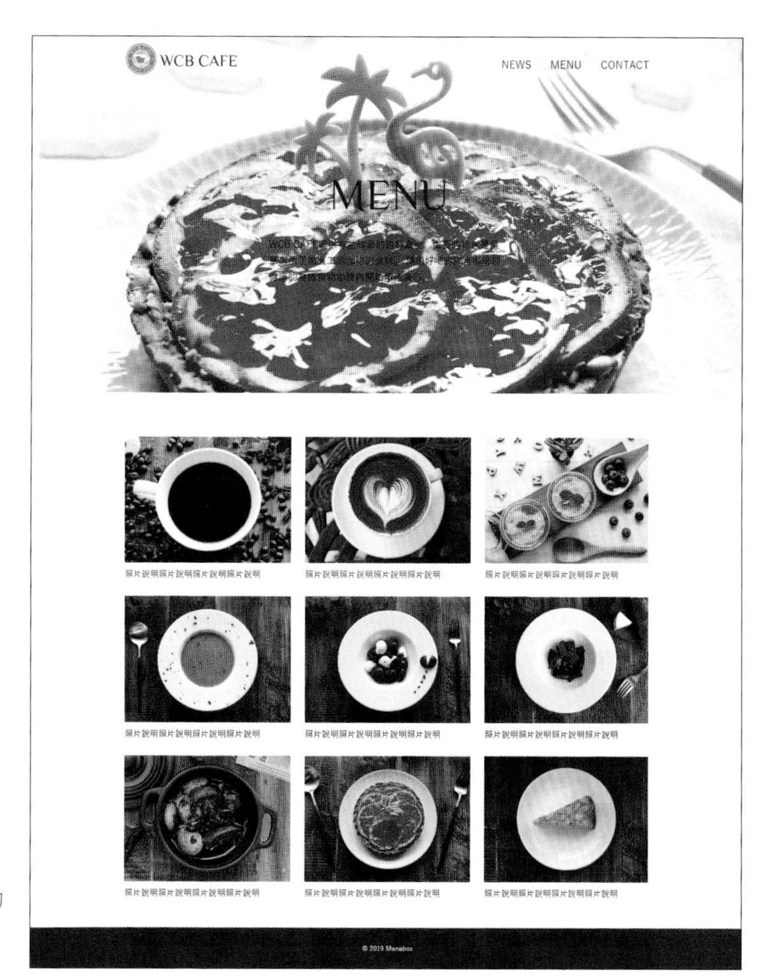

這是根據線框稿所製作的設計藍圖。置入影像後，氣氛就變得截然不同。

編碼與準備網站檔案

完成設計藍圖之後，就要開始製作實際的網站。這個階段主要是製作「**HTML**」與「**CSS**」等網頁檔案，還有「**影像檔案**」。此外，請將檔案名稱全都設定成半形英數字。使用全形或中文檔名可能無法順利辨識檔案，而導致無法正確顯示網頁。

使用 HTML 描述網頁的內容

我們在網頁上看到的內容與影像，其實都是用 HTML 語言寫出來的。每個網頁都需要各自的 HTML 檔案，檔案的副檔名是「**.html**」。

使用 CSS 裝飾網頁

單憑 HTML 無法呈現元素的顏色、文字大小、配置等效果，這些描述全都是寫在 CSS 檔案內。如果是大型網站，通常會分成多個 CSS 檔案來寫，而網頁較少的小型網站可以只用一個 CSS 檔案來寫。檔案的副檔名是「**.css**」。

準備影像檔案

網站使用的影像都會儲存在同一處，通常會一起儲存在名為「images」的資料夾內。網站可使用的檔案類型包括 **JPG**、**PNG**、**GIF**、**SVG** 等。

JPG	檔案較小，適合照片或含漸層等顏色數量較多的影像，副檔名是「.jpg」
PNG	檔案較小，適合插畫、LOGO 等顏色較少的影像。此外，若想讓背景變成透明（包含透明背景）時，可使用這種格式，副檔名為「.png」
GIF	可以使用的顏色數量少於 256 色，適合單色或簡單的插圖。可以包含透明背景，也可以製作成動畫影像，副檔名為「.gif」
SVG	可以處理向量影像，經過縮放之後，畫質也不會變差。可以支援高解析度的螢幕，副檔名為「.svg」

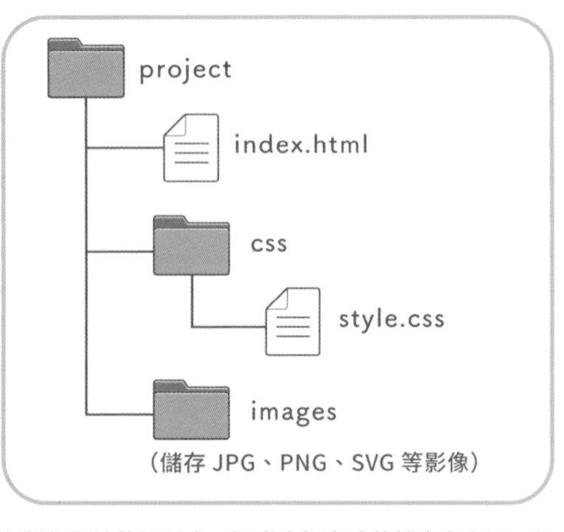

在製作網站的過程中，通常會把完成的檔案存在同一個資料夾內。檔案及資料夾的結構如上圖所示。

發布在網路上

如果檔案只儲存在自己的電腦中，就只有你自己才能看到這個網站。若要公諸於世，必須把檔案「上傳」到網站伺服器，才能讓全世界的人看到。

準備伺服器

網站伺服器一般都是向伺服器公司租用。每家公司出租伺服器的費用與服務不同，請自行比較之後，再選擇適合的伺服器。通常每月數百元起就能租到網站伺服器※。

LOLIPOP! Rental Server	每月 100 日圓起就可以使用的伺服器租賃服務 https://lolipop.jp
Sakura Internet	提供各種方案，從個人用的簡易網站到商用網站都有 https://www.sakura.ne.jp/

※ 編註：在台灣想申請網站伺服器服務，可使用「虛擬主機」、「網站伺服器」等關鍵字搜尋。較知名的服務公司有「HostGator」、「GoDaddy」、「Bluehost」等，費用依網站而異。

取得網域

網域就像是代表網站位置的「地址」，例如「○○ .com」或「○○ .tw」。世界上沒有一模一樣的地址，網域名稱也是獨一無二的。換句話說，網域名稱是先搶先贏。大部分的伺服器公司在申請伺服器時，也可以辦理取得網域的手續，請試著使用看看。

onamae.com	提供「.com」等大量受歡迎的網域 https://www.onamae.com
muumuu domain	同時申請「LOLIPOP! Rental Server」可以輕易完成設定 https://muumuu-domain.com

muumuu domain...https://muumuu-domain.com
在管理網域的公司網站上，可以確認能否取得想要的網域。

將網站檔案上傳到網站伺服器

前面的流程都準備好了，最後就是把檔案上傳到網站伺服器上。多數伺服器租賃服務都可以透過網路上傳檔案。可是檔案數量較多時，有時要透過特定的傳輸軟體（例如 FTP 軟體）才能上傳。此外，利用 FTP 上傳檔案時，會需要 FTP 伺服器位址、使用者名稱、密碼等。這些在簽訂租賃伺服器的合約時，伺服器公司就會準備好，請先確認清楚。

輸入 URL 顯示網站

完成以上操作後，在網頁瀏覽器輸入準備好的 URL，就可以看到你的網站了。

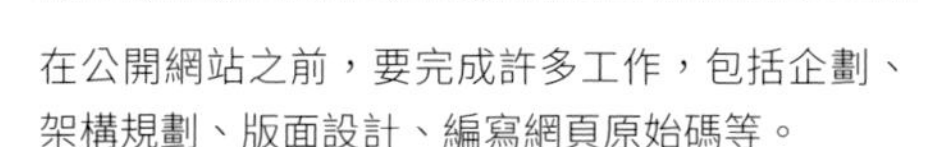

在公開網站之前，要完成許多工作，包括企劃、架構規劃、版面設計、編寫網頁原始碼等。

確認必要的操作步驟及工具，先完成準備工作，以便之後在實際操作時能順利進行。

COLUMN

瀏覽作品集網站

雖然想動手規劃網站，如果你沒有任何靈感，就算想開始畫設計藍圖，也可能完全沒有頭緒。此時建議大家可以上網找作品集類型的網站，通常會展示來自全世界、包含各類型的網站設計，你可以藉由觀摩別人優秀的作品汲取靈感。以下分享兩個我常參考的作品集網站。

The Best Designs

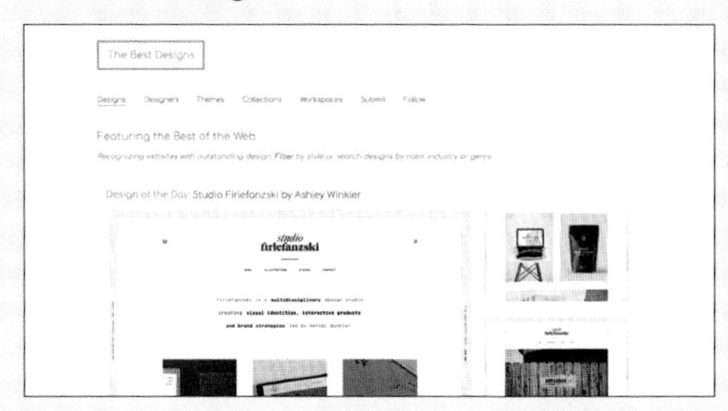

https://www.thebestdesigns.com
這個網站收集了全世界的優質網站，也能掌握最新的設計趨勢。

I/O 3000

https://io3000.com
收集許多日本網站，可以利用配色篩選網站。

1-8 CHAPTER 製作網站前的準備工作

到此已經完整地說明了製作網站的步驟。接下來要介紹的是實際製作網頁時，必備的工具及環境設定。

安裝文字編輯器

為了要建立 HTML 及 CSS 檔案，請大家先確認電腦中有沒有安裝文字編輯器，使用 Windows 或 Mac 標準安裝的「記事本」或「文字編輯器」等文字應用程式也可以。

雖然預設的文字編輯器就可以用，不過大部分的網頁設計師都會使用**編輯原始碼適用的文字編輯器**，因為這種工具有「輔助功能」，在編碼網頁時很有幫助。例如輸入原始碼的時候，編輯器會根據各種檔案類型，預測你想輸入的原始碼，利用快速鍵就能輕鬆地輸入。此外還有儲存常用原始碼的功能，可大幅提升工作速度。還有一個特點是會依照原始碼的功能改變顯示顏色，只要看輸入的文字有沒有變色，就知道是否輸入錯誤。

文字編輯器軟體有很多種，而本書使用的是由 GitHub 開發的「**Atom**」這套軟體。Atom 使用起來簡單方便，不論 Windows 或 Mac 都支援，而且是免費的。此外，還可以利用「套件」擴充新功能。右頁將解說新增 Atom 套件的範例。

假設你已經有慣用的文字編輯器，以上僅供參考，不一定要更換。此外，也可以使用 P.048 專欄中介紹的任一種文字編輯器。

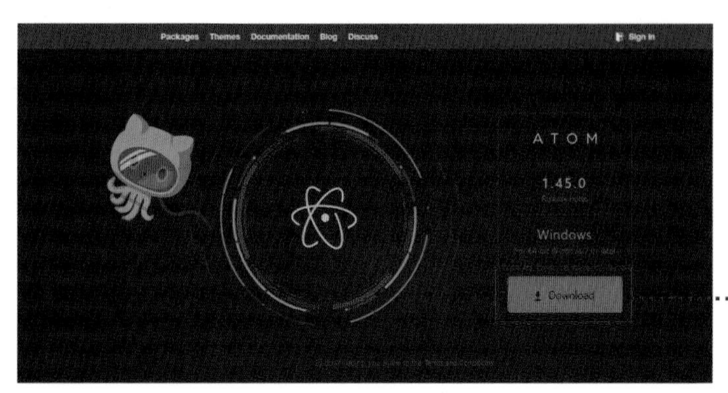

Atom 的網站畫面 (https://atom.io)。

點擊「Download」鈕，下載完畢後，雙擊安裝程式 (假如是壓縮檔就會解壓縮)。之後依照畫面指示安裝程式即可。

Atom : https://atom.io

將 Atom 的操作介面中文化

在預設狀態下，Atom 是顯示成英文介面，以下將以中文化為例，增加新套件。

01 顯示「Settings」標籤

在 Windows 系統中是執行『**File → Settings**』命令（Mac 系統是執行『**Atom → Preferences**』命令），開啟「**Settings**」標籤。

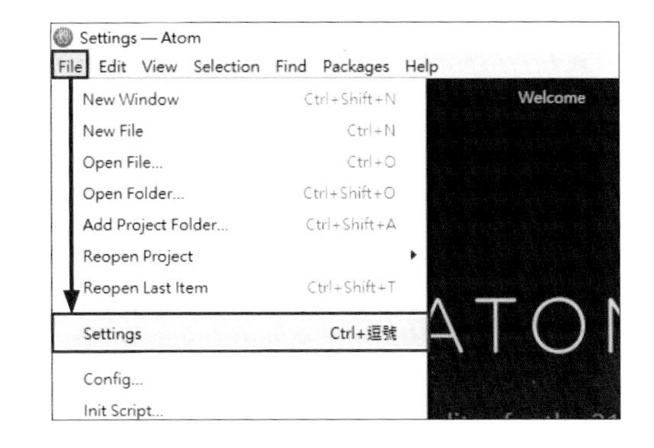

02 搜尋與安裝繁體中文套件

在左側選單下方按「**+Install**」，在上方的搜尋欄位輸入「**cht-menu**」，再按下 Enter 鍵或 [**Packages**] 鈕，在搜尋結果中就會顯示「**cht-menu**」中文化套件，接著請按該套件的「**Install**」鈕開始安裝。

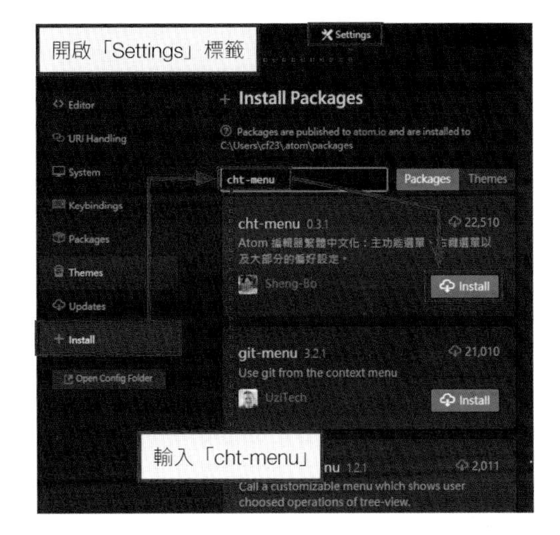

03 顯示繁體中文操作介面

安裝完成後，就會顯示繁體中文的介面了。假如沒有變化，請先關閉 Atom 再重新啟動，以便確認結果。

※ 除了中文套件，還有許多很方便的套件，你可以在該網站搜尋，取得最新訊息。

安裝瀏覽器

為了檢視網頁的呈現效果，要準備瀏覽網站用的瀏覽器，你可以參考 1-6 節「瀏覽器的種類」(P.028) 的說明。由於每種瀏覽器的顯示結果可能不一樣，建議安裝多種不同的瀏覽器來檢查。以下將示範如何安裝本書解說時使用的預設瀏覽器「**Google Chrome (Chrome)**」。若你已經安裝過這些瀏覽器，可跳過這兩頁的說明。

Google Chrome 是 Google 公司開發的瀏覽器，支援最新的網路環境，速度快而且操作簡單，因此深受歡迎，還能增加擴充功能，自訂成方便操作的狀態。

Google Chrome 的安裝方法

01 下載安裝檔

在 Google Chrome 網站 (https://www.google.com/intl/zh-TW/chrome/) 點擊「下載 Chrome」鈕。

點擊「下載 Chrome」鈕

02 安裝程式

再按「接受並安裝」鈕，下載安裝程式。然後雙擊下載完畢的 .exe 安裝檔 (在 Mac 系統則是 .dmg 安裝檔)，依畫面的指示操作即可安裝完成。

點擊「接受並安裝」即可。

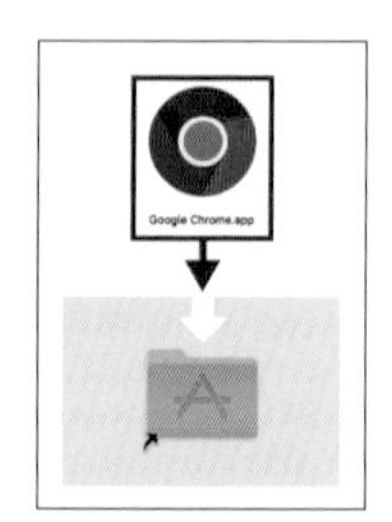

如果是 Mac 系統，將 Chrome 圖示拖曳到「應用程式」資料夾內即可。

03 啟動 Google Chrome 瀏覽器

安裝完畢後，請試著啟動 Google Chrome。

若開啟了這個畫面就表示安裝完畢。

安裝其他瀏覽器

除了 Google Chrome 之外，還有各式各樣的瀏覽器。由於在網站上線前，都需要確認是否在各種瀏覽器上都能正確顯示，所以建議你先安裝好多種瀏覽器。

此外還有一點要注意，在 Windows 系統上並不支援「Safari」瀏覽器，而在 Mac 系統上則不支援「Microsoft Edge」及「Microsoft Internet Explorer」應用程式。

Safari	這是由 Apple 開發的知名瀏覽器，適用於 Mac、iPhone、iPad 等 Apple 產品 https://www.apple.com/tw/safari/
Firefox	此瀏覽器具備眾多擴充功能，也能輕易自訂功能 https://www.mozilla.org/zh-TW/firefox/
Microsoft Edge	由 Microsoft 開發，是 Windows 10 標準內建的瀏覽器 https://www.microsoft.com/zh-tw/edge
Microsoft Internet Explorer	舊版 Windows 內建的瀏覽器，不支援最新的網頁技術，但為了檢查在舊版瀏覽器的顯示效果，建議也要安裝。請上網搜尋「Internet Explorer」關鍵字即可找到下載處。 https://support.microsoft.com/zh-tw/topic/internet-explorer-%E4%B8%8B%E8%BC%89-d49e1f0d-571c-9a7b-d97e-be248806ca70

確認平面設計軟體

要當作網頁範本的設計藍圖，通常是用各種繪圖軟體製作，我統稱為平面設計軟體。

設計網頁時主流的平面設計軟體

 Adobe XD	除了能製作設計藍圖，也可以建立「點擊」或「輕敲」後移動至下一個畫面的效果，接近網頁的實際操作，這稱為「原型」試作品。這套軟體操作簡單且效能良好，可以免費使用。但是無法做影像加工或編輯，必須搭配使用其他應用程式 https://www.adobe.com/tw/products/xd.html
 Adobe Photoshop	網頁設計業界幾乎都是用 Photoshop 製作設計藍圖。原本這是用於影像編修或調整的應用程式，因此沒有組合排版的功能，新版中陸續增加了支援網站設計和設計 App 的功能。這套軟體是要付費的，若你使用 **Adobe Creative Cloud 攝影計劃方案**(包含 Adobe Photoshop 和 Lightroom 兩套軟體)，每個月只要 NT 326 元即可使用 https://www.adobe.com/tw/products/photoshop.html
 Adobe Illustrator	這是用來製作 LOGO、圖示等向量圖時常用的應用程式，也能用於編排雜誌、海報等版面設計。它不適合呈現複雜的色彩，主要用來製作輪廓分明的向量插圖。這套軟體是要付費的，若你使用 **Adobe Creative Cloud** 的單一應用程式計畫，每月是 NT672 元，完整應用程式是每月 NT1680 元 https://www.adobe.com/tw/products/illustrator.html
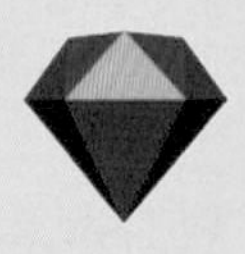 Sketch	這套軟體和 Illustrator 一樣不適合編輯照片，適合處理向量的插圖與圖示。因操作靈活、俐落而很受歡迎。缺點是只能支援 Mac 系統，在 Windows 環境中無法使用，這必須特別注意。這套軟體是要付費的，年費為 $99 美元 https://www.sketchapp.com/

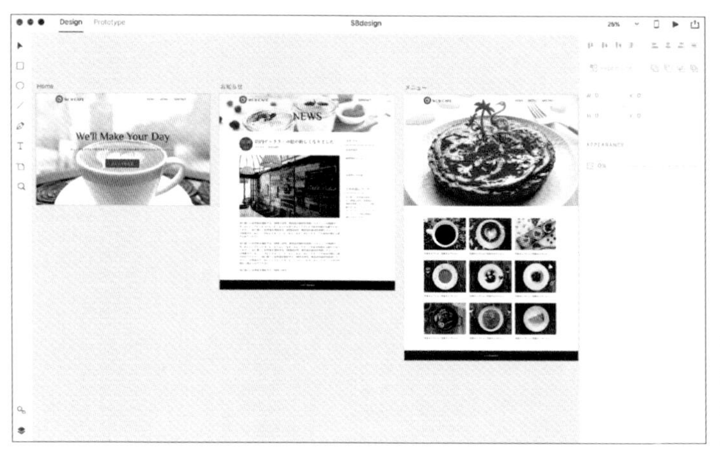

這是用 Adobe XD 建立的設計藍圖範例。我在本書中也是用 Adobe XD 來製作範例網站的設計藍圖。

製作網站時會需要用到各種軟體或工具，請從以上介紹的工具中，選擇適合的類型。

當你熟悉軟體之後，也可試著使用其他工具，找出個人愛用的類型。

其他平面設計軟體

其他還有許多平面設計軟體。和文字編輯器一樣，請試著找出適合自己的軟體。

Affinity Designer	繪製插圖的軟體。支援 iPad，可以利用放大輕易執行細節調整 https://affinity.serif.com/zh-cn/designer/
Affinity Photo	一鍵就能完成影像調整或加工，也支援 iPad https://affinity.serif.com/zh-cn/photo/
Pixelmator	能用低廉的價格使用專業的影像編輯軟體，Mac 系統專用 https://www.pixelmator.com/mac/
GIMP	可以免費使用，可執行簡單調整或使用圖層編修照片的軟體 https://www.gimp.org/
FireAlpaca	適合繪製插圖的繪圖軟體，也提供漫畫用的範本，可免費使用 https://firealpaca.com/

COLUMN

各式各樣的文字編輯器

除了 Atom 之外，還有許多適用於製作網站的文字編輯器。有些需付費，也有可以免費試用的版本。請試著找出適合你的文字編輯器，讓之後的編碼工作更順利。

Brackets	可即時檢視描述、編輯後的內容，支援中文，可免費使用 http://brackets.io
Visual Studio Code	有豐富的擴充功能，可自訂功能，可免費使用 https://code.visualstudio.com/
Adobe Dreamweaver	具備高階開發需求的功能，包括將檔案傳送給網站伺服器及資料庫等，可支援中文，須付費使用 https://www.adobe.com/tw/products/dreamweaver.html
Coda	擁有傳送檔案等眾多功能，因操作輕鬆方便而深受歡迎 https://panic.com/coda
Sublime Text	具有許多自訂功能，是開發人員愛用的編輯器 https://www.sublimetext.com

CHAPTER 2

—

建立網站的基本結構！HTML 的基本知識

在 1-7 節曾經提過，我們在網頁上看到的內容與影像，其實都是用「HTML 語言」寫出來的，經過瀏覽器的解譯，才能顯示為文字、影像等內容。HTML 中的每個字並不是單純的英文和符號，而是有各種功能，請徹底瞭解，跟著我們一起練習用 HTML 建立結構正確的網頁和網站。

WEBSITE | WEB DESIGN | HTML | CSS | SINGLE PAGE | MEDIA

2-1 CHAPTER HTML 是什麼？

HTML 是製作網頁時的基礎語言。這一節就來學習使用 HTML，透過電腦可以理解的方式，練習寫出網頁中的文字內容。

HTML 是用來編寫網頁原始碼的語言

HTML 是「Hyper Text Markup Language」的縮寫，是用來編寫網頁原始碼的語言，常見的網頁瀏覽器都可以讀取 HTML。HTML 的寫法是以「**<**」與「**>**」包夾字串，這種格式稱為「**標籤**」。

「標籤」有各式各樣的種類，會向瀏覽器下達各種指示，例如「這是標題」、「這裡是連結，點擊後跳轉到另一個網頁」等。以 HTML 編寫**網頁原始碼**，透過瀏覽器的解譯，就能變成網頁上的文字、圖片、影片等內容。

如果你用瀏覽器**檢視網頁原始碼**（檢視方法請見 p.68），就可以看到網頁的基本結構，大多數的網頁都是用 HTML 製作的。只要學會 HTML 語言，就可以製作出網頁。

HTML 標籤會向瀏覽器指示網頁的哪個部分要顯示何種內容。

2-2 建立 HTML 檔案

CHAPTER

接下來將帶你實際建立 HTML 檔案。儘管書上有提供範例檔案，但是建議你跟著本書逐字逐句練習輸入一遍，透過這樣的方式，你會更瞭解 HTML 究竟如何運作。

啟動文字編輯器

首先請開啟文字編輯器來撰寫 HTML。本書是使用在 1-8 節介紹過的「Atom」文字編輯器，剛開啟的時候會看到歡迎畫面等多個視窗。請執行『**檔案 →新增文件**』命令，最右邊的窗格標籤會顯示「untitled」，如右圖所示。

編寫原始碼

接著請輸入以下的範例原始碼。請跟著下圖輸入每個字（連符號、行首縮排兩格也要照樣輸入），這裡先體驗輸入原始碼的效果，從 2-3 節起我會向你解釋每一行的意思。

chapter2/c2-02-1/index.html

```
<!doctype html>
<html lang="zh-Hant-TW">
    <head>
        <meta charset="UTF-8">
        <title> 貓咪的真面目 </title>
        <meta name="description" content=" 介紹貓咪喜歡的東西及日常生活 ">
    </head>

    <body>
        <h1> 貓咪的一天 </h1>
        <p> 一天到晚都在睡覺。</p>
    </body>
</html>
```

儲存檔案

輸入完成後，利用視窗上的選單執行『**檔案→儲存**』命令。若要使用快速鍵，Windows 請按下 Ctrl + S 鍵（Mac 則是按下 ⌘ + S 鍵）。儲存時，請將檔名設定為「index.html」，儲存位置可設定在比較容易找到的桌面。

※ 有些文字編輯器在儲存時，若辨識檔案內容為 HTML 檔案，就能使用原始碼分色顯示功能，以及輸入文字時自動補完原始碼的功能。

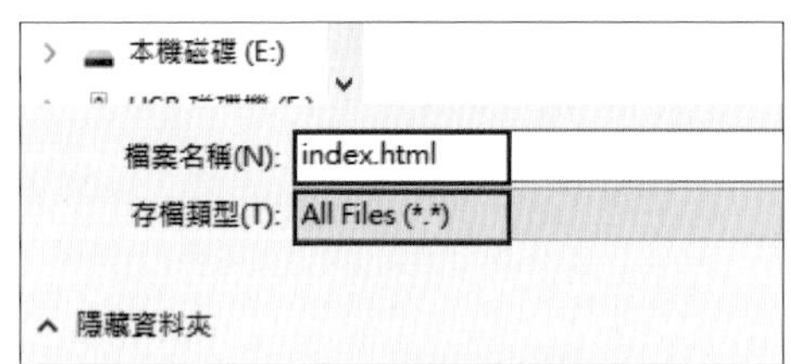

使用網頁瀏覽器開啟檔案

儲存網頁後，到剛剛儲存的位置（例如桌面）雙擊該 index.html 檔案，就會開啟網頁瀏覽器，結果如右圖所示。你會發現剛剛輸入的內容已經變成一個網頁囉！

這就是你製作的第一個網頁。

HTML 檔案的命名規則

替 HTML 檔案命名時，必須配合 Web 伺服器的環境，因此有以下這些命名規則。

檔案名稱要加上副檔名

在檔案名稱中，「**副檔名**」是指「.（句點）」右側的部分，這是表示檔案種類的字串。網站中常見的檔案類型包括「.html」、「.css」、「.jpg」等。

正確範例	錯誤範例
mypage.html（有副檔名）	mypage（沒有副檔名）

檔案名稱只能使用半形英數字，無法使用中文

檔案名稱及資料夾名稱只能使用**半形英數字**，這是因為在後面的步驟中，儲存檔案的 Web 伺服器只能支援半形英數字。請養成從初步階段就用半形英數字命名的好習慣。

正確範例	錯誤範例
mypage.html(半形英數字)	ｍｙｐａｇｅ．ｈｔｍｌ(全形英文)、我的網頁 .html(中文)

有些符號不可使用在檔名

有些符號不能使用在檔名，包括「\(反斜線)」、「:(冒號)」、「,(逗號)」、「;(分號)」、「"(雙引號)」、「<(小於)」、「>(大於)」、「|(豎線)」、「*(星號)」等。此外，「/(斜線)」是用來區別儲存檔案的資料夾，所以也不能使用在檔名中。基本上，除了「-(連字號)」與「_(底線)」之外，請勿使用其他符號。

正確範例	錯誤範例
my-page.html、my_page.html	my*page.html、my/page.html

不可包含空格或空白字元

檔名不能包含空格。若想在檔案名稱中加入區隔，可使用「-(連字號)」等符號。

正確範例	錯誤範例
my-page.html	my page.html

檔名建議統一使用小寫字母

有些使用者瀏覽網頁的環境可能會區別檔名的大小寫而誤判成不同檔案。為了避免此狀況，命名網頁時，建議所有檔案名稱都使用小寫字母。

正確範例	錯誤範例
mypage.html	MyPage.html、mypage.HTML

請將首頁檔名設定為「index.html」

存取網站時，最先顯示的網頁(也就是首頁)建議命名為「**index.html**」，因為大部分的瀏覽器都會把 index(索引)當作首頁。而且，只要將首頁命名為 index.html ，還可以省略網址的輸入，例如當網站首頁的網址是「http://example.com/index.html」，就算你只有在瀏覽器輸入「http://example.com/」，也會顯示出相同的網頁。

利用文字編輯器建立副檔名為「.html」的檔案時，就可以用網頁瀏覽器來開啟和瀏覽。

POINT

網站用的檔案要遵循各種規則。請遵守這些規則，建立出簡短、可以想像具體內容的檔案名稱。

2-3 CHAPTER HTML 檔案的架構

如果你是初學者，又是第一次看到 HTML 標籤，可能會覺得好像咒語一樣複雜。其實只要按部就班地慢慢瞭解，就不用害怕喔。以下就來分析上一節寫過的原始碼，讓你看懂每個標籤的意思。

<!doctype html> 是什麼

「<!doctype html>」文件開頭的這段描述稱為「**Doctype 宣告**」，是在說明這個網頁是用哪個版本的 HTML，根據哪種類型編寫而成的。HTML 有很多種版本，例如「HTML 4.01」及「XHTML 1.1」等。本書使用的是目前的主流、最新的「**HTML5**」版本。假如沒有特別說明，本書中的 HTML 都是指 HTML5。

<html>～</html> 是什麼

HTML 是利用半形文字組成的**標籤 (Tag)** 記號來標記 (2-4 節會詳細解說標籤語法)。通常在 Doctype 宣告後面，就會緊接著 <html>～</html> 這組標籤，用來說明這個檔案是 HTML 文件。我們在此標籤裡還寫了一句「lang="zh-Hant-TW"」，「**lang**」是在標註網頁的語系，讓瀏覽器能正確地解析與編碼網頁，例如「zh-Hant-TW」是指繁體中文。「lang="zh-Hant-TW"」就是在告訴瀏覽器「這是一份繁體中文的文件」。

<head>～</head> 是什麼

這部分是描述網頁的資料，包括網頁的標題、說明、使用的外部檔案連結等，在我們瀏覽網頁的時候，「head」標籤裡的內容並不會顯示在瀏覽器的畫面中。

<meta charset="UTF-8"> 是什麼

這段描述是把文字的編碼格式變成「UTF-8」的編碼設定。這裡如果沒有正確描述，可能會讓網頁裡的文字變成亂碼，無法顯示文字，因此一定要有這段描述。

<title>～</title> 是什麼

我們會在「title」標籤中編寫這個網頁的標題。標題中的文字會顯示在瀏覽器的標籤上，這也是當使用者將網頁加入書籤（我的最愛）或是在搜尋網頁時，會看到的網頁標題。

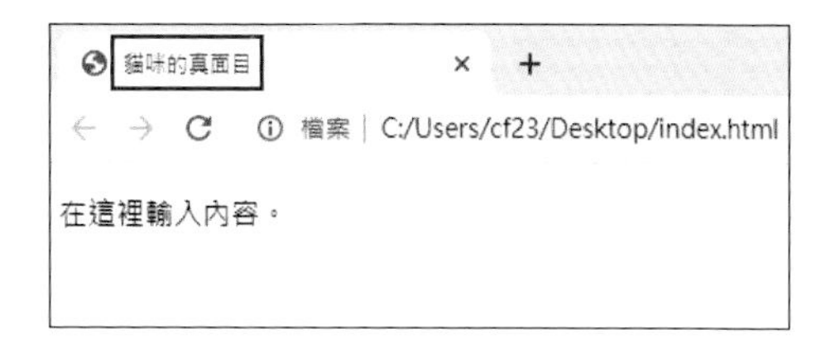

用瀏覽器瀏覽網頁時，標籤上的文字就是網頁標題。

<meta name="description" content="～"> 是什麼

「meta」標籤是用來描述內容概要、關鍵字等，不會顯示在瀏覽器中，但是在搜尋網頁時，「meta」標籤的內容會和網頁標題一起出現。最好加入關鍵字，讓使用者在搜尋時，可以瞬間判斷這是哪種類型的網站。

<body>～</body> 是什麼

「body」標籤是 HTML 文件的主體。這裡輸入的內容會實際顯示在瀏覽器上。

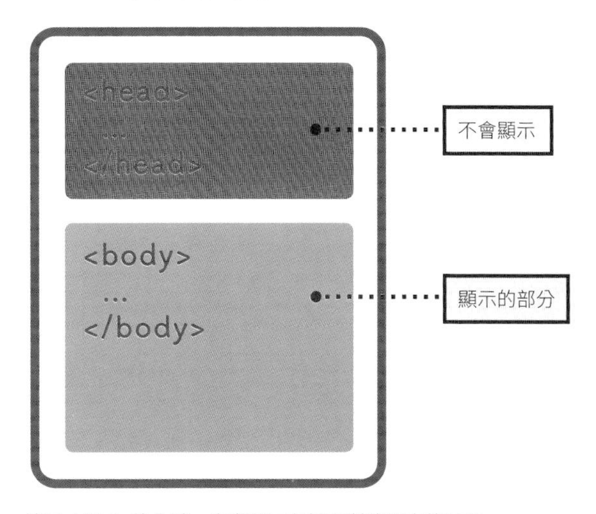

這是 HTML 的全貌。實際顯示在網頁瀏覽器中的只有 <body> 內的內容，<head> 裡的內容不會顯示。

POINT

在 <head> 標籤裡是在描述網頁資訊，在 <body> 標籤裡才是撰寫實際顯示在網頁上的內容。

POINT

這一節說明的資料是顯示網頁用的必要元素，有些元素雖然不會顯示出來，但如果沒有寫好，可能會導致網頁在部分操作環境下無法正常顯示，因此請一定要仔細描述。

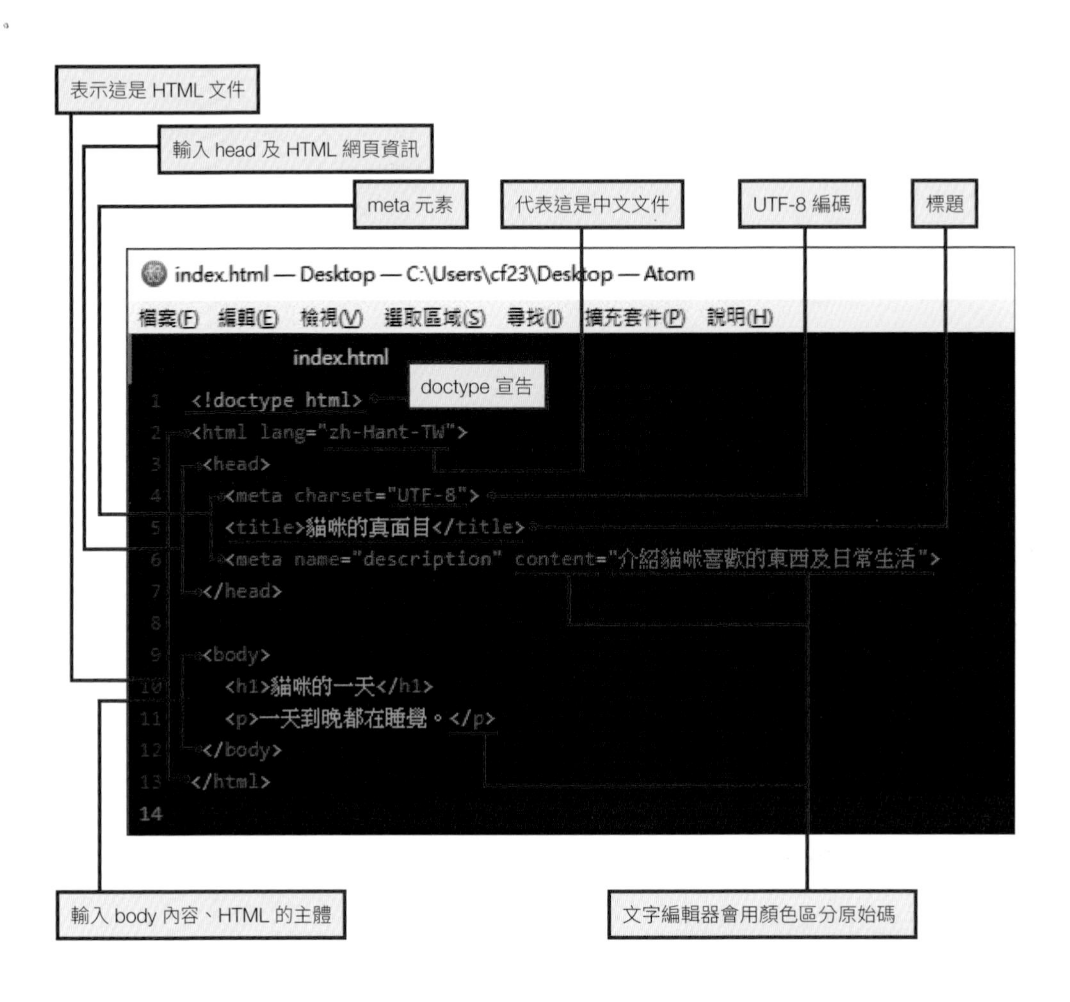

COLUMN

—

文字編碼的差異

文字編碼是在電腦上表現字串的顯示方法，包含眾多規格。

過去大家慣用的網頁編碼是以 Windows 使用的「Big-5」為主，但是這種編碼在 iPhone 等 iOS 裝置上會變成亂碼，因此現在都改用廣泛用於全球的「UTF-8」。

2-4 CHAPTER 學會 HTML 的基本寫法

前面使用範例原始碼建立了 HTML 檔案，接著請大家好好記住該 HTML 是依照什麼樣的規則來編寫。

HTML 的基本語法與標籤

前面請大家練習輸入範例原始碼時，你會不斷看到如同「< ○○ >......</ ○○ >」這樣的字串，這種 < ○○ > 形式的字串稱為**標籤**。HTML 是用這種標籤來描述所有的事情，標籤有很多種類，「使用哪種標籤包夾」就會改變對應的功能。

標籤都是兩兩一組的，寫在前面的是用「<」與「>」包夾的標籤，稱為**開始標籤**；而寫在最後面，用「</」與「>」包夾的標籤，則稱為**結束標籤**，整組標籤的內容則稱為**元素**。開始標籤與結束標籤通常都是成對使用，偶爾也會出現沒有結束標籤的情況。

元素

< 標籤名稱 > 內容 </ 標籤名稱 >

開始標籤　　結束標籤

HTML 是使用「開始標籤」與「結束標籤」包夾著字串來編寫。

編寫標籤時的規則

用半形英數字編寫

輸入標籤中的文字時，規則和檔案名稱一樣，不可以使用全形字。

正確範例	錯誤範例
<p> 製作網站 </p>	＜ｐ＞製作網站＜／ｐ＞

大寫字母與小寫字母

在標籤中，使用大寫字母與小寫字母基本上沒有差別，但是在某些版本的 HTML 語言中必須用小寫描述，因此建議統一使用小寫字母。

標籤中的標籤：巢狀結構

仔細觀察 HTML 的內容，會發現在開始標籤與結束標籤之間通常還會插入其他標籤。例如剛才的範例原始碼，在 <html> 標籤裡面有一組 <head> 標籤，在該 <head> 標籤裡面還有一組 <title> 標籤等。這種寫法就稱為**巢狀結構**。

你可以把這種巢狀結構想像成是一層一層、互相套住的盒子，最外層的標籤是最大的盒子，一層層包覆著更小的盒子，慢慢建構出整個巢狀的標籤結構。在撰寫原始碼時，建議一定要從內到外檢查，看看是否每一層都有依序寫出結束標籤。

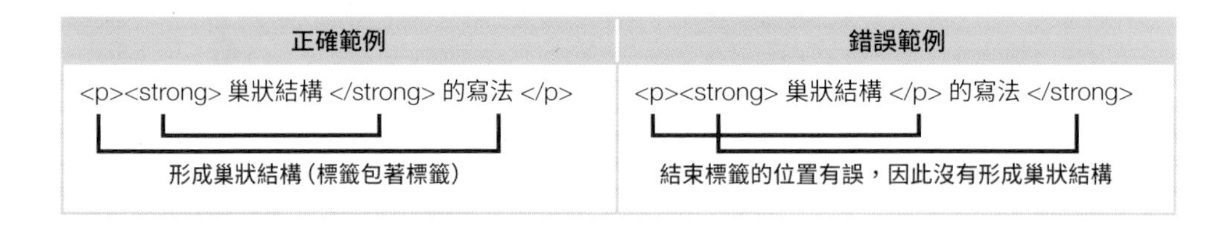

正確範例	錯誤範例
<p><strong> 巢狀結構 </strong> 的寫法 </p>	<p><strong> 巢狀結構 </p> 的寫法 </strong>
形成巢狀結構（標籤包著標籤）	結束標籤的位置有誤，因此沒有形成巢狀結構

在標籤內加入「屬性」和「值」等資料

有些標籤會在開始標籤裡面寫上關於該標籤的附加資料。這種資料的種類稱為**屬性**，寫法是在標籤名稱後加上空格再描述。資料的內容則稱為**值**，其寫法是用「**"(雙引號)**」包圍住。有一點必須注意的是，資料的屬性會因為標籤而異。

例如「a」標籤是建立超連結用的標籤，我們會把要連結的網址寫在這個標籤裡面，並使用「href」屬性來指定超連結目標的 URL。

上面這段原始碼表示「關於我們」這四個字是一個超連結元素（以 <a> 標籤包圍住的元素），並在標籤內以「herf 屬性」說明要連結的 URL 是「about.html」（值）。

POINT

標籤有各式各樣的種類，不同的標籤會有不一樣的功能。在開始標籤內加入屬性，可以補充更多資料。

2-5 CHAPTER 建立網頁標題

接下來要帶著你實際寫寫看 HTML 的每一種標籤。首先就從建立標題的標籤開始說明。

用 <h1>～<h6> 標籤建立標題

文章的標題是使用 **<h1>～<h6> 標籤**表示。「h」是英文「heading」的縮寫，意思是「**標題**」，HTML 中有 <h1>、<h2>、<h3>、<h4>、<h5>、<h6> 等 6 種標題的標籤，「h」後的數字愈大，顯示的標題尺寸愈小，例如 <h1> 是最大的標題，<h6> 是最小的。

Chapter2/c2-05-1/index.html

```
<h1> 顯示一級標題 </h1>
<h2> 顯示二級標題 </h2>
<h3> 顯示三級標題 </h3>
<h4> 顯示四級標題 </h4>
<h5> 顯示五級標題 </h5>
<h6> 顯示六級標題 </h6>
```

顯示一級標題

顯示二級標題

顯示三級標題

顯示四級標題

顯示五級標題

顯示六級標題

這是實際用標題標籤 <h1>～<h6> 建立標題的結果。使用各種標題標籤套用文字後，大小會出現變化，而且變成粗體，每一段之間也會產生較大的距離。

標題標籤的使用順序

我們在規劃網頁內容時，會先訂好大標題、中標題、小標題，接著在撰寫原始碼時，就從大標題 <h1> 開始依序使用，接著是中標題 <h2>，然後是小標題 <h3>……等，從最大的標題開始，依數字的順序來使用。不能因為文字大小等外觀因素而突然使用 <h5>。遵照順序，就能建立井然有序的網頁。

基本上，每個網頁會只使用一次大標題 <h1>，而且最好只使用在內文的標題文字，例如「這個網頁是在講什麼內容」。

放上大標題後，再把內文陳述的內容分成幾個段落，然後分別加上中標題或小標題，文章才會更一目瞭然。通常在一個網頁內可能會用到 <h4>，但是視狀況而定，也可以增加到 <h5> 或 <h6> 等小標題。

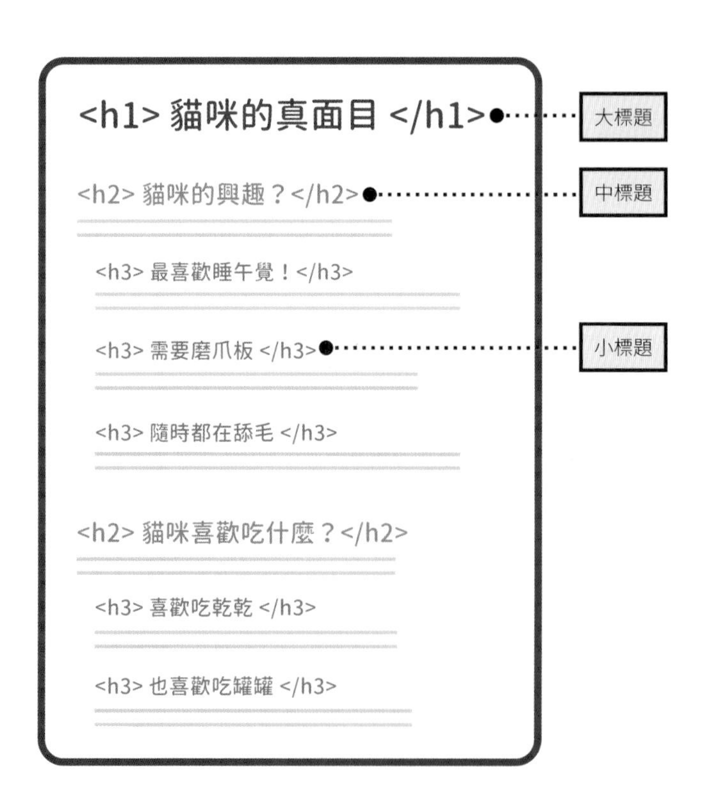

2-6 CHAPTER 輸入網頁內文

接著要輸入網頁裡的內文，也就是文章內容，我們會用到的是 <p> 這個標籤，用於顯示段落，這是網頁常用的標籤之一。

用 <p> 標籤顯示段落

<p> 標籤的功能是用來顯示**文章段落**。「p」源自英文「Paragraph」的「p」，意思是段落，要顯示文章區塊時，就會使用 <p> 標籤包夾，包夾的內容就會變成段落，瀏覽器會自動在段落後面換行，並且讓段落之間產生些許間隔，看起來就有明顯的分段。假如文章內容沒有換行，會顯得太冗長、不易閱讀，因此最好適度地運用 <p> 標籤，分不同的段落來顯示文章。

Chapter2/c2-06-1/index.html

```
<p>WCB CAFE 提供有益健康的自然食物，主要的特色是菜單選用了無人工添加物的食材。</p>
<p> 請用好喝的綜合咖啡與健康的有機食物由體內開始療癒身心。</p>
```

WCB CAFE提供有益健康的自然食物，主要的特色是菜單選用了無人工添加物的食材。

請用好喝的綜合咖啡與健康的有機食物由體內開始療癒身心。

使用 <p> 標籤包夾的內容會自成一個段落，後面的內容會自動換行。

2-7 CHAPTER 插入影像

影像是讓網頁看起來豐富的重要元素，但如果沒有正確地描述，可能會無法順利地顯示出來，請徹底學會插入影像的基本寫法。

用 <img> 標籤插入影像

要插入影像，就要使用 **<img> 標籤**。<img> 和一般的標籤不同，沒有結束標籤，因此特色是只需單獨使用，不用包夾字串。

設定屬性

光是在 HTML 原始碼內寫 <img> 標籤仍無法顯示出影像，我們必須用 **src 屬性**來設定「要顯示哪張影像？」才行。假如該影像是儲存在和此 HTML 網頁同一個資料夾，就只要描述該影像的檔案名稱；若影像是儲存在和網頁不同的資料夾內，則要寫出包含資料夾名稱的影像路徑。

此外還要設定 **alt 屬性**。alt 屬性的功能是在網頁瀏覽器無法順利地載入影像時，取代影像顯示在網頁上的文字。撰寫 alt 屬性時要正確描述影像的內容，讓看不到影像的使用者理解原本要顯示的內容。

chapter2/c2-07-1/index.html

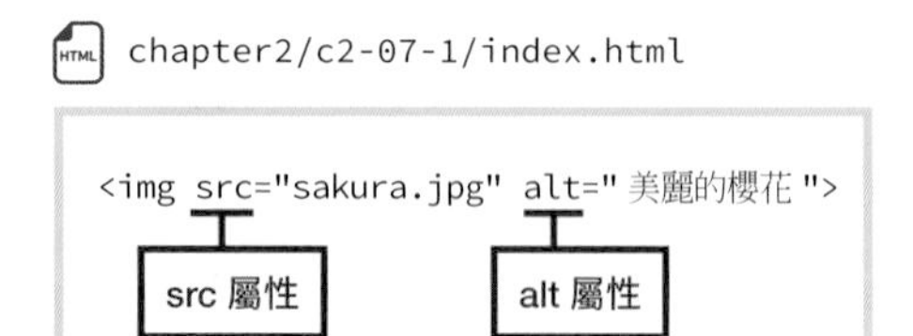

這是設定了 <img> 標籤與 src 屬性所顯示的影像。

美麗的櫻花

瀏覽器無法載入影像時，會顯示 alt 屬性的文字。

設定檔案路徑

檔案路徑就是用來設定要呼叫或連結的檔案，例如 HTML、CSS、影像是放在哪裡。描述檔案路徑時，必須寫出從呼叫者 (例如 index.html) 的角度檢視目標檔案的儲存位置。

相對路徑

這是基本的路徑寫法，要從呼叫者的角度檢視目標檔案的位置。如果兩者都儲存在相同的資料夾內，只要單純描述檔名即可。如右圖所示，如果想在「index.html」裡顯示出「sakura.jpg」時，只要在 src 屬性寫出「sakura.jpg」。

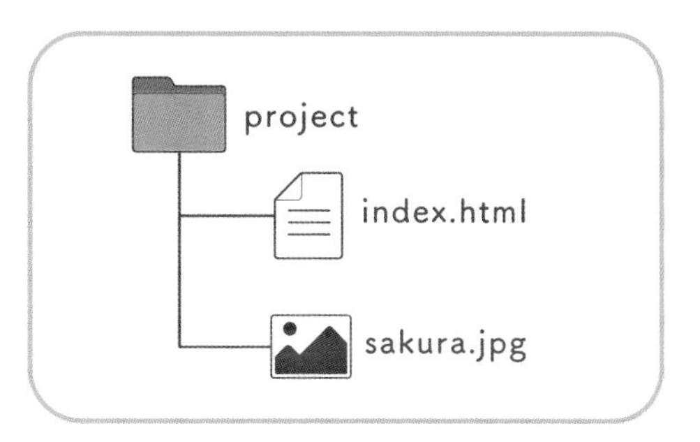

儲存在同一個資料夾的情況，是在 HTML 中描述
<img src="sakura.jpg" alt=" 美麗的櫻花 ">

那麼若要呼叫儲存在其他資料夾內的檔案，該怎麼做？以右圖為例，要設定和呼叫者同階層的資料夾內的檔案時，請使用「/」符號，描述為**「資料夾名稱 / 檔案名稱」**。例如要呼叫和「index.html」同階層的「image 資料夾」內的「sakura.jpg」時，描述為「images/sakura.jpg」。

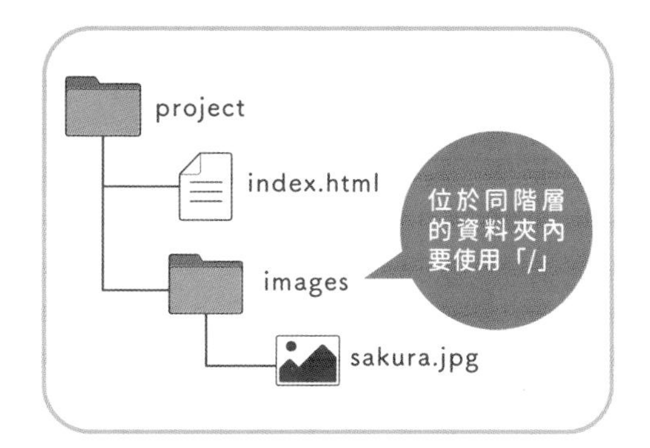

儲存在同階層資料夾的情況，是在 HTML 中描述
<img src="images/sakura.jpg" alt=" 美麗的櫻花 ">

假如呼叫者與目標檔案是儲存在不同的資料夾內，請使用「**../**」符號，意思是要**往上一個階層**。以右圖為例，在「top 資料夾」內的「index.html」中，想要顯示出「images 資料夾」內的「sakura.jpg」時，描述為「../images/sakura.jpg」。

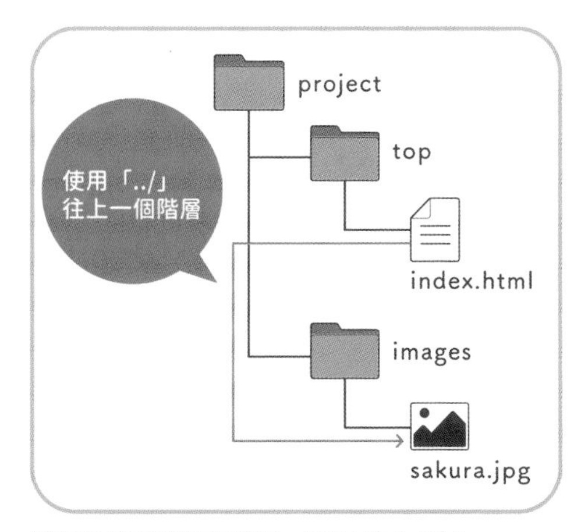

儲存在不同資料夾的情況，是在 HTML 描述
<img src="../images/sakura.jpg" alt=" 美麗的櫻花 ">

當網頁上的影像無法順利顯示時，通常很有可能是因為路徑描述錯誤，請重新確認檔案的位置。

絕對路徑

當想呼叫或想要連結的檔案已經發布在網站上時，就會使用**絕對路徑**。絕對路徑只要寫出網址即可，和儲存檔案的位置在哪裡沒有關係。寫法是以「http://」或「https://」字串為開頭，在網域名稱之後，輸入前往檔案的 URL。例如「http://example.com/images/sakura.jpg」這樣的寫法。

設定連結和檔案路徑的寫法非常重要，如果寫錯了可能會導致元素無法顯示出來，請徹底記住寫法。

如果要顯示影像，必須在 <img> 標籤設定 src 屬性與 alt 屬性。若沒有正確設定檔案路徑，可能會無法正常顯示影像。

COLUMN

容易閱讀的行數、字數是多少？

假如一個段落的文字太多行，可能會讓使用者覺得份量過多，很難集中精神閱讀。因此我提供大家一個行數的參考原則，就是將每個段落限制在 3～5 行，以簡潔的方式說明，就會讓人比較容易閱讀。

此外，如果一行的字數太多，使用者的視線會大幅度從左到右移動，閱讀起來並不舒適。因此我建議一行的字數保持在 30～45 個字會比較適中。

最後補充說明，行數及字數的顯示也會依使用者的瀏覽器設定及寬度而改變，建議將常用的瀏覽器當作標準來製作。

2-8 CHAPTER 設定連結

連結可說是網頁必備的元素。使用者只要點擊文字或影像，就能跳轉至其他網頁，擴大網站的範圍。

用 <a> 標籤設定連結

要建立連結時，是使用 **<a href="">** 與 **</a>** 標籤包夾想設定連結的元素，利用 **href** 屬性設定連結目標。設定連結目標時，可以比照之前學過的路徑寫法。若是要連結到其他網站的 URL，別忘了一定要在開頭加上「**http://**」或「**https://**」。如果只有寫出「google.com.tw」或「www.google.com.tw」，會變成無效的連結，點選了也無法跳轉。下圖是在文字上設定連結，完成後，按下「Google」文字即可跳轉到設定的網頁。

chapter2/c2-08-1/index.html

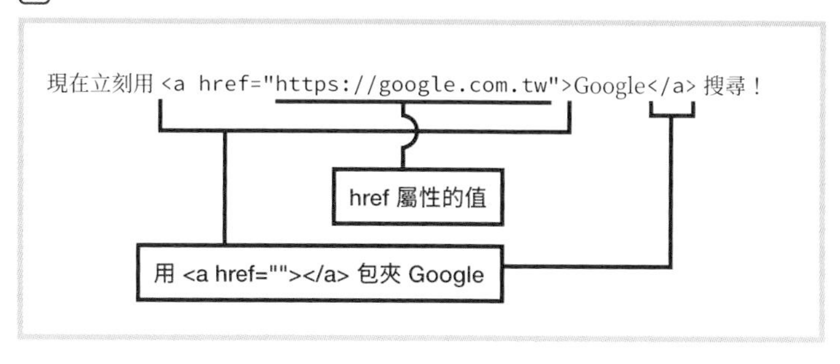

現在立刻用Google搜尋！

在預設狀態下，有設定連結的文字會顯示為藍色文字，並且會加上底線。

在影像上設定連結

與上一節說明過的 <img> 標籤搭配組合，即可在影像上設定連結。只要用 <a> 標籤包夾 <img> 標籤，就能建立連結，讓使用者在點擊影像後，即可跳轉到指定的網頁。

chapter2/c2-08-2/index.html

```
<a href="https://google.com.tw">
<img src="sakura.jpg" alt=" 美麗的櫻花 ">
</a>
```

使用 <a> 標籤
包夾 <img> 標籤

按連結寄出電子郵件

如果希望讓訪客按下連結後可以寄電子郵件給站方，請在 href 屬性描述「**mailto:**」，接著再輸入站方的電子郵件帳號。使用者點擊連結後，就會啟動他預設使用的電子郵件軟體，並在「收件者」欄位自動輸入指定的電子郵件帳號。

 chapter2/c2-08-3/index.html

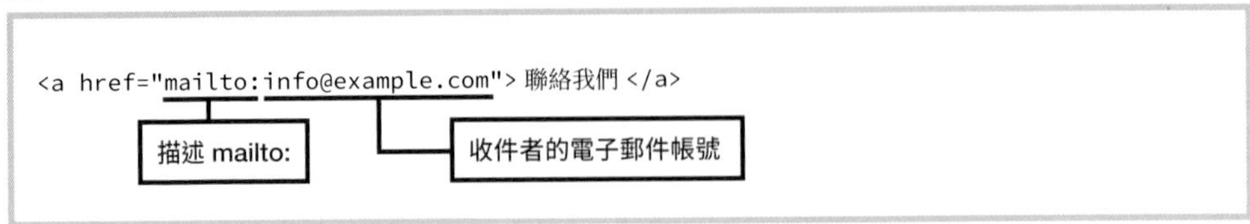

COLUMN

—

把連結的目標網頁顯示在其他分頁

如果沒有特別設定，按下連結後會直接跳至連結的網頁（必須按瀏覽器的「上一頁」鈕才能回到原來的頁面）。如果能預先將 **target 屬性**的值設定成「**_blank**」，就能把連結的目標網頁顯示在瀏覽器的其他分頁。

範例

```
<a href="https://www.google.com.tw/" target="_blank">Google</a>
```

不過，用其他分頁顯示連結目標有好有壞。也有人認為應該讓使用者自行決定要以何種方式開啟連結。如果在設計網頁時使用 target 屬性指定開啟連結的方法，會讓使用者無法選擇。如果要這麼做，建議衡量其實用性。

2-9 CHAPTER 顯示項目清單

常在網頁上看到前面附加一個黑點或圖案的項目清單，一般稱為含項目符號的條列式清單或編號清單。以下就為你介紹用來製作這種清單的標籤。

用「<ul> 標籤＋ <li> 標籤」建立條列式清單

使用 **<ul> 標籤**可以顯示**條列式清單**。「ul」是「Unordered List」的縮寫，意思就是「沒有指定順序的清單」。但是如果只寫出 <ul> 標籤還無法顯示清單，還要在 <ul> 標籤內使用 **<li> 標籤**，才能增加清單內的項目。「li」是「List Item」的縮寫，意思就是變成條列式的項目。

可以使用多個 <li> 標籤，請根據想顯示的項目數量建立清單。

chapter2/c2-09-1/index.html

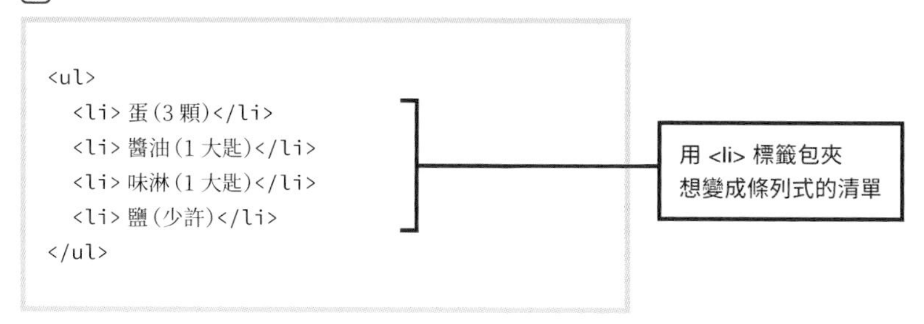

```
<ul>
  <li>蛋(3顆)</li>
  <li>醬油(1大匙)</li>
  <li>味淋(1大匙)</li>
  <li>鹽(少許)</li>
</ul>
```


- 蛋（3顆）
- 醬油（1大匙）
- 味淋（1大匙）
- 鹽（少許）

設定成條列式清單的每個項目，前面都會自動加上一個黑點圖示並縮排。

用「<ol> 標籤＋ <li> 標籤」建立編號清單

前面提到 <ul> 標籤是用來建立「沒有指定順序的清單」，如果要想建立**有確定順序的清單**，就要使用 **<ol> 標籤**。<ol> 是「Ordered List」的縮寫，意思就是「已決定順序的清單」。<ol> 的寫法和 <ul> 標籤一樣，我們可以在 <ol> 標籤內使用 <li> 標籤建立清單中的項目，這些項目顯示在網頁上時，前面會加上數字編號。

chapter2/c2-09-2/index.html

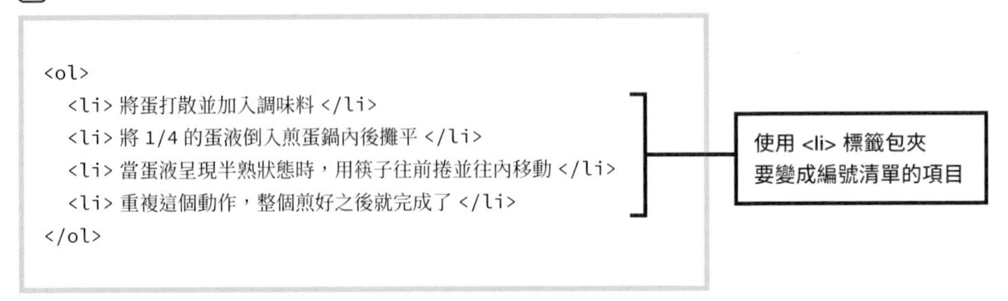

```
<ol>
  <li> 將蛋打散並加入調味料 </li>
  <li> 將 1/4 的蛋液倒入煎蛋鍋內後攤平 </li>
  <li> 當蛋液呈現半熟狀態時，用筷子往前捲並往內移動 </li>
  <li> 重複這個動作，整個煎好之後就完成了 </li>
</ol>
```


1. 將蛋打散並加入調味料
2. 將1/4的蛋液倒入煎蛋鍋內後攤平
3. 當蛋液呈現半熟狀態時，用筷子往前捲並往內移動
4. 重複這個動作，整個煎好之後就完成了

每個項目前面會
依序加上數字。

COLUMN

—

如何用瀏覽器檢視網頁的 HTML 原始碼

我們在看別人的網站時，如果想要知道該網站是怎麼寫的，可以透過瀏覽器瀏覽 HTML 的原始碼。以 Chrome 瀏覽器為例，開啟網頁後，請按下滑鼠右鍵，執行『**檢視網頁原始碼**』命令，就會以新分頁顯示該網頁的 HTML 原始碼。這樣就可以看到該網頁的結構，當作自己製作網站時的參考。

2-10 CHAPTER 製作表格

需要在網頁上製作時間表、收費表等各種表格時，可以使用 <table> 標籤製作表格。雖然有點複雜，只要你先徹底掌握表格的基本結構，就能順利地製作出來。

表格的基本結構

表格中包含許多格子，其實要組合多個標籤才能製作出表格。請先認識這些標籤。

標籤	目的
<table>	這是代表「整個表格」的標籤，用來包夾整個表格
<tr>	這是「Table Row」的縮寫，用來包夾表格內的「一列」
<th>	這是「Table Header」的縮寫，用來建立要置放表格標題的儲存格
<td>	這是「Table Data」的縮寫，用來建立置放表格資料的儲存格

因此，表格的基本寫法是先寫出代表整個表格的 **<table> 標籤**，再用 **<tr> 標籤**增加水平的列，裡面再用 **<th> 標籤**建立標題儲存格，或用 **<td> 標籤**建立放資料的儲存格即可。要特別注意的是，每一列（<tr> 標籤）中的儲存格（<td> 標籤）數量要一致，否則版面就會亂掉。此外，如果不需要標題，可以省略不寫 <th> 標籤。

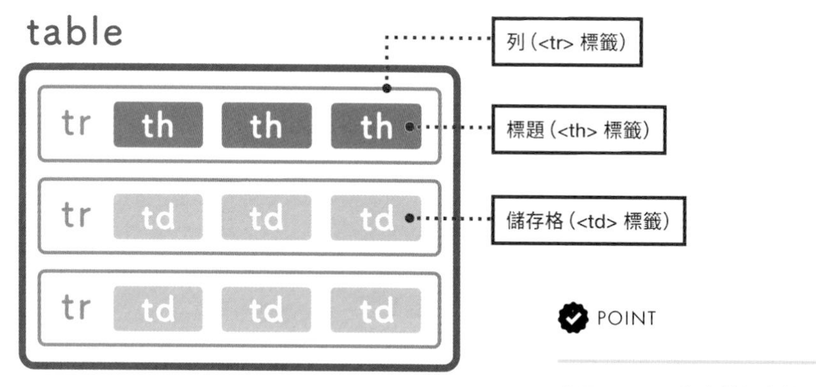

POINT

使用 <table> 包夾整個表格，再利用 <tr> 標籤建立各列，再使用 <th> 標籤建立標題，並以 <td> 標籤建立儲存格。

接著就來練習看看，試著製作出一個簡單的表格吧。

chapter2/c2-10-1/index.html

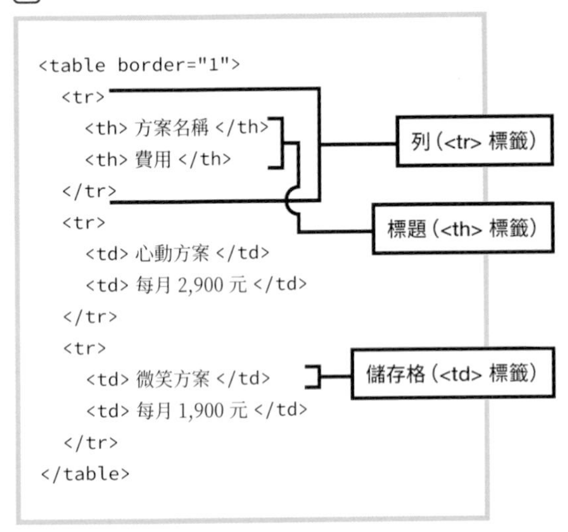


```
<table border="1">
  <tr>
    <th> 方案名稱 </th>
    <th> 費用 </th>
  </tr>
  <tr>
    <td> 心動方案 </td>
    <td> 每月 2,900 元 </td>
  </tr>
  <tr>
    <td> 微笑方案 </td>
    <td> 每月 1,900 元 </td>
  </tr>
</table>
```

方案名稱	費用
心動方案	每月 2,900元
微笑方案	每月 1,900元

解析這段原始碼可以知道，這是一個表格元素，並且是一個具有三列（有三組 <tr> 標籤）、兩欄（每組 <tr> 標籤中包含兩組 <th> 或 <td> 標籤）的表格。

※ 表格在預設的狀態下是沒有邊框的，會看不清楚範圍，這裡為了讓大家容易辨識，我在 <table> 標籤內多寫了一句「border="1"」，這是表示要加上粗細為 1 像素的邊框。這種邊框線條通常會使用 CSS 來加以美化，第 3 章就會介紹。

合併儲存格

有時我們會需要將多個儲存格合併成一個，例如讓多個欄共用同一個標題列。以下就示範作法，首先要建立出基本的表格。

chapter2/c2-10-2/index.html

```
<table border="1">
  <tr>
    <th> 儲存格 1</th>
    <th> 儲存格 2</th>
  </tr>
  <tr>
    <td> 儲存格 3</td>
    <td> 儲存格 4</td>
  </tr>
  <tr>
    <td> 儲存格 5</td>
    <td> 儲存格 6</td>
  </tr>
</table>
```

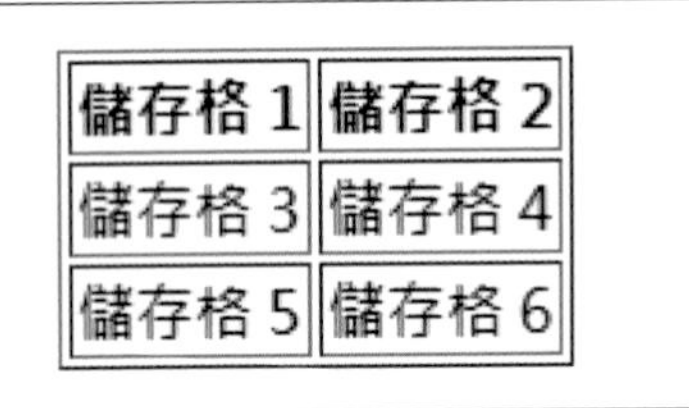

儲存格 1	儲存格 2
儲存格 3	儲存格 4
儲存格 5	儲存格 6

還沒合併的表格，是顯示成六個儲存格。

合併同一列的儲存格（水平合併）

想將同一列的儲存格合併時，只要在該儲存格的 <th> 標籤及 <td> 標籤增加 **colspan 屬性**，然後在「colspan」後面寫上想合併的儲存格數量即可。

在這個範例中，如果想合併最上面的 2 個標題儲存格，只要在 <th> 標籤加上「colspan="2"」，就會把 2 個 <th> 標籤合併成 1 個。

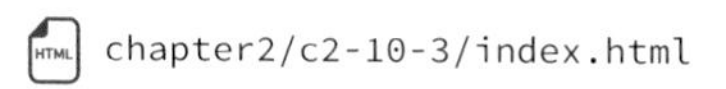

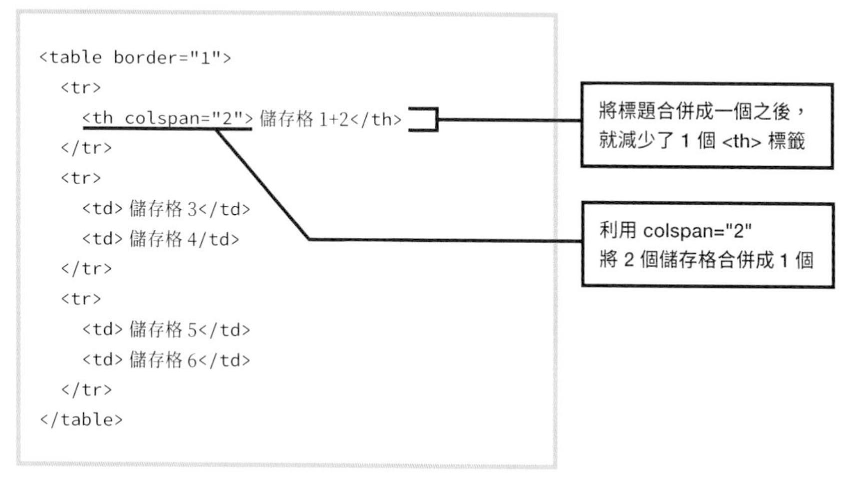

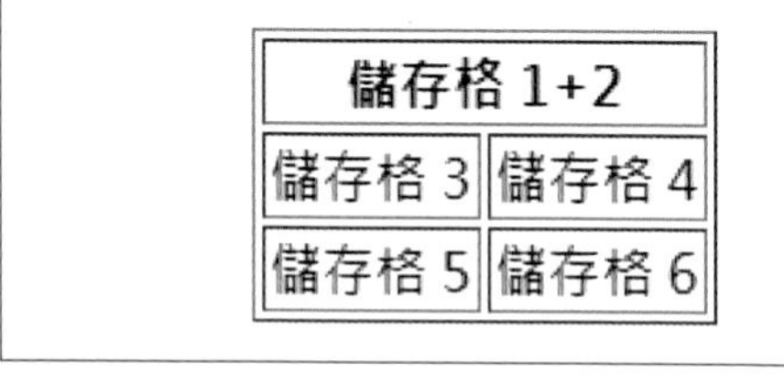

將標題的儲存格合併了。

合併同一欄的儲存格（垂直合併）

若想將上下同一欄的儲存格合併，則要加上 **rowspan 屬性**。和水平合併一樣，必須寫上想合併的儲存格數量。

在上面這個範例中，如果想讓「儲存格 3」和「儲存格 5」垂直合併，可以在第 3 個 <td> 標籤加上「rowspan="2"」，就會減去第 3 個 <td> 標籤。

 chapter2/c2-10-4/index.html

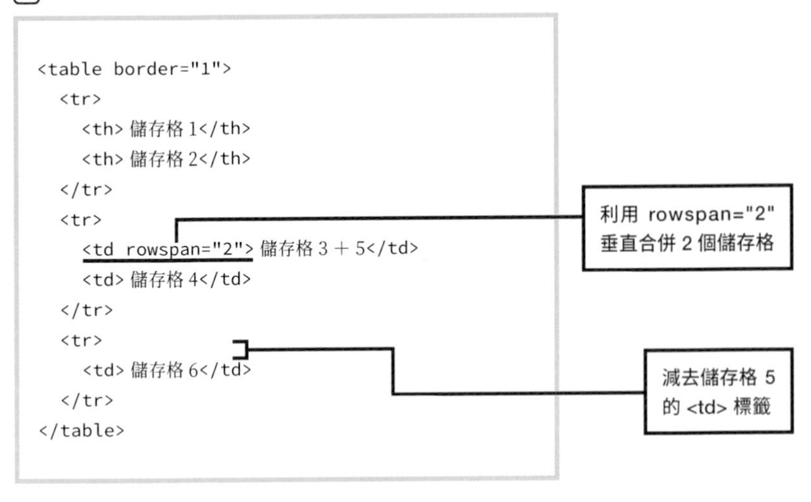

```
<table border="1">
  <tr>
    <th> 儲存格 1</th>
    <th> 儲存格 2</th>
  </tr>
  <tr>
    <td rowspan="2"> 儲存格 3 + 5</td>
    <td> 儲存格 4</td>
  </tr>
  <tr>
    <td> 儲存格 6</td>
  </tr>
</table>
```


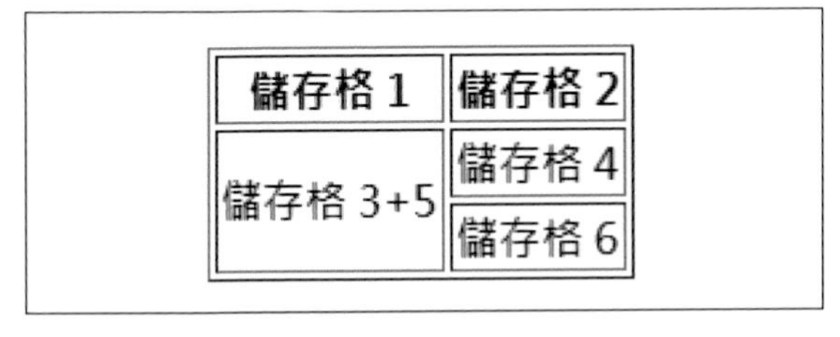

垂直合併了第 3 與第 5 個儲存格。

COLUMN

—

用註解隱藏不須顯示在網頁上的內容

有時我們會想在 HTML 的原始碼內寫一些說明文字，例如說明製作時的注意事項等，相當於「製作者的筆記」。這類筆記內容並不需要顯示在網頁中，這時候就可以使用**「<!--」**和**「-->」**符號來包夾整段文字，則整段文字都會變成**註解**。

只要設定成註解，該段內容就不會顯示在瀏覽器上了。這個功能除了可以用來寫個人的筆記，也能用來暫時隱藏部分測試用的原始碼。

```
<!-- 主要的內容從這裡開始↓ -->
<!-- <h2> 最新機種資料 </h2> -->
<!– 也可以寫出
多行
註解 -->
```

2-11 CHAPTER 製作表單

網頁上常會出現需要使用者填資料的欄位，例如「聯絡我們」、搜尋框、「註冊會員」等功能，這類功能需要用「表單」功能來製作。接著就要練習製作可以讓使用者輸入或選取文字的表單。

製作表單要組合多個元件

網頁上常見的表單，通常會包含文字輸入欄、按鈕等多種不同的表單元件。先認識這些與表單相關的 HTML 標籤，組合必要的元件，就能製作成表單。

姓名

電子郵件

詢問內容

送出

這是「聯絡我們」的表單範例，組合了姓名欄位、電子郵件欄位等「單行文字輸入欄」，以及用來詢問內容的「多行文字輸入欄」，還有「送出鈕」。以下就會分別介紹這些標籤。

用 <form> 標籤製作表單欄位

<form> 標籤是表示整個表單的標籤，表單內的所有元件都要用 <form> 標籤包夾。主要描述的屬性如下所示。

<form> 標籤的主要屬性

屬性	用途
action	設定表單中填寫的資料要傳送到哪個網頁
method	設定表單資料的傳送方法，通常會輸入「get」或「post」表示不同的傳送方法
name	設定此表單的名稱

 chapter2/c2-11-1/index.html

```
<form action="example.php" method="post" name="contact-form">
    在這裡放置表單的元件。
</form>
```

在這個範例中，輸入的內容會傳送到 example.php 這個網頁處理。

 POINT

<form> 標籤可以製作表單的外觀，但是表單中的輸入欄位、傳送資料用的按鈕等元素，通常並不是利用 HTML 或 CSS 執行處理，而是配合 PHP 等網頁後端程式語言來執行傳送資料和處理資料的工作。
由於本書是著重在網頁的設計層面，在此只介紹在 HTML 與 CSS 範圍內的寫法。一般來說，需要前後端配合的表單和資料庫，會由設計師和後端工程師合作完成。

製作表單需要用到的元件

以下要介紹製作表單的各種元件需要用到的標籤。大部分都是先使用 **<input> 標籤**，再利用 **type 屬性**，依用途改變顯示出來的元件。

單行文字輸入欄 <input type="text">

在 <input> 標籤內，將 type 屬性的值設定為 **text**，就能設置可輸入單行文字的欄位。只需輸入簡短文字時，就可以設置這種欄位，例如輸入姓名，或是輸入關鍵字搜尋。

chapter2/c2-11-2/index.html

```
姓名：<input type="text">
```

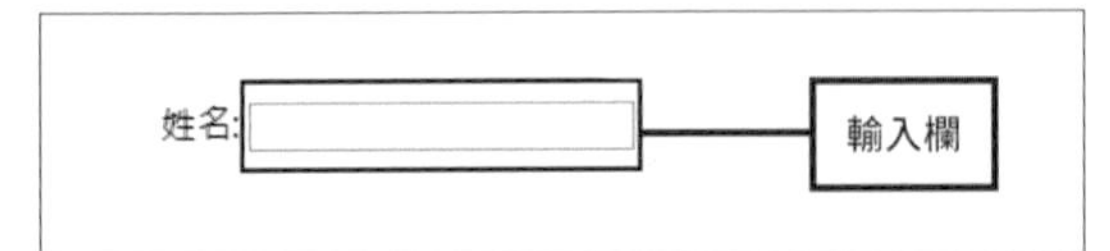

點擊輸入欄後，就可以在欄位中輸入文字。

在輸入欄中顯示提示文字

製作表單時有一點要特別注意，就是有些欄位必須加上提示文字。若沒有特別提示，使用者可能會不知道該在欄位裡輸入什麼，或是可能會輸入錯誤的內容。需要在欄位中顯示提示文字時，可以使用 **placeholder 屬性**，如下所示。

chapter2/c2-11-3/index.html

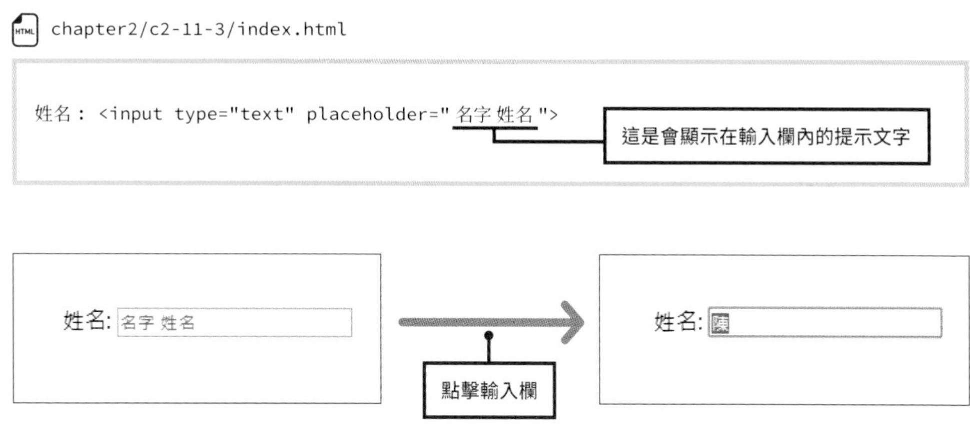

當使用者打算輸入文字時，點擊輸入欄位，placeholder 的值（名字 姓名）就會消失，讓使用者輸入別的文字。

利用 type 屬性設定各種單行文字輸入欄

單行文字欄位可以輸入多種內容，可依需求設定 **type 屬性**的值。例如電子郵件輸入欄可設定為「**type="email"**」，網址 URL 輸入欄可設定為「**type="url"**」，只要瀏覽器支援該屬性值，就能檢查使用者是否有輸入正確格式。

單行文字輸入欄的常用屬性值

屬性值	用途
text	單行文字（預設值）
search	搜尋時輸入的文字
email	電子郵件
tel	電話號碼
url	網址

製作單選題：選項按鈕 <input type="radio">

有時會需要在表單中製作選擇題，這種元件有單選題和多選題的差異。單選題就是讓使用者從多個選項中點選一個項目（只能選一個），適用的元件是**選項按鈕**。使用者只要點擊一個選項，其他選項就會自動變成無法選取的狀態。

主要屬性

屬性	用途
name	選項按鈕的名稱
value	傳送選項的值（點選了哪一個項目）
checked	設定一開始就顯示為選取狀態的項目

在包含多個選項的選項按鈕中，只要將各選項的 **name 屬性**設定相同的值，就會整合成一個群組，使用者在該群組中只能選擇一個項目。此外，為了提示使用者可以點選，通常會將常選取的項目或是希望選取的項目設定成一開始就被選取的狀態，方法是用 **checked 屬性**來設定。

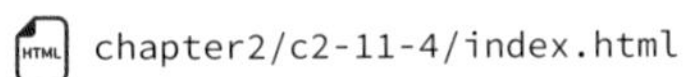
chapter2/c2-11-4/index.html

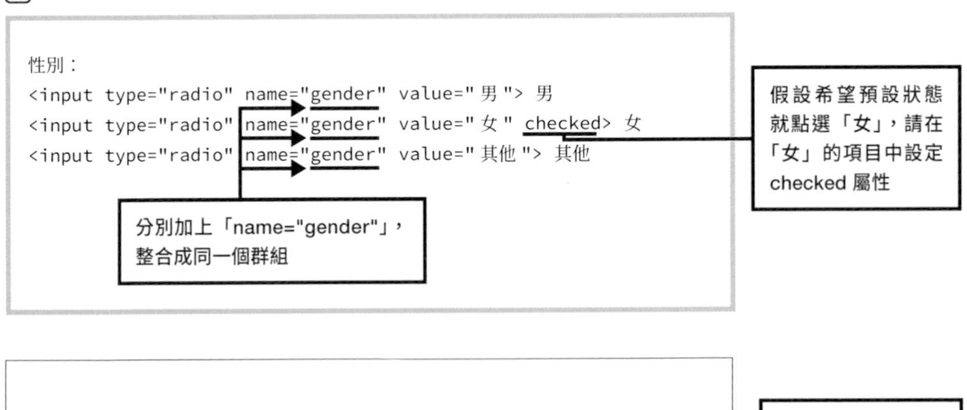

製作多選題：核取方塊 <input type="checkbox">

核取方塊和選項按鈕的功能一樣，是準備多個選項讓使用者選取，差別在於核取方塊可以勾選多個項目，因此可以用於製作多選題。

主要屬性

屬性	用途
name	核取方塊的名稱
value	傳送選項的值（勾選了哪些項目）
checked	設定一開始就顯示為選取狀態的項目

和選項按鈕一樣，只要替各個項目的 **name 屬性**設定相同的值，就可以整合成同一個群組。同樣地，有設定 **checked 屬性**的選項會從一開始就會顯示為已勾選的狀態。

chapter2/c2-11-5/index.html

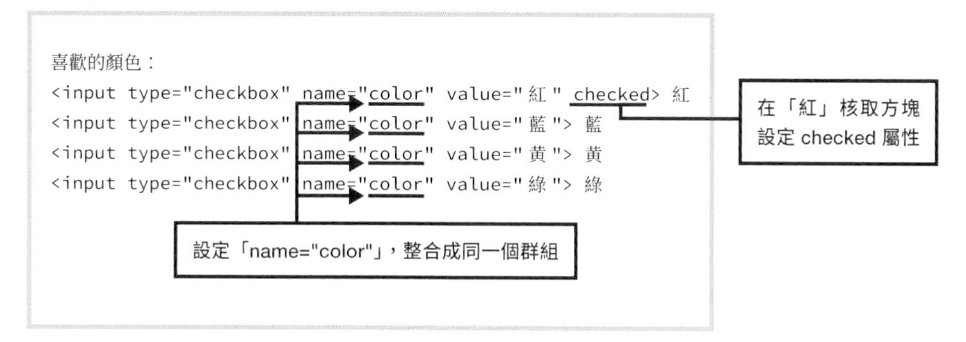

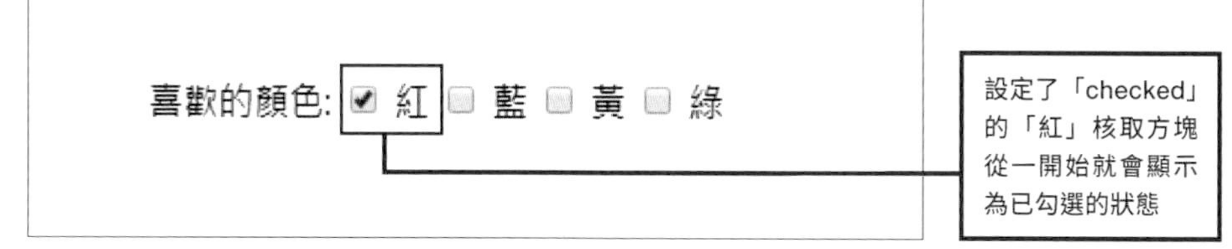

核取方塊適用於可能有多種答案的狀況，例如詢問興趣、詢問使用目的等。

製作「送出資料」按鈕 <input type="submit">

每個表單都會加上一個元件，通常是設計成按鈕形式，用來把表單中輸入的內容傳送出去。按鈕上顯示的文字可依用途自訂，例如傳送資料表單可設定為「送出」、搜尋欄可設定為「搜尋」，註冊會員表單可顯示為「註冊」等。

主要屬性

屬性	用途
name	按鈕的名稱
value	顯示在按鈕上的文字

chapter2/c2-11-6/index.html

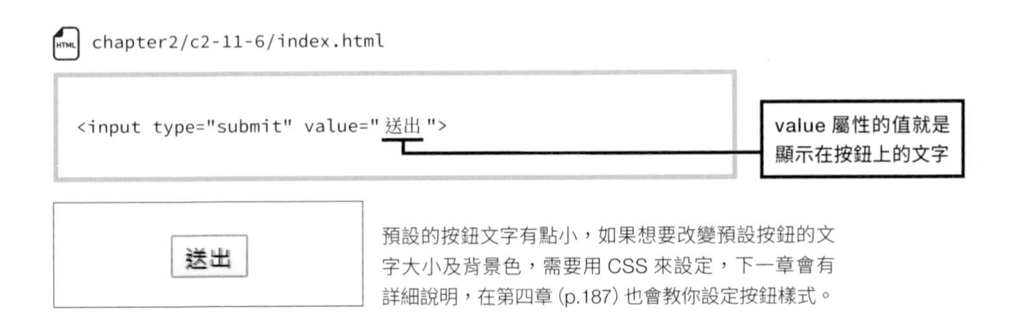

```
<input type="submit" value="送出">
```


預設的按鈕文字有點小，如果想要改變預設按鈕的文字大小及背景色，需要用 CSS 來設定，下一章會有詳細說明，在第四章 (p.187) 也會教你設定按鈕樣式。

將按鈕變成圖片

我們也可以用自訂的圖片取代「送出」按鈕，只要將 **type 屬性**設定為 **image**，設定影像檔案的路徑即可。如下所示：

主要屬性

屬性	用途
name	按鈕的名稱
src	想當成按鈕的影像檔案路徑、檔案名稱
alt	說明影像的文字

chapter2/c2-11-7/index.html

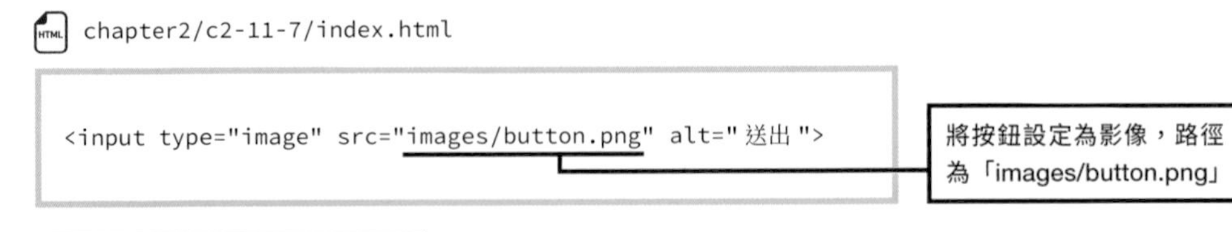

```
<input type="image" src="images/button.png" alt="送出">
```

如果覺得用 CSS 設定來裝飾很困難，直接把按鈕設定成一張圖片也是不錯的選擇。

用 <select> 標籤＋ <option> 標籤製作下拉式選單

在表單中也常看到下拉式選單，只要點擊下拉式選單，就會展開多種選項，常用於讓使用者選擇縣市鄉鎮等情況。下拉式選單的寫法是使用 **<select> 標籤**包夾所有選項，再分別用 **<option> 標籤**包夾各個項目。

<select> 標籤的主要屬性

屬性	用途
name	下拉式選單的名稱
multiple	利用 Shift 鍵或 Ctrl 鍵（Mac 是 ⌘ 鍵）可以選取多個選項

<option> 標籤的主要屬性

屬性	用途
value	傳送的選項值（選了哪些項目）
selected	設定一開始就顯示為選取狀態的項目

chapter2/c2-11-8/index.html

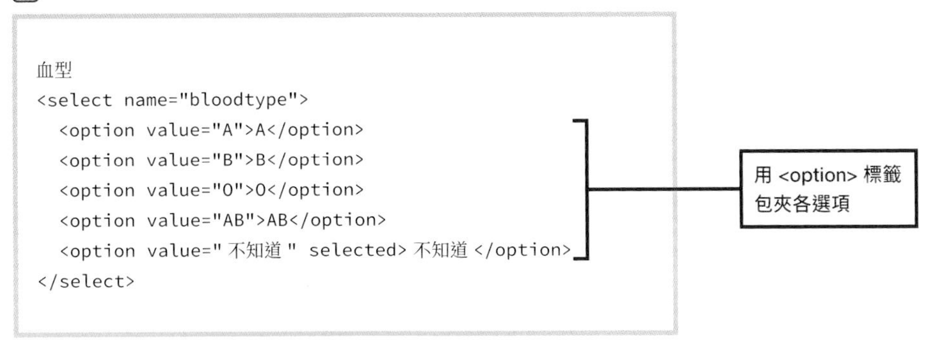

```
血型
<select name="bloodtype">
  <option value="A">A</option>
  <option value="B">B</option>
  <option value="O">O</option>
  <option value="AB">AB</option>
  <option value=" 不知道 " selected> 不知道 </option>
</select>
```

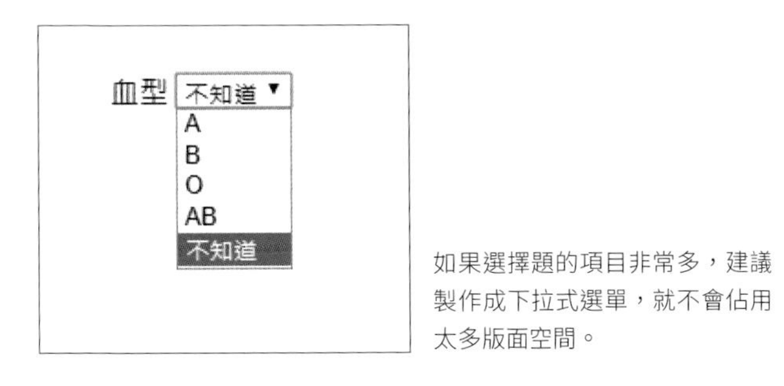

如果選擇題的項目非常多，建議製作成下拉式選單，就不會佔用太多版面空間。

製作多行文字輸入欄 <textarea> 標籤

如果需要輸入多行文字，例如可以輸入文章、提出問題的欄位，可以使用 **<textarea> 標籤**來製作。如果使用 <textarea> 包夾文字，該文字就會顯示為欄位中的預設值。

chapter2/c2-11-9/index.html

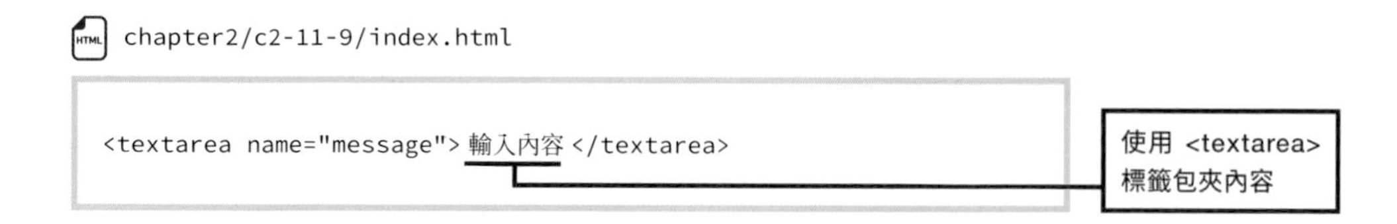

```
<textarea name="message"> 輸入內容 </textarea>
```


不過，使用 <textarea> 標籤包夾的文字，即使點擊輸入欄也不會消失。有時使用起來可能比較不方便，所以建議比照單行文字輸入欄的作法，用 **placeholder 屬性**設定預設要顯示在欄位中的提示文字。

chapter2/c2-11-10/index.html

```
<textarea name="message" placeholder=" 輸入內容 "></textarea>
```


多行文字輸入欄。如果想修改方塊的大小，可利用下一章學到的 CSS 屬性。

COLUMN

使用後端程式處理表單資料

HTML 雖然可以顯示出表單內的各種元件，但是當使用者填完資料後，通常需要將資料傳送到網頁後端去做處理，這時必須使用 PHP 之類的後端程式。如果你不熟悉後端程式也無妨，因為市面上已經有不須程式基礎就能在網站上設置表單的服務，我們也可以善用這些服務。你可以參考 p.255 設置聯絡表單的相關說明。

2-12 CHAPTER 將表單調整得更好用

製作表單時，為了讓使用者更了解每個欄位是什麼，通常還會在輸入欄的旁邊加上「姓名」、「電話號碼」等說明文字。這些文字稱為「標籤 (label)」，加上標籤後，表單會更方便好用。

用 <label> 標籤製作表單的標籤

使用 **<label> 標籤**可製作表單的標籤，表單標籤能和表單的元件建立關聯。例如想要在網頁上勾選「日本」，光是點選文字並不會勾選前面的項目，但如果有用 <label> 標籤，就能把標籤中的文字和選項建立關聯。對使用者來說，點擊網頁上小小的按鈕或核取方塊其實很不容易。使用 <label> 標籤設定關聯，就可以讓表單更方便好用。

標籤寫法是用 **<label> 標籤**包夾文字，並設定 **for 屬性**，並替要建立關聯的表單元件設定 **id 屬性**。只要 for 屬性和 id 屬性的值 (識別名稱) 一樣，表單與元件就會建立關聯。

chapter2/c2-12-1/index.html

```
<input type="checkbox" name="travel" value="日本" id="japan">
<label for="japan">日本</label>

<input type="checkbox" name="travel" value="歐洲" id="europe">
<label for="europe">歐洲</label>

<input type="checkbox" name="travel" value="東南亞" id="asia">
<label for="asia">東南亞</label>
```

id 屬性與 for 屬性值相同，即可建立關聯

☐ 日本 ☑ 歐洲 ☐ 東南亞

☐ 日本 ☑ 歐洲 ☐ 東南亞

沒有設定關聯時，一定要點擊到核取方塊才能選到項目。如果有利用 <label> 標籤將文字和方塊建立關聯，只有點擊文字也可以勾選核取方塊。

設定識別名稱時的注意事項

識別名稱一定要成對，而且在同一個檔案內，只能使用一次，不能重複。此外，識別名稱要用半形英數字，不能使用以數字或符號為開頭的識別名稱。

正確範例	錯誤範例
name-1	1-name / --name / 名稱 1

2-13 用區塊元素將內容分組

CHAPTER

前面介紹了每種常見網頁元素的標籤。但是當你要從零開始建立網頁版面時，可能還是毫無頭緒，不知道要從哪個標籤開始寫？以下將說明如何使用區塊元素排版，第一步是依內容進行分組。

為什麼要分組

網頁是由各種網頁元素組合成的，包括導覽列選單、內文、相關報導的清單、簡介等。因此製作的第一步，就是要把內容分組，例如「內文用的元素」、「導覽列用的元素」，分別用標籤包夾起來，變成一個群組。

例如右❶列出了兩段標題與內容。其中「明日的天氣」與「穿著建議」是不同主題，應該要分成不同群組。因此用 **<article> 標籤**和 **<section> 標籤**包夾，如❷所示。

但如果你用瀏覽器看以上兩個檔案的顯示狀態，看起來都是一樣的❸。

這是因為還沒有替各群組設定不同的樣式。下一章我們將說明如何利用 CSS 設定，替每個群組設定其顏色❹或調整排版。

補充說明，<h1>、<p> 這類在網頁上會自成一個區塊（前後都會空行）的標籤，稱為**「區塊（block）元素」**；而 <a>、<img> 這類可和其他元素放在同一行、不會自成一個區塊的標籤，

chapter2/c2-13-1/index.html

❶

```
<h1> 明日的天氣 </h1>
<p> 明日為多雲時晴。</p>
<h2> 穿著建議 </h2>
<p> 這個時期天氣依舊溫暖，只要準備一件罩衫即可。</p>
```

chapter2/c2-13-2/index.html

❷

```
<article>
  <h1> 明日的天氣 </h1>
  <p> 明日為多雲時晴。</p>
</article>

<section>
  <h2> 穿著建議 </h2>
   <p> 個時期天氣依舊溫暖，只要準備一件罩衫即可。</p>
</section>
```

❸

不論有沒有分組，都會顯示成這樣。

❹

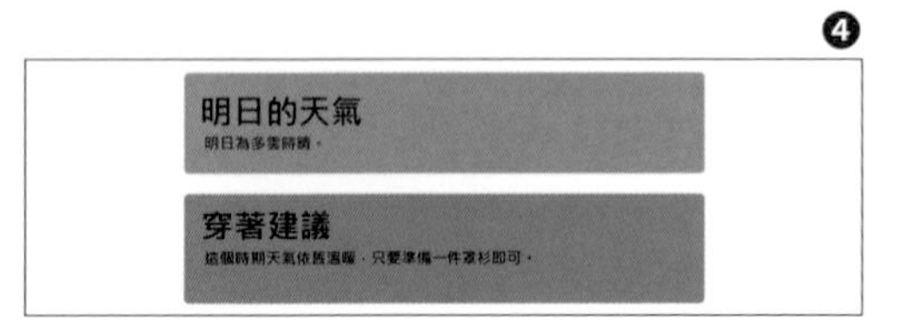

利用 CSS 替不同的群組加上不一樣的背景色以便區別。

則稱為「**行列元素**」。而上述每個分組用的標籤，例如 <article> 和 <section>，都是 HTML5 內建的**語意化標籤** (Semantic Elements)，用來指稱特定的網頁區塊。

語意化標籤的優點是從標籤名稱就能理解內容，例如 <article> 光看就知道是包夾文章用的，製作網頁時必須依用途思考要使用哪種標籤包夾。以下將以常見的網站版面結構為例，說明更多排版時常用的區塊元素標籤。

用 <header> 標籤製作網頁的頁首

網頁最上面的頂部區域稱為「頁首」，通常會放置 LOGO 影像、網頁標題、導覽列選單等元素。此區適用的區塊元素就是 **<header> 標籤**。

```
<header>
  <h1> 網頁標題 </h1>
  <p> 本網站提供最新的網路業界消息。</p>
</header>
```

請注意，<header> 標籤與 HTML 檔案開頭描述的「head 元素」是不同的。

藍色區域就是 <header> 標籤。

用 <nav> 標籤製作導覽列選單

<nav> 標籤適用於包夾導覽列的主選單，通常會放置在 <header> 標籤內，基本上不會用在非主選單的地方。

```
<header>
  <h1> 網頁標題 </h1>
  <nav>
    <ul>
      <li><a href="#"> 服務介紹 </a></li>
      <li><a href="#"> 價格 </a></li>
      <li><a href="#"> 聯絡我們 </a></li>
    </ul>
  </nav>
</header>
```

藍色區域就是 <nav> 標籤 (放置在頁首的 <header> 標籤內)。

用 <article> 標籤製作內文或報導

「article」的意思是「報導文章」，如果有單篇內完結的完整文章，通常都會使用 **<article> 標籤**。例如新聞網站或部落格網站的文章，常會使用這個標籤來製作。

```
<article>
  <h2> 報導標題 </h2>
  <p> 智慧型手機的第一手訊息！新機種問世！</p>
</article>
```

藍色區域就是 <article> 標籤。

用 <section> 標籤製作含主題的群組

<section> 標籤的功能類似 <article> 標籤，用於製作包含標題及概要的一般內容，它與 <article> 的差異是，<section> 不一定是獨立的內容，而且一定會包含標題。

```
<section>
  <h2> 相關推薦報導 </h2>
  <ul>
    <li><a href="#"> 智慧型手錶有沒有用？</a></li>
    <li><a href="#"> 跑步時建議使用這項工具！</a></li>
  </ul>
</section>
```

藍色區域就是 <section> 標籤。

用 <main> 標籤製作網頁的主要內容

<main> 標籤用於製作網頁的主要內容，也就是除了導覽列、頁首與頁尾、側邊欄以外的一大塊內容區域，都屬於 <main> 標籤，內含各式各樣的群組。

```
<main>
  <article>
    <h2> 報導標題 </h2>
    <p> 智慧型手機的第一手訊息！新機種問世！</p>
  </article>

  <section>
    <h2> 相關推薦報導 </h2>
    <ul>
```

藍色區域都是 <main> 標籤。

```
        <li><a href="#">智慧型手機適用嗎？</a></li>
        <li><a href="#">這個 APP 是我跑步時的好朋友喔！</a></li>
      </ul>
    </section>
  </main>
```

用 <aside> 標籤補充非主要內容

<aside> 標籤是用來包夾非本文的補充資料，和網頁的主要內容較無關聯，如右圖的範例是使用在側邊欄。建議用在與主要內容關聯性較低的內容。

```
<aside>
  <h3>作者是這樣的人</h3>
  <p>我是 mana，會透過這個網站發布訊息，請多多指教！</p>
</aside>
```

藍色區域就是 <aside> 標籤。

用 <footer> 製作網頁頁尾

網頁底部的區域稱為「頁尾」，要使用 **<footer> 標籤**包夾，此區通常會放置版權聲明及社群媒體連結等資訊。

```
<footer>
  <ul>
    <li><a href="#">Facebook</a></li>
    <li><a href="#">Twitter</a></li>
  </ul>
  <p>Copyright 2019 Mana</p>
</footer>
```

藍色區域就是 <footer> 標籤。

用 <div> 標籤製作無特定意義的區塊

前面介紹的都是很常見的區塊元素。但設計時也可能遇到不符合任何用途，只是必須把某些元素組成區塊的情況。此時就可以使用 **<div> 標籤**。這是沒有特定意義的標籤，適用於想組成群組，卻不曉得該放在哪個區塊的情況。

```
<div>
  <img src="phone1.jpg" alt="智慧型手機的照片">
  <p>從正面檢視畫面的樣子</p>
</div>
<div>
  <img src="phone2.jpg" alt="智慧型手機的照片">
  <p>三種顏色變化</p>
</div>
```

2-14 CHAPTER 整理常用的 HTML 標籤

以下整理本章使用頻率較高的標籤，最好先記住基本結構或內容會用到的標籤。若想詳閱更多常用標籤的介紹，可參考附錄 A。

基本結構、head 內

標籤	用途
html	代表這個檔案是 HTML 文件
head	HTML 文件的表頭，描述了搜尋引擎用的說明、CSS 檔案的連結、網頁標題等
meta	描述網頁資料，包括網頁語系等
title	網頁標題。使用瀏覽器的標籤或書籤時，會顯示為網頁標題
link	連結外部檔案，主要用來載入 CSS 檔案
body	HTML 文件的主要內容部分。裡面描述的內容都會顯示在瀏覽器上

內容

標籤	用途
h1～h6	顯示標題，依照數字順序描述
p	文章的段落
img	顯示影像，利用 src 屬性設定影像來源
a	貼上連結，並用 href 屬性設定連結對象
ul	不指定順序的條列式清單
ol	有指定順序的條列式清單
li	條列式清單內的各個項目

分組用的區塊元素

標籤	用途
header	網頁頂部的元素，主要包夾 LOGO、網頁標題、導覽列選單
nav	主要的導覽列選單
article	網頁內的報導部分，用來包夾可以成為獨立網頁的文章內容
section	擁有一個主題的群組
main	用來包夾網頁的所有主要內容
aside	非本文的補充資料，用於和主內容關聯性較低的資料
footer	網頁底部的頁尾區塊元素。通常包含版權及社群媒體連結等

CHAPTER 3

—

開始設計網站！CSS 的基本知識

前一章提過 HTML 是網頁的基本架構，只用 HTML 製作的網頁外觀其實非常樸素，除了圖片之外，大部分都是白色背景與黑色文字。如果你想要改變網頁元素的色彩、改變文字大小、調整版面等，這類「設計網頁外觀」的工作，都必須用 CSS 來調整。這一章將告訴你 CSS 的基本知識和用法，一起來學習美化 HTML、把網頁變漂亮吧！

WEBSITE | WEB DESIGN | HTML | CSS | SINGLE PAGE | MEDIA

3-1 CHAPTER CSS 是什麼？

CSS 是一種可以調整 HTML 外觀的語言。若只有 HTML 而沒有 CSS，網頁就會變成只有白色背景與黑色文字的簡單畫面。利用 CSS 就可以呈現豐富的裝飾，輕鬆地設計出美觀的網頁。

CSS 可以美化 HTML

CSS 是「**Cascading Style Sheets**」的縮寫，是一種用來裝飾 HTML 文件外觀的語言。CSS 檔案的副檔名為「.css」。

CSS 可控制網頁元素的外觀，例如背景圖、色彩、大小、位置等。如果把網頁的 CSS 關閉，會立刻發現有無 CSS 的差異。右上圖的網頁就有用 CSS 美化，例如添加了背景圖、調整了版面，美化字體等等。

如果關閉網頁的 CSS，結果如右下圖，所有的裝飾元素都消失，變成沒有任何裝飾的文件了。由此可知，CSS 可以像這樣大幅改變網站的外觀。接下來我們就按部就班地來學 CSS 吧！

來看看關閉 CSS 後會變成什麼狀態。背景圖消失了，各元素的位置都變得亂七八糟，版面變得很不整齊。

3-2 如何在 HTML 中使用 CSS

CHAPTER

我們已經知道 HTML 和 CSS 密不可分的關係，接下來該怎麼做才能在 HTML 文件中套用 CSS 呢？以下將介紹三種方法。

將 CSS 檔案載入 HTML 並套用

第一種方法是先建立好一個 CSS 檔案，然後將該檔案（副檔名為 .css）用連結的方式載入 HTML 中並套用。這是架設網站時常用的方法，當網站中包含多個網頁，如果都要套用同樣的 CSS 樣式，只需載入同一個 CSS 檔案即可。這樣一來，即使未來需要修改所有網頁的外觀，也只需要調整連結的那一個 CSS 檔案，非常簡單。

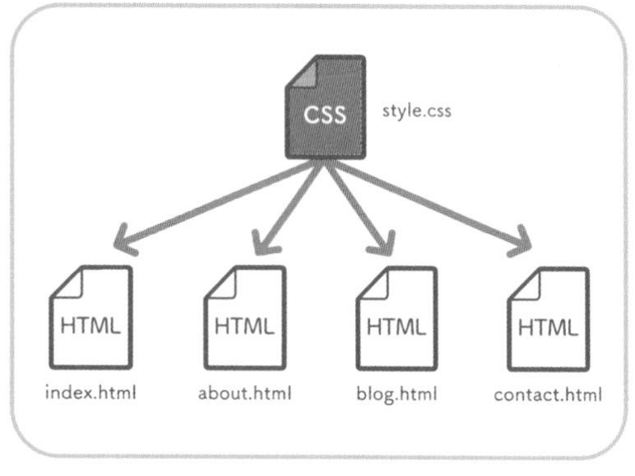

同一個 CSS 檔案可以套用在多個 HTML 文件。

套用方法

載入 CSS 的寫法是在 HTML 文件的 <head> 標籤內，使用 <link> 標籤載入 CSS。只要將 **rel 屬性**設定為「**stylesheet**」，在 **href 屬性**設定 CSS 檔案的路徑，即可套用。

chapter3/c3-02-1/index.html

```
<!doctype html>
<html lang="zh-Hant-TW">
    <head>
        <meta charset="UTF-8">
        <title> 貓咪的真面目 </title>
        <meta name="description" content=" 介紹貓咪喜歡的東西及日常生活 ">
        <link rel="stylesheet" href="style.css">
    </head>
    <body>
        <h1> 貓咪的一天 </h1>
        <p> 一天到晚都在睡覺。</p>
    </body>
</html>
```

在 rel 屬性設定「stylesheet」，並在 href 屬性設定「style.css」這個 CSS 檔案的路徑

在 HTML 檔案的 <head> 內用 <style> 標籤設定 CSS 樣式

第二種方法，是在 HTML 檔案的 <head> 標籤裡用 <style> 標籤設定 CSS。請特別注意，雖然同樣是把 CSS 寫在 <head> 標籤內，但這個方法和前面不同，CSS 的描述只會套用在這個 HTML 網頁裡面，無法和其他的網頁共用。因此這個方法只在想改變特定網頁的設計時才會使用。

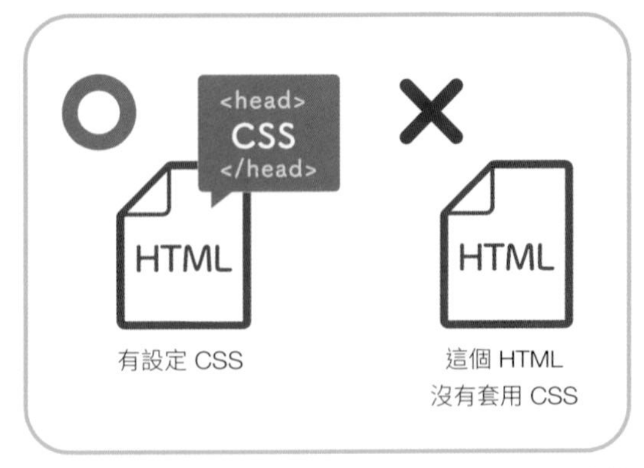

在 HTML 檔案的 <head> 內描述的 CSS 只會套用在該 HTML 檔案內。

套用方法

在 HTML 檔案的 <head> 標籤內新增 <style> 標籤，並在 <style> 標籤裡描述 CSS。

chapter3/c3-02-2/index.html

```
<!doctype html>
<html lang="zh-Hant-TW">
    <head>
        <meta charset="UTF-8">
        <title> 貓咪的真面目 </title>
        <meta name="description" content=" 介紹貓咪喜歡的東西及日常生活 ">
        <style>
            h1 { color: #f00; }
            p { font-size: 18px; }
        </style>
    </head>
    <body>
        <h1> 貓咪的一天 </h1>
        <p> 一天到晚都在睡覺。</p>
    </body>
</html>
```

在 HTML 的 <head> 內，使用 <style> 標籤包夾 CSS 描述的原始碼

※ 關於 CSS 描述的語法，將在下一節說明。

在 HTML 標籤內設定「style」屬性

第三個方法是直接在 HTML 標籤內寫入 CSS。這樣只會在該標籤內套用 CSS。由於要在每個標籤內部設定，很花時間，也不容易管理。但與其他的方法相比，套用 CSS 的優先順序較高，想覆寫 CSS 或只想調整部分設計時，可使用這種方法。

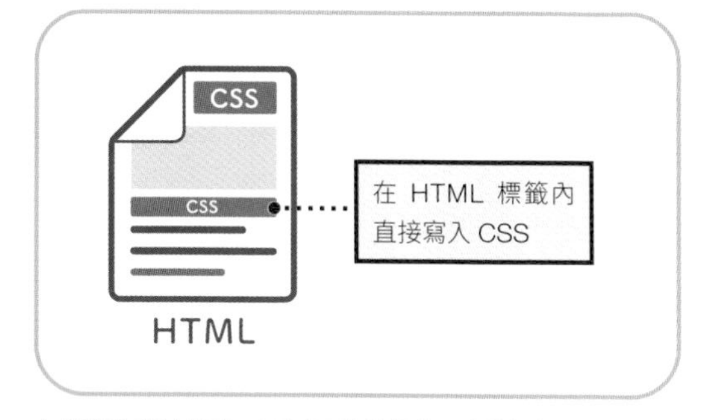

在標籤內直接描述，可以只改變部分元素的設計。

套用方法

在標籤內描述 CSS 時，直接在各 **HTML 的標籤內**撰寫 **style 屬性**。

chapter3/c3-02-3/index.html

```
<!doctype html>
<html lang="zh-Hant-TW">
    <head>
        <meta charset="UTF-8">
        <title>貓咪的真面目</title>
        <meta name="description" content="介紹貓咪喜歡的東西及日常生活">
    </head>
    <body>
        <h1 style="color: #f00;">貓咪的一天</h1>
        <p style="font-size: 18px;">一天到晚都在睡覺。</p>
    </body>
</html>
```

在 <h1> 和 <p> 標籤內直接寫 CSS

※ 使用這個方法不需要透過 <body> 或 <h1> 等選擇器、或「{」、「}」的描述。3-4 節起就會說明這些名詞。

後面的這兩種方法，包括「在 HTML 檔案的 <head> 內，使用 <style> 標籤撰寫 CSS 設定」或是「在 HTML 標籤內撰寫 style 屬性」，都是把 CSS 寫在個別的 HTML 文件內，如果每個網頁都各寫各的 CSS，會很難統一管理，維護起來也耗費時間。如果沒有特殊理由，我都建議使用第一個方法「將 CSS 檔案載入 HTML 並套用」。從下一節開始，就會以第一個方法為例，示範如何建立 CSS 檔案並載入 HTML 檔案。

3-3 CHAPTER 建立 CSS 檔案

以下將示範如何建立 CSS 檔案、將該檔案載入 HTML 檔案 (使用 2-2 節建立的 index.htm)，並試著替網頁加上簡單的裝飾。

啟動文字編輯器

首先要開啟文字編輯器來寫原始碼。若是使用本書建議的「Atom」編輯器，請在如右圖的「untitled」視窗撰寫。

編寫 CSS 原始碼

接著請輸入右邊的範例原始碼 (在此先練習輸入，不知道意思也不用擔心，3-4 節會詳細說明每個符號)。CSS 檔案的第一行描述了「@charset"UTF-8";」，這是用來防止原始碼變成亂碼。如果把 CSS 原始碼寫在這一行之前，就會出現錯誤。所以開頭一定要有這行原始碼。

chapter3/c3-03-1/style.css

```
@charset "UTF-8";
body {
    background-color: #fffeee;
}
h1 {
    color: #0bd;
}
p {
    font-size: 20px;
}
```

寫在第一行（@charset "UTF-8";）

<h1> 文字設定為藍色（color: #0bd;）

<p> 文字大小設定為 20px（font-size: 20px;）

「background-color: #fffeee;」表示將 body 的背景色設定為淡黃色。背景色的設定可參考 3-7~3-8 節。

儲存 CSS 檔案

寫好 CSS 檔案後就要儲存，請在上方選單執行『**檔案→儲存**』命令，將檔名設定為「style.css」。為了方便瞭解，請將存檔位置設定為「桌面」，和準備載入 CSS 的「index.html」相同位置 (若你在 2-2 節儲存 HTML 的位置不是桌面，也請把 CSS 檔案存到同一個位置)。

桌面上應該已經有一個 index.html，是我們在 2-2 節練習時建立的 HTML 檔案。

在 HTML 檔案的 <head> 內載入 CSS 檔案

接著請用文字編輯器打開和 CSS 檔案儲存在相同位置的 index.html（在 2-2 節建立的檔案）」，於 <head> 內加入 <link rel="stylesheet" href="style.css">，即可載入 CSS。

chapter3/c3-03-2/index.html

```
<!doctype html>
<html lang="zh-Hant-TW">
    <head>
        <meta charset="UTF-8">
        <title> 貓咪的真面目 </title>
        <meta name="description" content=" 介紹貓咪喜歡的東西及日常生活 ">
        <link rel="stylesheet" href="style.css">
    </head>
    <body>
        <h1> 貓咪的一天 </h1>
        <p> 一天到晚都在睡覺。</p>
    </body>
</html>
```

要加入到 <head> 標籤內

加在這裡

使用網頁瀏覽器開啟網頁

接著我們來比對加上 CSS 的效果。請雙擊開啟 index.html，就會顯示右圖的結果。

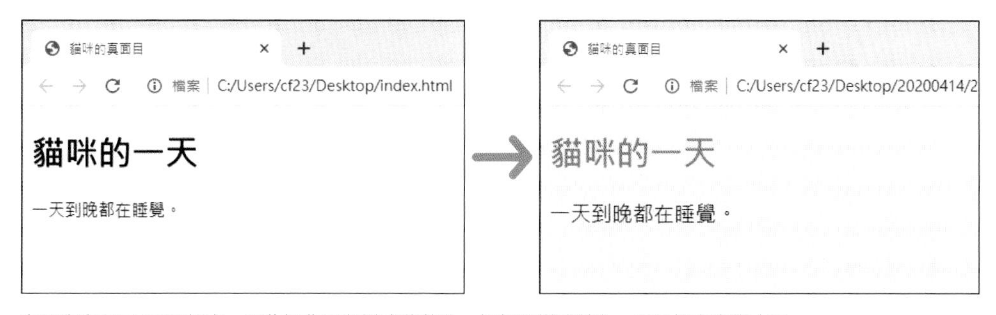

右圖中套用了 CSS 設定，因此把背景色變成淡黃色、把標題變成藍色，而且把文字變大了。

CSS 檔案的命名原則

CSS 檔案的命名原則和 HTML 檔案一樣，不可以使用中文，請參考 p.052 的說明。此外，CSS 檔案的名稱別忘了要加上副檔名「**.css**」。

3-4 CHAPTER CSS 的基本寫法

和 HTML 一樣，編寫 CSS 原始碼時，也要遵守許多語法規則。在你學習時，請注意要避免和 HTML 的寫法混淆。

CSS 的語法

CSS 原始碼是由**選擇器**、**屬性**、**值**這三個部分組合而成的，可以分別設定「要改變哪一個元素、改變元素的哪一種屬性、要如何改變」。以下逐一說明 CSS 的各部分有哪些功用。

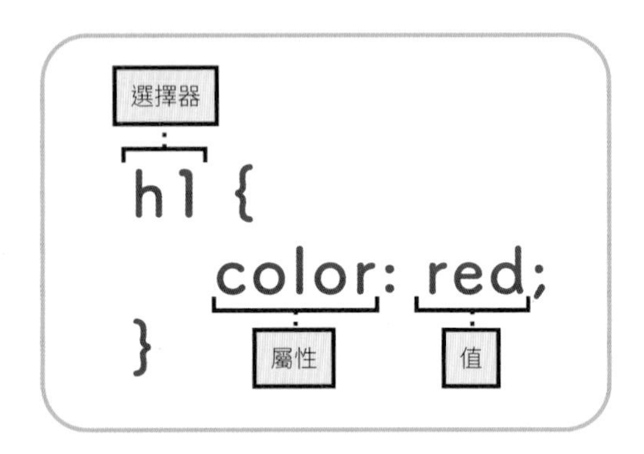

選擇器

在選擇器內是設定要改變哪一個元素的外觀。這裡可以指定 **HTML 的標籤名稱**，也可指定**類別**、**ID** 等特定要變更的樣式（類別和 ID 會在 3-13 節說明）。例如在這邊寫出「h1」，就表示要在網頁內所有的 <h1> 標籤套用這段 CSS 樣式。

在選擇器內，要使用**大括弧**「**{**」與「**}**」包夾屬性與值的描述。

屬性

這裡要描述使用選擇器指定的部分要改變哪一種屬性。例如改變「元素的顏色」、調整「文字的大小」、改變「背景圖」等。屬性包含許多種類，很難一下子全都記起來，建議大家從常用的屬性開始，一點一點記住即可。

屬性與值之間要用**冒號**「**:**」分隔。

值

這裡是描述要如何改變。例如若要改變顏色，「要改成什麼顏色」；若要改變背景圖，「要改成哪張影像」等，把設定內容具體地描述出來。

同時設定多個屬性與值時，要在值的最後加入**分號**「**;**」。

寫法範例

以右圖為例，**選擇器**為「h1」，**屬性**是「color」，屬性的**值**為「red」，意思是「設定大標題（<h1> 標籤）內的文字顏色（color 屬性）皆為紅色（red）」。右上圖是換行的寫法，右下圖是不換行的寫法。

```
h1 {
    color: red;
}
```

```
h1 { color: red; }
```

編寫 CSS 時的重要規則

要使用半形英數字

CSS 和 HTML 一樣，不可以使用全形字或中文。

正確範例	錯誤範例
h1 { color: red; }	ｈ１{ｃｏｌｏｒ：ｒｅｄ；}

建議統一使用小寫字母

CSS 不用區分大小寫，但在部分 HTML 版本只支援小寫，因此最好統一使用小寫。

正確範例	錯誤範例
h1 { color: red; }	h1 { COLOR: Red; }

設定多個「選擇器」時要使用「逗號」區隔

可以同時設定多個選擇器的屬性與值，寫法是用**逗號**「**,**」分隔選擇器。

正確範例	錯誤範例
h1, p { color: red; }	h1 p { color: red; }（h1 與 p 之間沒有逗號）

設定多個「屬性與值」時要使用「分號」區隔

可以在同一個選擇器中設定多個屬性，寫法是在值的最後用**分號**「**;**」分隔屬性。

正確範例	錯誤範例
h1 { color: red; font-size: 20px; }	h1 { color: red font-size: 20px }（red 與 font 之間沒有分號）

如果只有一個屬性，或是最後一個屬性，最後就不必加上「;」。不過，若考慮到未來可能會有需要再次編輯 CSS 或再加上別的屬性，如果最後一行沒有分號，很容易造成錯誤，因此還是建議大家要養成在每一行最後都加上「;」的習慣。

設定數值時要加上單位

在設定文字大小、寬度、高度等數值時，除了「0」以外，都要一併寫出單位。以下是幾種常用的單位。

單位	英文	說明
px	pixel	以畫面上最小單位 (1 像素) 為基準的單位
%	percent	以父元素 (上一層元素) 的大小為基準，依比例設定的單位
rem	rem	以根元素設定的大小為基準的單位 (「根元素」就是最上層的元素，例如 HTML 文件的根元素就是 <html> 標籤)

在這些單位中，「**px**」稱為**絕對值**，設定多少像素就是多少，不會被別的元素影響；而「**%**」及「**rem**」則稱為**相對值**，會依基準元素 (父元素或根元素) 的大小而變動。

正確範例	錯誤範例
h1 { font-size: 20px; }	h1 { font-size: 20; } (沒有單位)

設定「元素內的元素」

前面提到同時設定多個選擇器時是用逗號「，」分隔，而如果要設定「A 選擇器中的 B 元素外觀」時，則要使用**半形空格**分隔多個選擇器。例如當 <div> 標籤內含有 <p> 標籤時，寫「div p」，就可以設定「在 <div> 標籤內的 <p> 標籤」的樣式。

使用 CSS 設定「div p」的樣式之後，假設在 HTML 內同時有「用 <div> 標籤包夾的 <p> 標籤」與「沒有用 <div> 包夾的 <p> 標籤」，則「沒有用 <div> 包夾的 <p> 標籤」就不會依設定改變其樣式，如下圖所示。

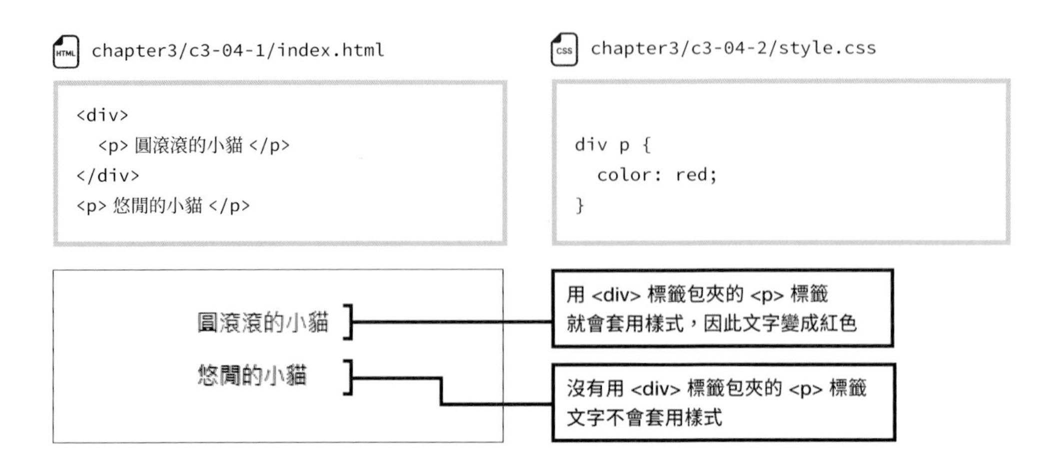

3-5 CHAPTER 美化文字或文章

文字是很重要的設計元素，可以編排成文章來傳達訊息，也可以透過美化字體，改變使用者對網站的印象。以下說明與文字相關的 CSS 屬性，可幫助你設計出美觀的標題文字或文章。

用「font-size 屬性」改變文字大小

font-size 屬性可以設定文字大小，使用的單位是「px」、「rem」、「%」。

主要的設定方式

設定方法	說明
數值	在數值後面加上「px」、「rem」、「%」等單位
使用字體大小的關鍵字	若不設定單位，也可以設定成 xx-small、x-small、small、medium、large、x-large、xx-large 這 7 種大小的關鍵字，標準大小是 medium

舉例來說，如果在網頁最上層的 <html> 標籤設定「font-size: 100%;」，就是要根據瀏覽器的預設文字大小或使用者瀏覽器自訂的文字大小，設定相對值。相對地，使用「px」設定的大小則是絕對值，不會被瀏覽器或其他基準影響。

chapter3/c3-05-1/style.css

```
html {
    font-size: 100%;
}
h1 {
    font-size: 2rem;
}
h2 {
  font-size: 20px;
}
```

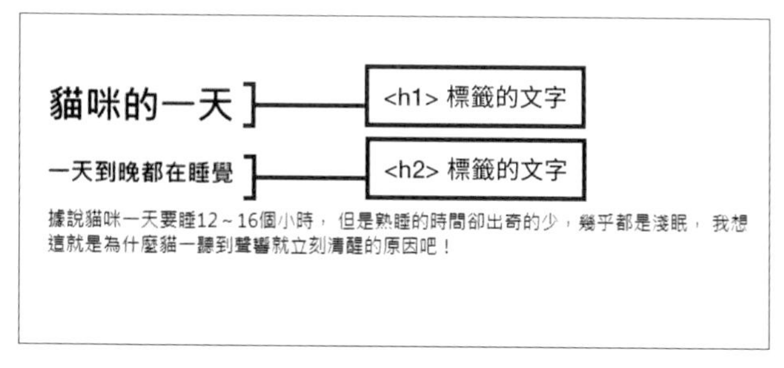

「rem」是相對單位，設定「**倍數**」乘以「**根元素的 px 值**」。
上圖 <h1> 標籤中的文字「貓咪的一天」，字體大小設定為「2rem」，則其文字大小就會變成基準尺寸的 2 倍大※。
假設根元素 <html> 的文字預設值為 12px，則 <h1> 的文字大小就會變成 24px，而 <h2> 則已經指定絕對值為 20px，因此不受影響。

※ 這個 HTML 的原始碼在範例檔案的 chapter3/c3-05-1/index.html。

文字大小該如何選擇比較適當？

文字愈小愈不容易閱讀。如果是部落格、新聞網站這類以文章為主的網站，內文文字大小會設定為 **14px～18px** 左右。此外，適合的文字大小也要依網站的目標對象調整。假如你的目標對象是無法閱讀小字的高齡使用者，建議把文字設定得更大一點。

另一方面，為了統一整個網頁的設計風格，文字的大小變化請控制在 **2～5 種**就好。設定的順序是，首先決定內文用的文字大小，接著再以內文為基準，設定標題或註解等其他元素的文字。請斟酌網站的目的以及目標使用者，設定成適當的文字大小。

左圖有 6 種不同的文字大小，缺乏統一的風格。右圖只使用 3 種文字大小，看起來比較清爽整齊。

注意標題文字的跳躍率

設計文章的標題時，還要考量文字的**跳躍率**，也就是指標題與內文文字大小的比例。文字大小的差異愈大，「跳躍率愈高」，差異愈小，「跳躍率愈低」。跳躍率高會產生活潑的氣氛，跳躍率低則會給人優雅、沉穩的感覺。

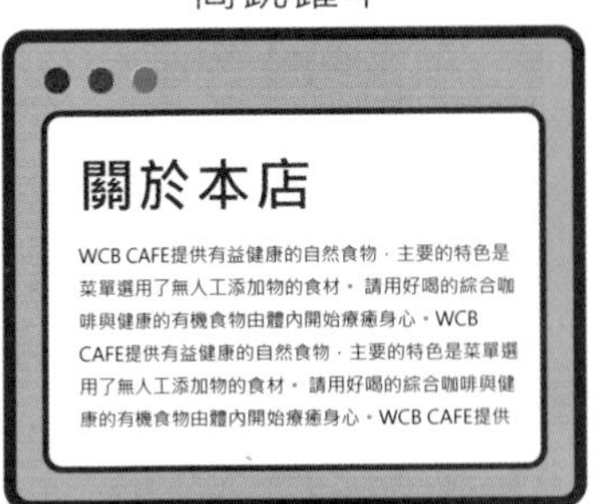

低跳躍率

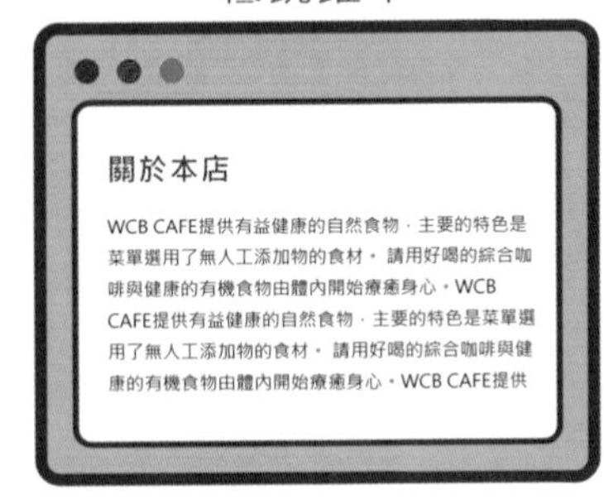

左圖的跳躍率較高，右圖的跳躍率較低。依需求調整跳躍率，可改變整體的氣氛。

用「font-family」屬性改變字體 ※

font-family 屬性可以設定要使用什麼字體。不過要注意的是，假如指定了某字體，但使用者電腦裡沒有安裝，仍會顯示成使用者瀏覽器預設的字體。CSS 可以同時設定多種字體，設定時只要用**逗號「，」**分隔字體種類即可，套用順序是從先設定的字體開始。請注意，某些瀏覽器無法識別中文的字體名稱，因此要同時設定英文的字體名稱。

主要數值

設定方法	說明
指定電腦中的字型名稱	描述電腦中有安裝的字型名稱，如果名稱中包含空格，可使用**單引號「 ' 」**或是使用**雙引號「 " 」**包夾的方式來指定字型名稱，例如 "Yu Gothic"
使用通用字體的關鍵字	由於使用者的電腦中不一定有安裝你指定的字型，建議使用「通用字體的關鍵字」來輔助設定。方法是在字體清單中指定多種字體，並添加通用字體的關鍵字。當首選的字體無法使用，就會使用備選的通用字體。字體關鍵字有五種：**sans-serif**(黑體)、**serif**(明體)、**cursive**(手寫體)、**fantasy**(裝飾體)、**monospace**(等寬體)

※ 你可能會納悶，為何描述文字時，有時稱「字體」有時稱「字型」？通常「字體」(Typeface) 是用來指稱指某一類具有特殊設計的文字造型，例如「黑體字」；而「字型」(Font) 則是指稱安裝在電腦中的特定字型名稱，例如「新細明體」。在使用 CSS 設定時，順序是先指定電腦中有安裝的字型，若沒有，則指定套用某一類字體。

CSS chapter3/c3-05-2/style.css

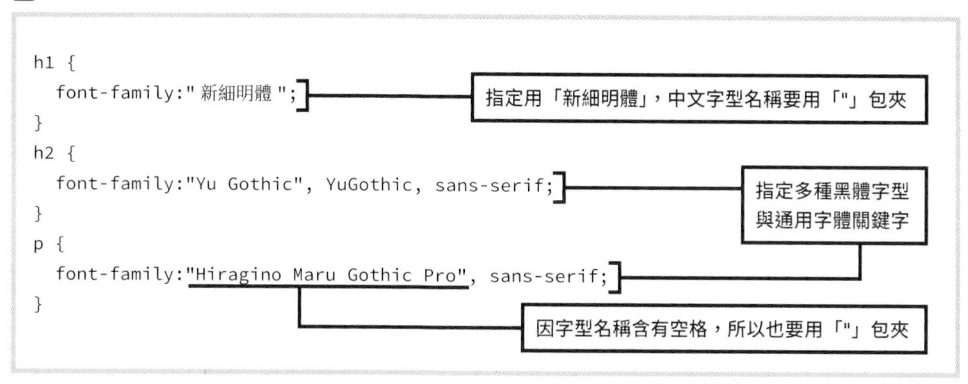

貓咪的一天

一天到晚都在睡覺

據說貓一天要睡12～16個小時， 但是熟睡的時間卻出奇的少，幾乎都是淺眠， 我想這就是為什麼貓一聽到聲響就立刻清醒的原因吧！

<h1> 套用了新細明體，<h2> 套用黑體。<p> 取決於電腦中是否有安裝指定的「Hiragino Maru Gothic Pro」圓體字型，若有則會套用圓體；若沒有，則仍顯示為黑體。

認識常用字體

整個網頁的設計風格都會受到字體的影響。以下先說明幾種代表性的字體。

明體

明體字的特色是橫的筆劃細、豎的筆劃粗、橫筆的末端帶有「小三角」裝飾，模擬毛筆字的感覺，給人正式、嚴謹的印象。

明體的豎筆與橫筆有粗細強弱的變化，一般而言，明體字的筆劃會比黑體字的筆劃更細，所以長篇文章適合使用明體。

電腦中如果有安裝「新細明體」、「Adobe明體」、「文鼎中明」這些字型，都是屬於明體字。日文則有「游明朝體」等等。

黑體

黑體字的特色是橫豎筆劃的粗細一致，筆劃末端沒有特別裝飾。黑體字給人的印象比明體強烈，設計成粗體時也很容易閱讀。由於沒有特別裝飾，所以更容易與任何設計風格搭配。

例如標題等較短的句子，適合使用黑體字，因為在扼要講解重點時，建議選擇從遠處就能清楚辨識的文字，這點勝過整體的易讀性。

ヒラギノ角ゴPro
游ゴシック体
モトヤシーダ

電腦中安裝的字型，包括「微軟正黑體」、「思源黑體」、「文鼎新中黑」等字型，都是屬於黑體字。

裝飾字體

有些字體具有特殊的設計風格，其裝飾功能大於閱讀功能，由於重視「展示」的功能勝過「閱讀」，通常會被當作設計的一部分。

這類字體為了令人印象深刻，有時乍看之下會不容易辨識字體，所以常會被使用者誤認。如果把這種裝飾字體用在長篇文章，可能會讓使用者無法順利閱讀，而覺得難以理解。因此如果要使用裝飾字體，建議用於標題或短句，避免使用於內文或長篇文章。

たぬき油性マジック
怨霊フォント
衡山毛筆フォント

電腦中安裝的字型，例如毛筆字或娃娃體都屬於裝飾字體，這種字體並不適合用在內文。建議依設計需求來挑選適合的字體。

網頁中的字體要統一風格

如果你有很多好看的字體，難免會每種都想使用看看。可是在設計時必須特別注意，如果在同一個網頁裡使用過多不同的字體，不僅會妨礙閱讀，也會讓網頁失去統一感。

特別是網頁內文，建議使用簡約風格的字體，如果想營造令人印象深刻的亮點，建議只在標題字或重點處使用裝飾字體。通常在同一網頁中，**使用的字體以 1～3 種為限**，這樣才不會給人凌亂的感覺。

左圖的範例共使用了 5 種字體，缺乏統一感；右圖的範例使用 2 種字體，整體風格統一，也容易閱讀。

用「font-weight」屬性改變文字粗細

字體的筆劃粗細稱為字重（weight），使用 **font-weight 屬性**即可設定字的粗細。這個項目可設定 1～1000 的數值，不過通常是設定為「**normal**」或「**bold**」等字重關鍵字。

主要的設定方式

設定方法	說明
使用字重的關鍵字	normal（標準）、bold（粗體）、lighter（較細）、bolder（較粗）
數值	1～1000 任意數值

chapter3/c3-05-3/style.css

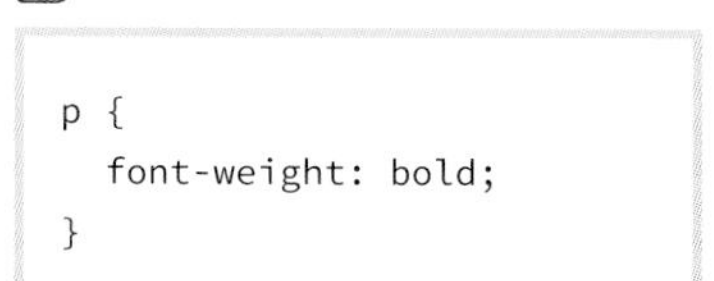

```
p {
  font-weight: bold;
}
```

粗細正常的文字

變成粗體的文字

將想要強調的文字設定為粗體，看起來會比較明顯。

文字量多的內文不要全部使用粗體字

長篇文章或是文字量很多的內文，如果全都使用粗體字，會讓畫面變得一片黑壓壓，很難閱讀。如果文字很多，要盡量避免將所有文字都變成粗體。建議只在標題、關鍵字等重點區域使用粗體字，才可以和內文產生強弱對比，維持畫面的平衡。

如左圖所示，如果把所有文字都變成粗體，文字會黏在一起而難以閱讀。

用「line-height」屬性調整行高

使用 **line-height 屬性**可以調整**行高**。行高是上下兩行文字基線間的距離（包含行距），假如設定行高小於文字的高度，會導致上下兩行文字重疊在一起，請特別注意。

主要的設定方式

設定方法	說明
normal	依照瀏覽器的判斷來顯示行高
數值（沒有單位）	利用字體大小的比例來設定
數值（有單位）	以「px」、「em」、「%」等單位設定數值

網頁內文建議的行高設定

若行距太小，會給人空間侷促的感覺，但行距太大又會讓視線很難移動到下一行。通常**網頁內文行高的建議設定大約是 1.5～1.9 之間**。

line-height: 1;

據說貓一天要睡12～16個小時。但是熟睡的時間卻出奇的少，幾乎都是淺眠。我想這就是為什麼貓一聽到聲響就立刻清醒的原因吧！

line-height: 1.7;

據說貓一天要睡12～16個小時。但是熟睡的時間卻出奇的少，幾乎都是淺眠。我想這就是為什麼貓一聽到聲響就立刻清醒的原因吧！

line-height: 2.5;

據說貓一天要睡12～16個小時。但是熟睡的時間卻出奇的少，幾乎都是淺眠。我想這就是為什麼貓一聽到聲響就立刻清醒的原因吧！

由上到下的 line-height 屬性設定分別是 1、1.7、2.5 的行距。行距與字體大小有相對關係，建議設定為沒有單位的數值。

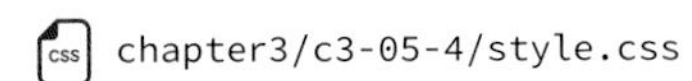
CSS chapter3/c3-05-4/style.css

```
p {
  line-height: 1.7;
}
```

用「text-align」屬性對齊內文

使用 **text-align 屬性**可設定文字對齊的位置，例如靠左、靠右或是置中對齊等。中文文章的預設狀態是靠左對齊。

主要的設定方式

設定方法	說明
left	靠左對齊
right	靠右對齊
center	置中對齊
justify	左右對齊

chapter3/c3-05-5/style.css

```
p {
  text-align: justify;
}
```

text-align: left;

據說貓一天要睡12～16個小時，但是熟睡的時間卻出奇的少，幾乎都是淺眠。我想這就是為什麼貓一聽到聲響就立刻清醒的原因吧！據說貓一天要睡12～16個小時，但是熟睡的時間卻出奇的少，幾乎都是淺眠，我想這就是為什麼貓一聽到聲響就立刻清醒的原因吧！據說貓一天要睡12～16個小時，但是熟睡的時間卻出奇的少，幾乎都是淺眠，我想這就是為什麼貓一聽到聲響就立刻清醒的原因吧！

text-align: justify;

據說貓一天要睡12～16個小時，但是熟睡的時間卻出奇的少，幾乎都是淺眠。我想這就是為什麼貓一聽到聲響就立刻清醒的原因吧！據說貓一天要睡12～16個小時，但是熟睡的時間卻出奇的少，幾乎都是淺眠，我想這就是為什麼貓一聽到聲響就立刻清醒的原因吧！據說貓一天要睡12～16個小時，但是熟睡的時間卻出奇的少，幾乎都是淺眠，我想這就是為什麼貓一聽到聲響就立刻清醒的原因吧！

如果設定為「left」(靠左對齊)，則段落右邊會變得凹凸不平；如果設定為「justify」，會讓各行的左右兩邊都整齊地對齊。

較短的句子或短文可設定為置中對齊

為了版面好看，通常標題會設計為置中對齊，有時為了搭配標題，也會想把內文設定為置中對齊。不過，置中對齊會讓每行開頭的位置變得不一致，難以辨識段落或文章。如果想要這樣設定，建議使用在 2～3 行左右的短文或句子，這樣即使是置中對齊也能順利檢視。至於比較長的文章，建議設定為靠左對齊或左右對齊，才會比較容易閱讀。

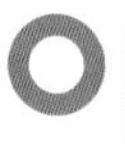

內容較多時，設定為靠左對齊，閱讀起來會比較順利。

3-6 CHAPTER 使用雲端字型（Web Fonts）

以前網頁的字體會受到很多限制，因為只有使用者裝置上有安裝的字型才能顯示出來，未安裝的字型會顯示為預設字型。現在有雲端字型可以使用，就算是使用者沒有安裝的字型也能正常顯示。

雲端字型是什麼？

設計網頁時常常會想要套用指定的字型，但如果你選的字型使用者裝置上沒有安裝，就無法正常顯示出來，而會被換成裝置上預設的字型，例如「新細明體」等。從前為了顯示自訂的字型，有時必須將文字部分換成圖片，才能顯示出想要的效果。

現在建議以「**雲端字型**」的技術來顯示網頁中的文字。雲端字型就是把字型檔案儲存在網頁伺服器上，設定好後，就算是使用者裝置上沒有安裝的字型，也可以正常顯示。

如何使用雲端字型

很多公司有提供雲端字型服務，以下將以 Google 的免費雲端字型「**Google Fonts**」為例來說明使用方法。Google Fonts 因安裝簡單、容易上手而很受歡迎。

Google Fonts 的安裝方法

01 瀏覽 Google Fonts 的網站

首先請進入 Google Fonts 的網站，可瀏覽和搜尋需要的字型。

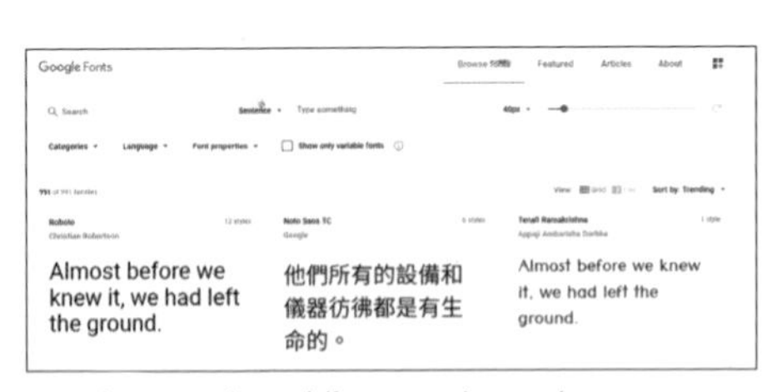

Google Fonts…https://fonts.google.com/

02 選擇字型

找到要使用的字型後，即可拷貝其原始碼。例如我們要使用「M PLUS Rounded 1c」字型，請點擊畫面右上方的「**＋ Select this style**」項目，再點擊右邊的「Embed」標籤（如右頁上圖）。

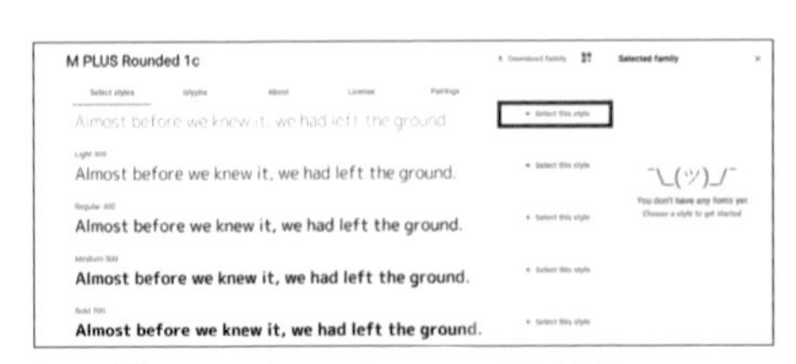

https://fonts.google.com/specimen/M+PLUS+Rounded+1c

03 將雲端字型載入 HTML 檔案

點選「Embed」標籤後，下方會顯示其原始碼，我們只要將這段描述拷貝、貼上到 HTML 檔案的 **<head> 標籤**內，即可載入網頁。下個步驟再使用 CSS 設定樣式，即可在網頁中使用。

Review　Embed

To embed a font, copy the code into the <head> of your html

<link>　@import

```
<link href="https://fonts.googleapis.com/css2?family=M+PLUS+Rounded+1c:wght@500&display=swap" rel="stylesheet">
```

把這段原始碼描述貼在 <head> 內

```
<head>
    <meta charset="UTF-8">
    <title> 貓咪的真面目 </title>
    <meta name="description" content=" 介紹貓咪喜歡的東西及日常生活 ">
    <link rel="stylesheet" href="style.css">
    <link href="https://fonts.googleapis.com/css?family=M+PLUS+Rounded+1c" rel="stylesheet">
</head>
```

04 在 CSS 檔案中設定樣式

在「Embed」視窗的下方還有個「CSS rules to specify families」窗格，其中會顯示套用該字型的 CSS 原始碼。假如要建立一個 CSS 樣式，指定要在所有 <h1> 標籤套用該字型，設定方式如下圖。

```
h1 {
  font-family: 'M PLUS Rounded 1c', sans-serif;
}
```

Review　Embed

To embed a font, copy the code into the <head> of your html

<link>　@import

```
<link href="https://fonts.googleapis.com/css2?family=M+PLUS+Rounded+1c:wght@500&display=swap" rel="stylesheet">
```

CSS rules to specify families

```
font-family: 'M PLUS Rounded 1c', sans-serif;
```

這樣就能在 <h1> 標籤上套用該雲端字型了。

貓咪的一天...一天到晚都在睡覺

據說貓一天要睡12～16個小時，但是熟睡的時間卻出奇的少，幾乎都是淺眠，我想這就是為什麼貓一聽到聲響就立刻清醒的原因吧！

套用雲端字型前。

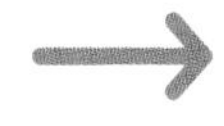

貓咪的一天…一天到晚都在睡覺

據說貓一天要睡12～16個小時，但是熟睡的時間卻出奇的少，幾乎都是淺眠，我想這就是為什麼貓一聽到聲響就立刻清醒的原因吧！

套用雲端字型後，字型變得不一樣了。

3-7 CHAPTER 設定元素的顏色

當使用者開啟網頁的瞬間，對網站的第一印象通常就是「顏色」，我們可以說顏色是決定網站印象的重要設計元素。這一節將介紹用 CSS 設定顏色的方法以及配色的基本知識。

如何指定顏色

製作網頁時常常需要指定顏色，例如改變文字的顏色，或是幫網頁元素加上背景色的時候，這時需要寫出代表該顏色的名稱或代碼，才能讓電腦知道你想設定的顏色。以下就說明如何在 CSS 中指定顏色，共有三種方法。

使用色碼

第一種方法，是使用稱為**色碼**的顏色代碼來指定顏色，這種方法最常見。

色碼是以**井字號**「#(hash)」為首加上 6 個英數字，由「0, 1, 2, 3, 4, 5, 6, 7, 8, 9, a, b, c, d, e, f」組成的 16 進位數 (英文字母不限大小寫)。在這 6 個英數字中，左邊 2 位數代表紅色 (Red) 的比例，中間 2 位數代表綠色 (Green) 的比例，右邊 2 位數是藍色 (Blue) 的比例。數值愈接近「0」，顏色愈暗；愈接近「f」，顏色愈明亮。因此，色碼「#ffffff」是最亮的白色，反之「#000000」則為最暗的黑色。

如果是連續的相同數值，色碼就可以省略、寫成 3 位數。例如白色「#ffffff」可以描述為「#fff」，紅色「#ff0000」也可以描述為「#f00」。

使用 RGB 值設定顏色

第二種方法，是直接設定「RGB」的數值來指定顏色。RGB 就是組合紅色 (Red)、綠色 (Green)、藍色 (Blue) 數值的顯示方法。在 CSS 中的描述方法是「rgb(紅色的值 , 綠色的值 , 藍色的值)」。數值是介於 0～255 之間，「0」代表最暗，數值愈大愈明亮。因此「rgb(255, 255, 255)」代表最亮的白色，「rgb(0, 0, 0)」則是最暗的黑色。

此外，如果是半透明的顏色，可設定代表**不透明度**的 **Alpha 值**，寫法為「rgba(紅色的值 , 綠色的值 , 藍色的值 , 不透明度)」。不透明度介於 0～1 之間，「0」為透明，「1」是不透明。例如 rgb(255, 255, 255, .5) 的 Alpha 值為「0.5」，是白色半透明。

使用 Color Picker 查詢色碼或 RGB 值

Photoshop、Illustrator 等繪圖軟體都有內建選色工具，只要點選顏色就能查詢色碼或是 RGB 值。除此之外，在瀏覽器上也可以輕易查詢顏色。請試著在 Google 搜尋「**Color Picker**」關鍵字，會顯示出如右圖的選色工具。請拖曳下方的彩色滑桿改變顏色，或直接點選你想要的顏色，色碼就會顯示在下方。

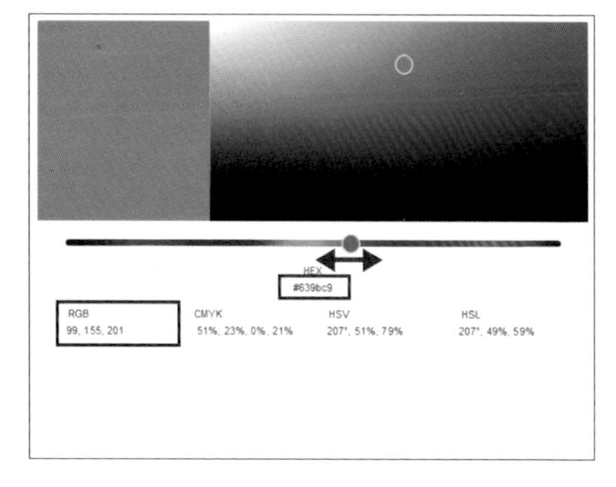

使用顏色名稱進行設定

第三種方法，是直接寫出顏色名稱。例如紅色為「red」，藍色是「blue」，可以像這樣使用既定的顏色名稱。這個方法的優點是看到文字就能立刻聯想到顏色，不過可以設定的顏色數量有限，而且很難調整。

練習製作網站的過程中，尤其在測試階段，可能需要先「暫時」設定顏色以便測試，這時只要先記住簡短、拼法簡單的顏色名稱即可，可以參考下表。

實名	16進制	10進制
紅色系		
Red	FF 00 00	255 0 0
LightSalmon	FF A0 7A	255 160 122
Salmon	FA 80 72	250 128 114
DarkSalmon	E9 96 7A	233 150 122
LightCoral	F0 80 80	240 128 128
IndianRed	CD 5C 5C	205 92 92
Crimson	DC 14 3C	220 20 60
FireBrick	B2 22 22	178 34 34
DarkRed	8B 00 00	139 0 0
粉紅色系		
Pink	FF C0 CB	255 192 203
LightPink	FF B6 C1	255 182 193
HotPink	FF 69 B4	255 105 180
DeepPink	FF 14 93	255 20 147
PaleVioletRed	DB 70 93	219 112 147
MediumVioletRed	C7 15 85	199 21 133
橙色系		
Orange	FF A5 00	255 165 0
DarkOrange	FF 8C 00	255 140 0
Coral	FF 7F 50	255 127 80
Tomato	FF 63 47	255 99 71
OrangeRed	FF 45 00	255 69 0

實名	16進制	10進制
綠色系		
Green	00 80 00	0 128 0
PaleGreen	98 FB 98	152 251 152
LightGreen	90 EE 90	144 238 144
YellowGreen	9A CD 32	154 205 50
GreenYellow	AD FF 2F	173 255 47
Chartreuse	7F FF 00	127 255 0
LawnGreen	7C FC 00	124 252 0
Lime	00 FF 00	0 255 0
LimeGreen	32 CD 32	50 205 50
MediumSpringGreen	00 FA 9A	0 250 154
SpringGreen	00 FF 7F	0 255 127
MediumAquamarine	66 CD AA	102 205 170
Aquamarine	7F FF D4	127 255 212
LightSeaGreen	20 B2 AA	32 178 170
MediumSeaGreen	3C B3 71	60 179 113
SeaGreen	2E 8B 57	46 139 87
DarkSeaGreen	8F BC 8F	143 188 143
ForestGreen	22 8B 22	34 139 34
DarkGreen	00 64 00	0 100 0
OliveDrab	6B 8E 23	107 142 35
Olive	80 80 00	128 128 0
DarkOliveGreen	55 6B 2F	85 107 47

實名	16進制	10進制
褐色系		
Brown	A5 2A 2A	165 42 42
Cornsilk	FF F8 DC	255 248 220
BlanchedAlmond	FF EB CD	255 235 205
Bisque	FF E4 C4	255 228 196
NavajoWhite	FF DE AD	255 222 173
Wheat	F5 DE B3	245 222 179
BurlyWood	DE B8 87	222 184 135
Tan	D2 B4 8C	210 180 140
RosyBrown	BC 8F 8F	188 143 143
SandyBrown	F4 A4 60	244 164 96
Goldenrod	DA A5 20	218 165 32
DarkGoldenrod	B8 86 0B	184 134 11
Peru	CD 85 3F	205 133 63
Chocolate	D2 69 1E	210 105 30
SaddleBrown	8B 45 13	139 69 19
Sienna	A0 52 2D	160 82 45
Maroon	80 00 00	128 0 0
白色系		
White	FF FF FF	255 255 255
Snow	FF FA FA	255 250 250
Honeydew	F0 FF F0	240 255 240
MintCream	F5 FF FA	245 255 250

這是維基百科的網頁顏色表，網址是 https://zh.wikipedia.org/wiki/ 網頁顏色，請查詢頁面下方的「X11 名稱」。

用「color」屬性為文字上色

前面已經說明指定顏色的方法，接著就來練習改變文字的顏色。使用 **color** 屬性就能設定文字顏色，前面幾章也有在範例原始碼中練習寫過，通常是用色碼來描述顏色。

主要的設定方式

設定方法	說明
色碼	設定以「#(hash)」為開頭的 3 位數或 6 位數的色碼
顏色名稱	設定「**red**」、「**blue**」等既定的顏色名稱
RGB 值	以「**rgb**」為開頭，用逗號「**,**」分隔紅、綠、藍的數值。 如果顏色包含透明度，則以「**rgba**」為開頭，用逗號「**,**」分隔紅、綠、藍、不透明度的數值。不透明度的值介於 **0～1** 之間

使用色碼描述時，別忘了寫上「**#**」。如果要設定不透明度，要用「**rgba**」設定。

chapter3/c3-07-1/style.css

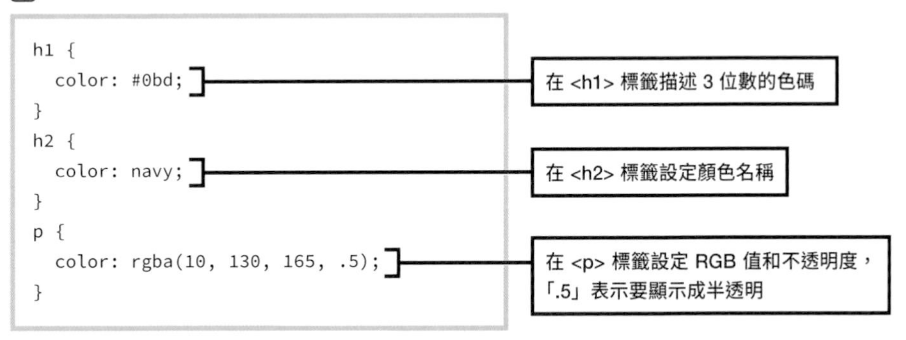

```
h1 {
  color: #0bd;
}
h2 {
  color: navy;
}
p {
  color: rgba(10, 130, 165, .5);
}
```


貓咪的一天

一天到晚都在睡覺

據說貓一天要睡12～16個小時，但是熟睡的時間卻出奇的少，幾乎都是淺眠，我想這就是為什麼貓一聽到聲響就立刻清醒的原因吧！

這段原始碼會將 <h1>、<h2>、<p> 標籤內的元素設定成不同顏色。<p> 標籤的顏色設定為不透明度「0.5」(50%)，因此最下面的文字顏色變淡了。

用「background-color」屬性改變背景色

使用 **background-color** 屬性可以改變元素背景的顏色，就像是加上底色。設定顏色的方法和替文字上色一樣，指定要套用的元素，然後寫出色碼或顏色名稱皆可。

主要的設定方式

設定方法	說明
色碼	設定以「#(hash)」為開頭的 3 位數或 6 位數的色碼
顏色名稱	設定「**red**」、「**blue**」等既定的顏色名稱
RGB 值	以「**rgb**」為開頭，用逗號「**,**」分隔紅、綠、藍的數值。 如果顏色包含透明度，則以「**rgba**」為開頭，用逗號「**,**」分隔紅、綠、藍、不透明度的數值。不透明度的值介於 **0~1** 之間

如果要改變的是「整個網頁」的背景顏色，必須針對 <body> 標籤進行設定。

chapter3/c3-07-2/style.css

```css
body {
  background-color: #fee;
}
h1 {
  background-color: #faa;
}
```

將 <body> 標籤的背景色設定成 #f33（淺粉紅色）

將 <h1> 標籤的背景色設定成 #faa（較深的粉紅色）

貓咪的一天

一天到晚都在睡覺

據說貓一天要睡12～16個小時，但是熟睡的時間卻出奇的少，幾乎都是淺眠，我想這就是為什麼貓一聽到聲響就立刻清醒的原因吧！

整個網頁（也就是 <body> 標籤）的背景色都變成淺粉紅色，而標題文字（<h1> 標籤）則顯示為較深的粉紅色。

COLUMN

—

如何用色碼顯示無彩色？

用色碼描述白色、灰色、黑色等無彩色時，會變成排列一連串相同數字或英文字母的值。前面在 p.106 已說明過，色碼愈接近「f」，顏色愈明亮，愈接近「0」，顏色會愈暗。例如「#ffffff」是白色，「#dddddd」是亮灰色，「#333333」是深灰色，而「#000000」是黑色。

此外，設定「#9a9a9a」或「#646464」時，因為紅、綠、藍的值是一樣的，所以也會變成無彩色。記住這些設定原則就可以快速套用無彩色，請務必先記起來。

活用配色的技巧

設計網頁時所使用的配色，會左右網頁整體呈現的氣氛。但是色彩的組合千變萬化，你可能會覺得毫無頭緒，因此建議大家先要先了解色彩與配色的基本知識。

何謂色相、明度、飽和度？

色彩是由「**色相**、**明度**、**飽和度**」這三個元素構成的，因此，只要改變這三個元素的組成比例，就能產生各種各樣的顏色變化。

色相

色相就是指色彩的相貌（外觀），我們用「黃」、「藍」等名詞來區別顏色，都是指色相。色相彼此具有關聯性，為了說明關聯性，會將色相排列成「**色相環**」。在色相環上位於相反位置的顏色稱為**補色**，而相鄰的顏色則為**相似色**。

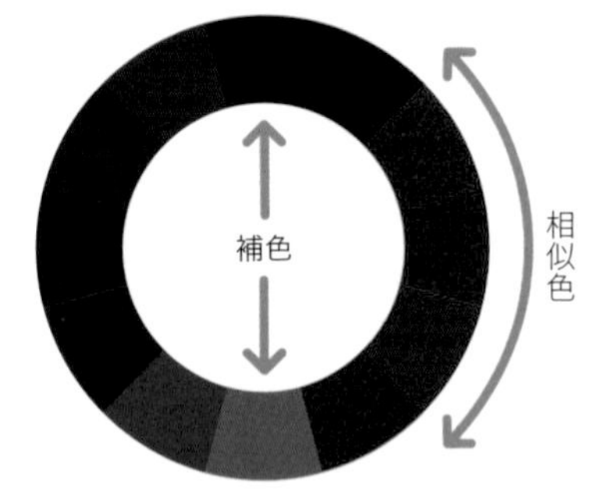

12 色的色相環

明度

明度是代表色彩的明亮程度。明度愈高愈接近白色，給人明亮清爽的感覺；明度愈低愈趨近黑色，給人陰暗沉穩的感覺。

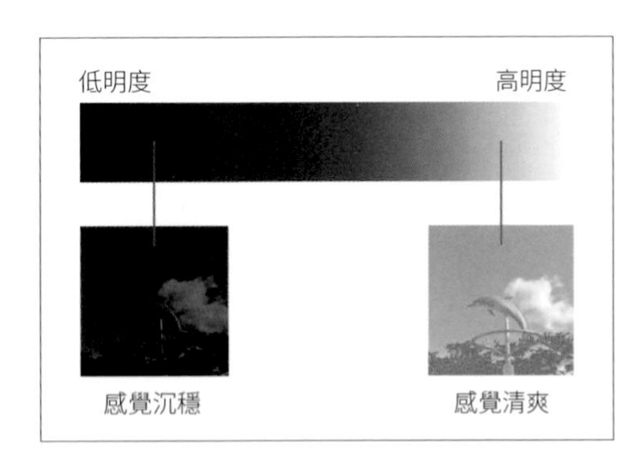

飽和度

飽和度是代表色彩的鮮豔程度。高飽和度會給人鮮豔、耀眼的感覺；低飽和度會給人成熟穩重的感覺。

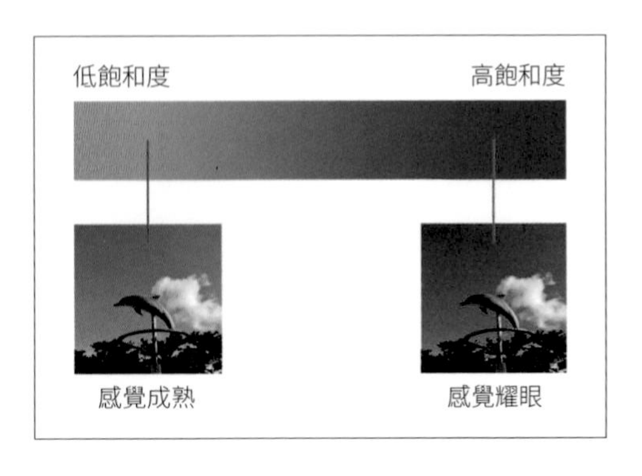

活用人們對色彩的感覺

決定網頁的用色時，不能單憑個人的喜好來挑選。網頁是為了目標使用者而設計的，所以必須依照網站的目標來塑造形象，根據想傳達的形象來選擇顏色。

色彩與溫度

色彩給人的印象和溫度有關，可依照「好像很溫暖」、「似乎很寒冷」等印象來分類。

暖色

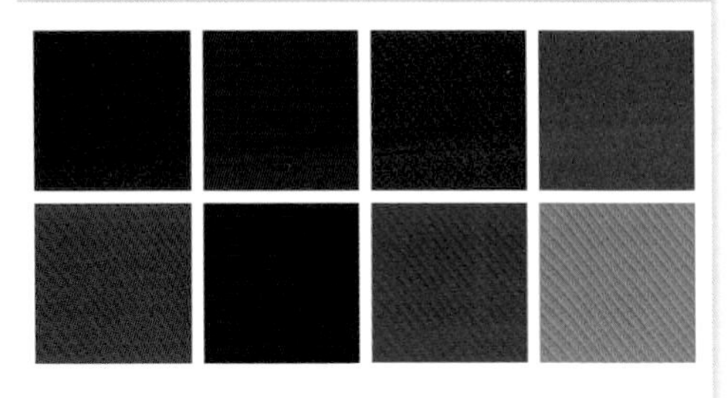

暖色是以紅色為主的色相。可以聯想到炎熱、血液等印象，看起來較溫暖，可以振奮情緒。此外，這也是能促進食慾的配色。

冷色

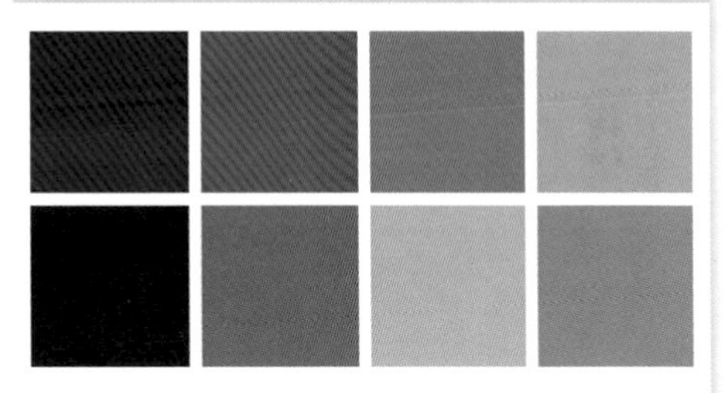

冷色是以藍色為主的色相。可以聯想到大海、清水等印象，看起來較涼爽，可以穩定情緒，具有清涼、冷靜的印象。

中性色

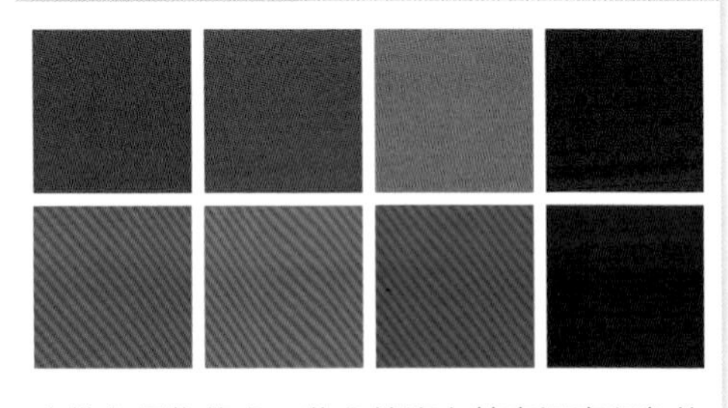

中性色是指綠色、紫色等沒有特定溫度印象的色相。若以中性色與暖色或冷色搭配，也可以產生溫度感。

無彩色

無彩色就是指白色、灰色、黑色等沒有顏色的色相。無彩色與任何顏色搭配都會很協調，能產生個性化的印象。

色彩印象總整理

我們看到顏色時就會產生各種聯想。這類色彩印象和習慣有關，會隨著不同國家、人種、文化而異。設計之前建議先記住一般共通的色彩印象。

紅色

炎熱、生命力、強烈、熱情、愛、刺激、憤怒、警告、禁止

橘色

親近感、溫暖、開朗、喜悅、歡樂、維他命

黃色

好奇心、合作、幸福、光榮感、希望、喧鬧、天真

綠色

自然、安全、協調、健康、治療、放鬆、青澀

藍色

寒冷、安靜、冷靜、平靜、誠實、認真、知性

紫色

高貴、威嚴、忠誠、優雅、不健康、不吉利、個性化、神秘感

粉紅色

柔和、可愛、年輕的、春天、戀愛、幻想、浪漫、女性化

咖啡色

Brown

穩定、信任、歷史感、傳統、成熟、保守、溫暖、樸素

白色

White

純粹、純潔、善良、和平、尊敬感、空無、空虛、無生命的、冰冷

黑色

Black

高級、威嚴、功能性、剛硬、冷酷、恐怖、孤獨、死亡

色彩的色調

色調就是明度與飽和度的組合。即使色相一樣（同一個顏色），如果是不同色調（不同的明度與飽和度），也會讓色彩印象產生極大的變化。思考配色時，來自色調的印象是非常重要的關鍵，請根據設計的目的來選擇色調。

從下一頁起開始列出了各種色調的組合。設計網頁時，建議你根據目標對象找出適合的色調印象，可以活用在設計作品上。

淡色調（淡色）：想製作出輕盈、女性化、可愛、柔美感的設計時，建議使用這種色調

明度	高
彩度	低

R250 G190 B167 #fabea7
R252 G201 B172 #fcc9ac
R255 G224 B182 #ffe0b6
R255 G250 B194 #fffac2
R225 G238 B193 #e1eec1
R195 G220 B190 #c3dcbe
R186 G212 B209 #bad4d1
R180 G193 B209 #b4c1d1
R174 G181 B220 #aeb5dc
R183 G174 B214 #b7aed6
R197 G178 B214 #c5b2d6
R229 G183 B190 #e5b7be

淺色調（淺色）：想製作出柔和、涼爽、天真、可愛感的設計時，建議使用這種色調

明度	高
彩度	中

R246 G150 B121 #f69679
R249 G169 B128 #f9a980
R254 G207 B141 #fecf8d
R255 G247 B153 #fff799
R208 G227 B155 #d0e39b
R159 G202 B153 #9fca99
R148 G188 B183 #94bcb7
R138 G163 B185 #8aa3b9
R132 G144 B200 #8490c8
R146 G131 B190 #9283be
R168 G136 B190 #a888be
R213 G141 B157 #d58d9d

亮色調（明亮色）：想製作出歡樂、開朗、健康、休閒感的設計時，可以使用這種色調

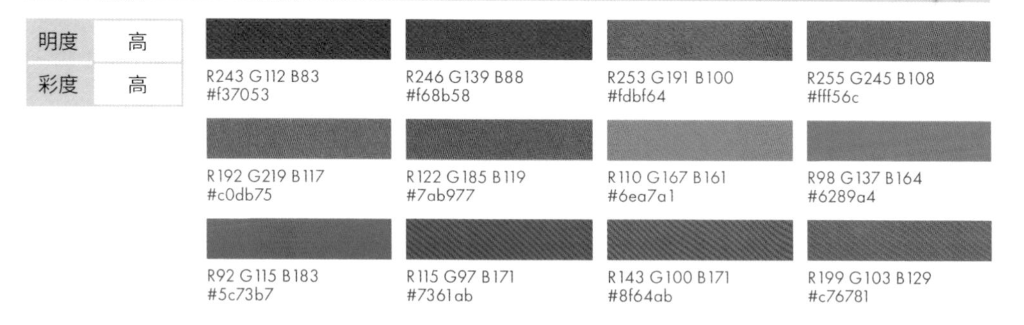

明度	高
彩度	高

R243 G112 B83 #f37053
R246 G139 B88 #f68b58
R253 G191 B100 #fdbf64
R255 G245 B108 #fff56c
R192 G219 B117 #c0db75
R122 G185 B119 #7ab977
R110 G167 B161 #6ea7a1
R98 G137 B164 #6289a4
R92 G115 B183 #5c73b7
R115 G97 B171 #7361ab
R143 G100 B171 #8f64ab
R199 G103 B129 #c76781

強色調（強烈色）：想製作出強烈、熱情、信任感、有強烈存在感的設計時，建議使用這種色調

明度	中
彩度	高

R200 G62 B54 #c83e36
R208 G101 B59 #d0653b
R227 G164 B78 #e3a44e
R248 G235 B101 #f8eb65
R176 G200 B101 #b0c865
R95 G160 B94 #5fa05e
R81 G140 B132 #518c84
R62G104 B125 #3e687d
R48 G80 B137 #305089
R74 G56 B124 #4a387c
R106 G57 B125 #6a397d
R159 G56 B91 #9f385b

深色調（深濃色）：想製作出深沉、傳統、日本風、沉穩感的設計時，建議使用這種色調

明度	低
彩度	高

R139 G3 B4 #8b0304	R140 G48 B3 #8c3003	R144 G96 B0 #906000	R150 G141 B0 #968d00
R92 G121 B27 #5c791b	R14 G98 B39 #0e6227	R11 G86 B79 #0b564f	R2 G61 B83 #023d53
R2 G37 B97 #022561	R38 G6 B87 #260657	R65 G1 B85 #410155	R110 G0 B51 #6e0033

鮮豔色調（鮮豔色）：想製作出華麗、動感、耀眼、活潑感的設計時，建議使用這種色調

明度	中
彩度	高

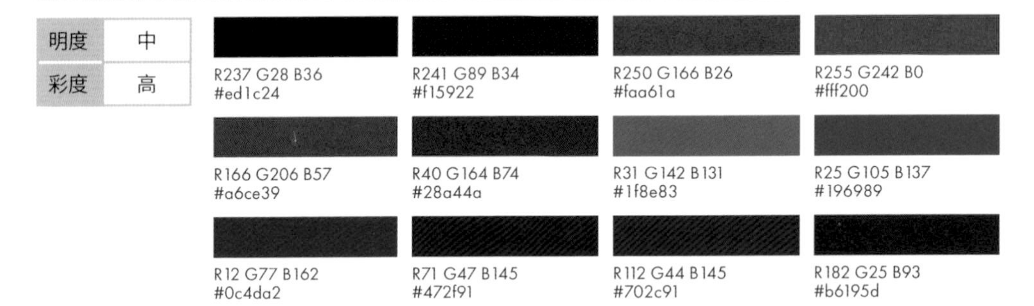

R237 G28 B36 #ed1c24	R241 G89 B34 #f15922	R250 G166 B26 #faa61a	R255 G242 B0 #fff200
R166 G206 B57 #a6ce39	R40 G164 B74 #28a44a	R31 G142 B131 #1f8e83	R25 G105 B137 #196989
R12 G77 B162 #0c4da2	R71 G47 B145 #472f91	R112 G44 B145 #702c91	R182 G25 B93 #b6195d

淺灰色調（亮灰色）：想製作出沉穩、優雅、穩重、成熟感的設計時，建議使用這種色調

明度	高
彩度	低

R176 G127 B114 #b07f72	R188 G145 B127 #bc917f	R212 G186 B159 #d4ba9f	R241 G234 B195 #f1eac3
R206 G209 B179 #ced1b3	R167 G177 B155 #a7b19b	R155 G165 B160 #9ba5a0	R135 G136 B142 #87888e
R124 G120 B137 #7c7889	R123 G107 B127 #7b6b7f	R136 G114 B132 #887284	R157 G119 B124 #9d777c

柔色調（柔和色）：想製作出和諧、平穩、優雅、懷舊感的設計時，建議使用這種色調

明度	高
彩度	中

R204 G121 B101 #cc7965	R213 G142 B111 #d58e6f	R230 G188 B135 #e6bc87	R247 G239 B162 #f7efa2
R200 G213 B153 #c8d599	R149 G181 B141 #95b58d	R138 G167 B161 #8aa7a1	R120 G136 B151 #788897
R112 G118 B157 #70769d	R121 G103 B146 #796792	R141 G108 B149 #8d6c95	R176 G113 B126 #b0717e

灰色調(雅灰色)：想製作出穩重、樸實、雅緻、都會感的設計時，建議使用這種色調

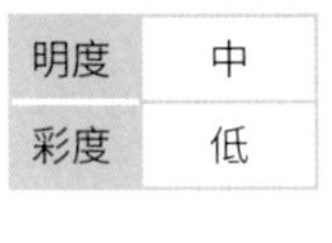

明度	中
彩度	低

R95 G56 B48 #5f3830	R105 G73 B60 #69493c	R128 G108 B87 #806c57	R155 G151 B122 #9b977a
R125 G130 B106 #7d826a	R91 G102 B84 #5b6654	R83 G93 B88 #535d58	R64 G68 B72 #404448

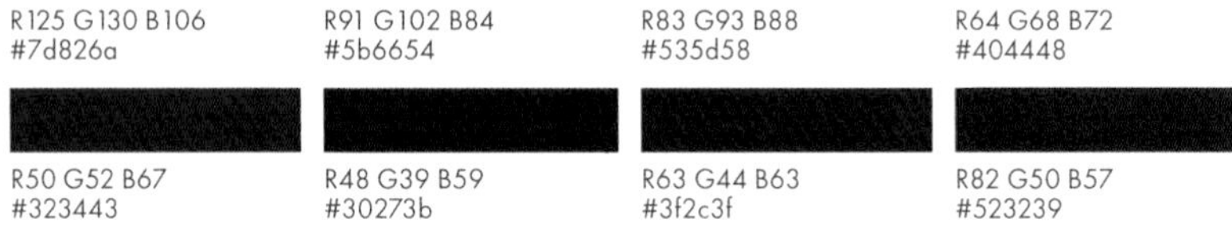

R50 G52 B67 #323443	R48 G39 B59 #30273b	R63 G44 B63 #3f2c3f	R82 G50 B57 #523239

濁色調(濁色)：想製作出朦朧、黯淡、高級、高雅感的設計時，建議使用這種色調

明度	中
彩度	中

R133 G36 B27 #85241b	R138 G65 B33 #8a4121	R149 G109 B48 #956d30	R166 G157 B68 #a69d44
R114 G135 B66 #728742	R58 G108 B61 #3a6c3d	R50 G96 B90 #32605a	R35 G69 B85 #234555
R28 G49 B93 #1c315d	R47 G27 B83 #2f1b53	R70 G28 B84 #461c54	R107 G29 B59 #6b1d3b

深色調(暗沉色)：想製作出男性化、強韌、強烈、帥氣感的設計時，建議使用這種色調

明度	低
彩度	中

R86 G13 B4 #560d04	R89 G35 B5 #592305	R97 G68 B20 #614414	R107 G101 B38 #6b6526
R71 G88 B37 #475825	R25 G70 B33 #194621	R20 G61 B56 #143d38	R13 G40 B53 #0d2835
R10 G18 B58 #0a123a	R22 G7 B50 #160732	R41 G8 B51 #290833	R70 G7 B32 #460720

深灰色調(暗灰色)：想製作出堅強、穩重、沉重、晦暗感的設計時，建議使用這種色調

明度	低
彩度	低

R51 G22 B14 #33160e	R58 G36 B25 #3a2419	R73 G60 B46 #493c2e	R91 G88 B70 #5b5846
R71 G75 B60 #474b3c	R48 G57 B44 #30392c	R43 G51 B48 #2b3330	R29 G32 B36 #1d2024
R17 G17 B32 #111120	R15 G5 B24 #0f0518	R28 G9 B28 #1c091c	R43 G19 B23 #2b1317

思考網頁的配色組合

前面說明了色彩的印象與色調，以下要試著實際組合這些顏色。請先釐清你的網站想呈現出何種配色印象，會比較容易挑選出適合的顏色。

色彩比例

首先思考要以何種比例組合色彩，這個技巧和選擇顏色一樣重要。決定的重點是把握**「基本色」**、**「主色」**、**「重點色」**的比例。

「基本色」是當作設計基礎的顏色，常會當作網站的背景色。建議選擇不會干擾內容，比較單純的顏色。

「主色」是在設計中「最想讓人看到的顏色」。這是整個設計的主題色，是營造網站的整體氛圍的重要色彩。

「重點色」是為設計畫龍點睛、製造亮點的顏色。這個顏色會格外醒目，通常會使用在按鈕等需要強調的網頁元素上。決定比例時，請斟酌「基本色」、「主色」、「重點色」等三個部分的平衡來配色。建議採用如下圖的比例當作配色的基本原則。

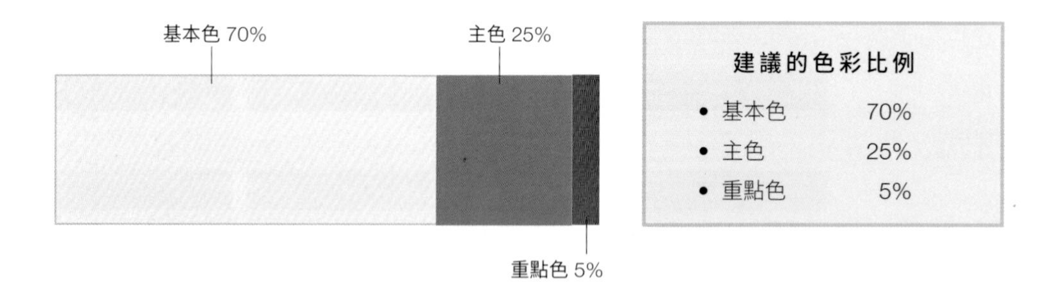

如果使用的顏色多於三種，可分割顏色的比例。原則上不會改變基本色的佔比，而是分割主色，讓整體顯得乾淨清爽。熟悉配色後亦可逐步調整，思考個人的配色風格。

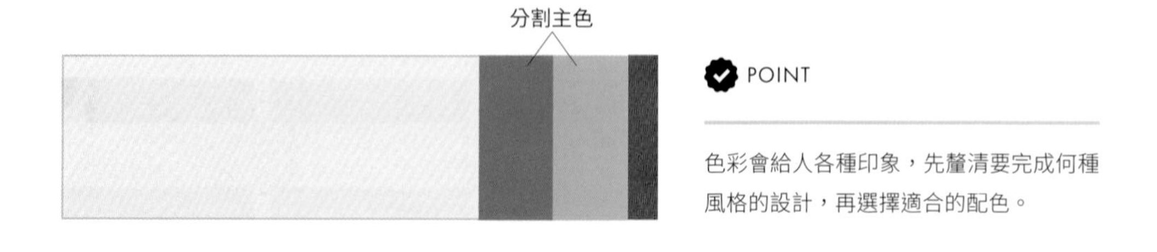

POINT

色彩會給人各種印象，先釐清要完成何種風格的設計，再選擇適合的配色。

配色範例

配色時常需要參考各種常見風格，以下將各種風格分成 12 種類型，每一類提供 2 種配色範例，可以當作設計時的參考。

可愛

R255G108B148	R246G240B204	R58G172B173	R67G44B2	R234G246B253	R226G235B163	R247G198B189	R197G163B203
#ff6c94	#f6f0cc	#3aacad	#432c02	#eaf6fd	#e2eba3	#f7c6bd	#c5a3cb

歡樂

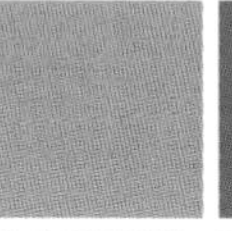

R222G77B77	R246G118B144	R255G255B255	R0G170B255	R249G233B0	R245G165B0	R146G203B151	R59G130B196
#de4d4d	#f67690	#ffffff	#00aaff	#f9e900	#f5a500	#92cb97	#3b82c4

亮眼

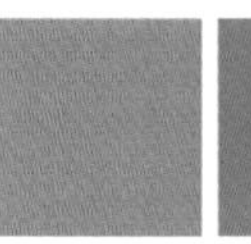

R204G0B0	R102G0B0	R51G0B0	R0G0B0	R219G237B240	R128G164B145	R70G153B202	R23G96B160
#cc0000	#660000	#330000	#000000	#dbedf0	#80a491	#4699ca	#1760a0

沉穩

R215G206B187	R175G160B127	R128G121B108	R91G92B118	R221G221B221	R179G208B215	R130G170B170	R136G136B136
#d7cebb	#afa07f	#80796c	#5b5c76	#dddddd	#b3d0d7	#82aaaa	#888888

時尚

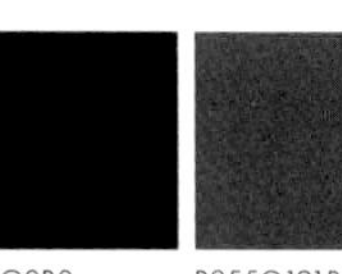

R210G210B0	R0G160B150	R0G165B221	R181G0B153	R255G0B111	R255G255B255	R0G0B0	R255G191B31
#d2d200	#00a096	#00a5dd	#b50099	#ff006f	#ffffff	#000000	#ffbf1f

美味

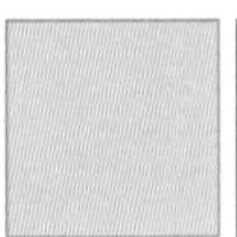

R255G153B51	R255G229B86	R173G204B51	R51G153B0	R73G145B73	R255G248B207	R213G47B37	R105G28B13
#ff9933	#ffe556	#adcc33	#339900	#499149	#fff8cf	#d52f25	#691c0d

清潔感

R255G255B255	R230G240B240	R151G205B243	R127G217B210	R153G204B101	R255G255B255	R122G203B225	R0G155B198
#ffffff	#e6f0f0	#97cdf3	#7fd9d2	#99cc65	#ffffff	#7acbe1	#009bc6

自然

R193G153B77	R241G226B190	R148G198B116	R71G118B60	R223G203B165	R185G208B177	R225G192B182	R211G193B175
#c1994d	#f1e2be	#94c674	#47763c	#dfcba5	#b9d0b1	#e1c0b6	#d3c1af

高級

R237G220B188	R238G209B63	R176G148B30	R0G0B0	R189G198B183	R0G0B177	R0G0B93	R0G0B0
#eddcbc	#eed13f	#b0941e	#000000	#bdc6b7	#0000b1	#00005d	#000000

日式

R211G196B150	R115G136B81	R74G85B30	R144G70B68	R135G25B0	R222G52B0	R255G255B255	R51G51B51
#d3c496	#738851	#4a551e	#904644	#871900	#de3400	#ffffff	#333333

運動風

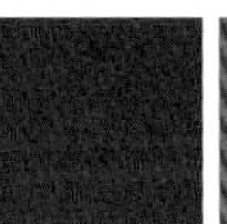

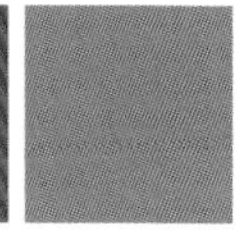

R255G240B0	R240G130B30	R0G160B220	R25G50B120	R255G204B0	R255G37B153	R153G68B204	R0G169B255
#fff000	#f0821e	#00a0dc	#193278	#ffcc00	#ff2599	#9944cc	#00a9ff

優雅

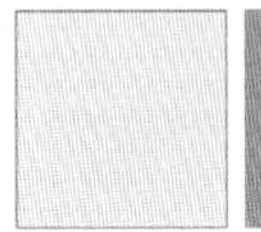

R246G239B219	R214G194B153	R171G15B80	R64G39B23	R230G190B170	R220G139B167	R220G200B220	R110G80B100
#f6efdb	#d6c299	#ab0f50	#402717	#e6beaa	#dc8ba7	#dcc8dc	#6e5064

COLUMN

CSS 的描述也可以用註解隱藏

在 p.072 曾說明如何在 HTML 中使用「<!--」與「-->」描述註解，而在 CSS 中也可以使用註解，但是寫法和 HTML 是不同的，CSS 是用「/*」與「*/」包夾註解。我們可以利用註解在 CSS 原始碼中描述注意事項，也可以把暫時不想套用的 CSS 設定成註解，執行原始碼時便可以暫時跳過這段。

```
/* 主內容的裝飾從這裡開始↓ */

/* h1 { font-size: 20px; } */

/* 即使有多行
也可以正常
描述註解
*/
```

使用「/*」與「*/」包夾的範圍會被註解排除，可以在原始碼中撰寫注意事項

強調色彩的網站設計參考

以下要介紹把色彩用在整個網頁或是當作特色來設計的網站。善用色相本身的印象，就可以完成令人印象深刻的設計。你可以試著觀察這些網站的主色、基本色如何選擇？把哪種顏色當作重點色？感受它們善用色彩呈現的設計感。

紅色

ANYWHERE…https://www.and.co/digital-nomad-book

基本色是紅色，重點色則是綠色，個性強烈。這個設計有大量留白，顯得井然有序。

橘色

hinoyoko.com…http://hinoyoko.com/

整個網頁使用了溫暖的橘色，是育兒風格強烈的網站，配色柔和、感覺平易近人。

黃色

TaxiNet…http://www.taxinetcab.com/

採用計程車的亮黃色設計，更令人印象深刻。平滑流暢的傾斜線條呈現出震撼力。

綠色

MTN DEW x NBA…http://www.mountaindew.com/nba/

採用黑白色與亮綠色的組合，感覺十分帥氣！斜線的安排也很巧妙獨到。

藍色

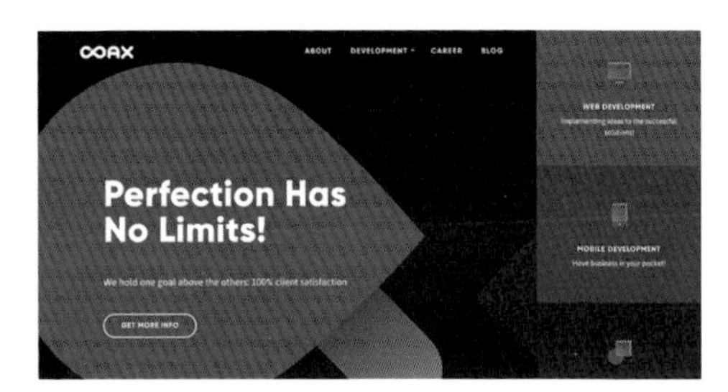

COAX…https://coaxsoft.com/

First View 使用了藍色，為了方便閱讀，刻意使用了白底藍色的圖示來統一其他部分

紫色

ANNA SUI…https://jp.annasui.com/

以黑色與紫色為基本色，營造出高雅的氣氛，除了可愛之外，還能感受到成熟感。

粉紅色

Frank Body…https://www.frankbody.com/int/

用淺粉紅色製作出充滿女孩風格的可愛網站。採用沒有多餘裝飾的簡約設計。

咖啡色

Thomson Safaris…https://thomsonsafaris.com/

為了營造狩獵的氣氛而大量使用咖啡色，表現出大自然的氛圍。與照片的搭配也很天衣無縫。

白色

NORTH STREET…https://northstreetcreative.com/

大型襯線字體搭配整齊的格線排版十分好看，採用以白底黑字為基調的極簡設計。

黑色

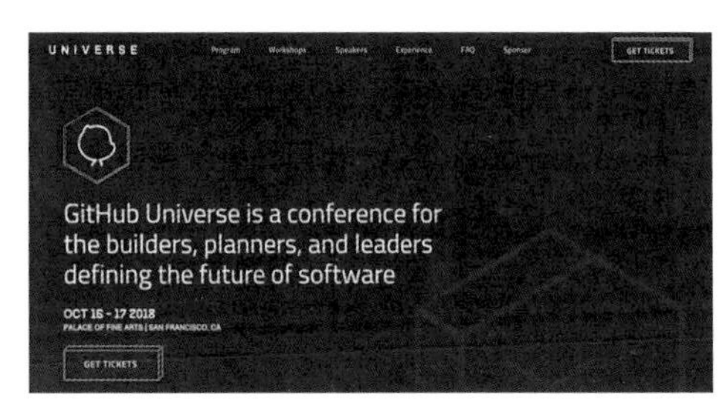

GitHub Universe…https://githubuniverse.com/

在黑色的基本色上點綴了繽紛的漸層色，不僅看起來很酷，也展現出一股流行感。

3-8 CHAPTER 替元素加上背景圖

前面已學過替元素加上背景色，元素的背景也可以放置背景圖，這樣會大幅改變整個網站的印象。以下說明如何替元素加上好看的背景圖，重點是不能讓圖片影響文字的易讀性。

用「background-image」屬性置入背景圖

利用 **background-image 屬性**就可以在元素的背景中置入影像。設定時要考慮到有時可能無法順利載入影像，因此建議同時設定背景色與背景影像，兩者使用相同的色調。

主要的設定方式

設定方法	說明
url	指定影像的檔案路徑
none	設定「none」表示不要使用背景影像，也就是可以清除背景

寫法是在「**url**」後面的括弧 () 中描述背景影像的檔案路徑。

chapter3/c3-08-1/style.css

```
body {
  background-color: #f5f2e5;
  background-image: url(images/bg.png);
}
```

設定與背景影像相似的色調

設定背景影像

將 <body> 標籤加上背景圖，因此整個網頁都會顯示背景圖。套用效果請參考 chapter3/c3-08-1/index.html

■ 用「background-repeat」屬性讓背景圖重複顯示

如果你開啟剛剛置入的背景影像（位於 chapter3/c3-08-1/images/bg.png），會發現它只是一張小小的圖片，為什麼能填滿整個畫面呢？原來 CSS 的預設值是會往垂直及水平方向重複顯示背景圖，直到填滿整個畫面。利用 **background-repeat 屬性**就可以設定要讓背景圖往哪個方向重複顯示，或是改成不要重複顯示。

主要的設定方式

設定方法	說明
repeat	同時往垂直、水平方向重複顯示背景圖（這是 CSS 的預設值）
repeat-x	往水平方向重複顯示背景圖（x 表示水平方向的 x 座標）
repeat-y	往垂直方向重複背景圖（y 表示垂直方向的 y 座標）
no-repeat	不要重複背景圖

下面這段 CSS 原始碼就是用「repeat-x」屬性，讓背景影像往水平方向排成一列。

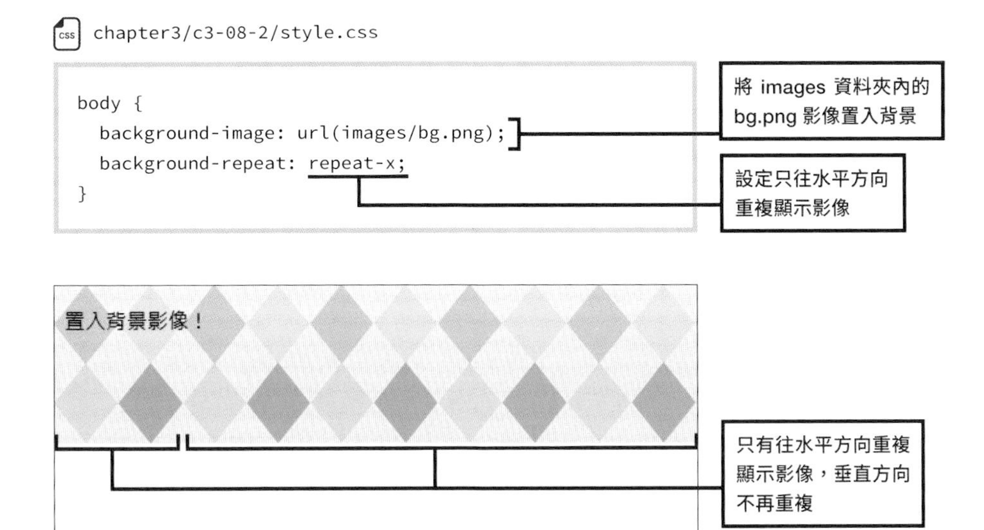

POINT

利用「background-image」屬性可置入背景圖，同時設定重複顯示的方式。

如果是使用「repeat-y」屬性，則會將影像垂直排成一行。

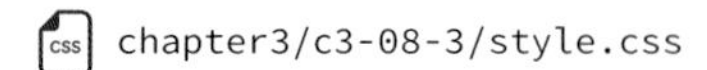


```
body {
  background-image: url(images/bg.png);
  background-repeat: repeat-y;
}
```

設定只往垂直方向重複顯示影像

置入背景影像！

只有往垂直方向重複顯示影像，水平方向不再重複

用「background-size」屬性設定背景圖的尺寸

使用 **background-size 屬性**可以設定背景影像的尺寸，我們可以透過這個屬性讓背景影像維持原本的比例，或是放大影像、延伸成設定的尺寸。

主要的設定方式

設定方法	說明
數值	在數值加上「px」、「rem」、「%」等單位
關鍵字	使用「cover」、「contain」等關鍵字來設定

當背景圖小於顯示範圍，又不適合重複拼貼時，可設定成「**cover**」，會將影像等比例放大，直到填滿顯示範圍。等比例放大後若有超過顯示範圍的部分，會被裁切掉。

chapter3/c3-08-4/style.css

```
div {
  background-image: url(images/bg-airplane.jpg);
  background-repeat: no-repeat;
  background-size: cover;
  height: 100vh;
}
```

設定不要重複顯示影像

設定將影像等比例放大以填滿顯示區域

高度設定可參考 p.132

等比放大影像，填滿顯示區域

會將影像等比放大到完全填滿顯示範圍。要注意的是，放大會導致影像失真，而且超出顯示範圍的部分會被裁切掉。

contain 與 cover 相反，適用於當背景影像大於顯示範圍，但仍需要將背景影像完整呈現出來時。只要設定成「**contain**」，就可以將背景圖等比例縮小至可以在指定範圍中顯示整張影像。不過，假如影像縮小之後小於顯示區域，就會產生留白區域。

chapter3/c3-08-5/style.css

```
div {
  background-image: url(images/bg-airplane.jpg);
  background-repeat: no-repeat;
  background-size: contain;
  height: 100vh;
}
```

設定成維持長寬比，並顯示完整影像

會將影像縮小至可以顯示完整內容，如果影像小於顯示範圍，將會出現留白。

用「background-position」屬性設定背景圖的起始位置

background-position 屬性可以指定要開始顯示背景圖的位置。基本上是依照「水平方向、垂直方向」的順序，用**空格**分隔每個描述。預設值是以**左上方 (left top)** 當作要開始顯示影像的位置。

主要的設定方式

設定方法	說明
數值	在數值加上「px」、「rem」、「%」等單位
關鍵字	水平方向是「left(左)」、「center(中央)」、「right(右)」，垂直方向是「top(上)」、「center(中央)」、「botton(下)」

設定時，如果要讓背景圖靠齊畫面的四邊，就可以使用關鍵字來設定。

chapter3/c3-08-6/style.css

```
body {
  background-image: url(images/bg.png);
  background-repeat: no-repeat;
  background-position: center top;
}
```

將影像設定成顯示在上方中央

設定背景圖不重複，並且顯示在畫面上方的正中央。

chapter3/c3-08-7/style.css

```
body {
  background-image: url(images/bg.png);
  background-repeat: no-repeat;
  background-position: 30px 80px;
}
```

將影像起始位置設定在距離左邊 30px、距離上面 80px 的位置

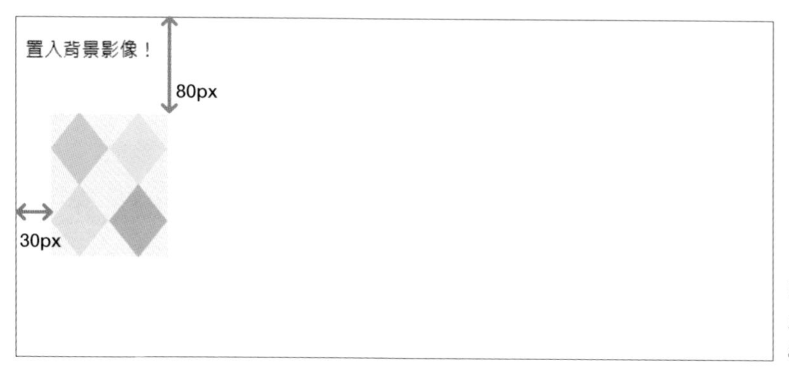

影像顯示在距離畫面左邊 30px、距離上面 80px 的位置。

用「background」屬性統一設定所有與背景相關的屬性

使用 **background 屬性**，就可以一次設定好所有與背景有關的設定值，包括背景色、背景影像、大小、要不要重複顯示等。在此不需要設定所有的屬性，沒有設定的部分會套用預設值。請記得屬性之間要用**半形空格**隔開。

可以統一設定屬性

- background-clip
- background-color
- background-image
- background-origin
- background-position
- background-repeat
- background-size
- background-attachment

設定時還有一點要注意的是，「**background-size**」的值必須放在「**background-position**」後面，兩者要用**斜線「/」**隔開。

chapter3/c3-08-8/style.css

```
div {
  background: #70a2dc url(images/bg-airplane.jpg) no-repeat
center bottom/cover;
height: 100vh;
}
```

這個項目設定為「bottom/cover」bottom 是設定位置、cover 是設定顯示尺寸

可以下載照片素材的網站

設計網頁時如果需要好看的照片，你可以自行拍攝，也可以從網路上的合法圖庫網站取得。使用時請詳閱各網站上的說明，確認是否需要付費，以及是否允許商用（使用在非個人用途）、是否需要標示來源等。以下推薦幾個圖庫網站，你也可以自行搜尋看看。

免費的圖庫網站

pakutaso

這是免費提供高畫質、高解析度照片的圖庫網站。下載時不需註冊會員，也沒有下載張數的限制。提供各式各樣的照片，風格從嚴肅到趣味都有。

https://www.pakutaso.com/

GIRLY DROP

這個網站不僅免費提供可商用的照片，而且使用時不需要特別宣告版權。主要是提供時尚少女風格的照片。

https://girlydrop.com/

StockSnap.io

這個網站收集了許多公共領域的照片，沒有著作權的限制。由於是外國的網站，比較少東方的素材，但有高品質的照片。

https://stocksnap.io/

Pixabay

這個圖庫網站可找到免費的商用影像。除了照片之外，也包括了插畫、向量圖、影片等素材。

https://pixabay.com/

付費圖庫網站

iStock

這是照片量世界第一的圖庫網站。除了照片外，還有插畫、影片等素材。月費為3 個檔案 33 美元，或每月 29 美元起。

https://www.istockphoto.com/

Adobe Stock

提供照片、影片、插畫、設計範本等，費用為 5 個檔案 49.95 美元，或是月費 29.99 美元起，可免費試用 30 天。

https://stock.adobe.com/

PIXTA

提供照片、插畫、影片、音樂等素材。有許多日式風格的照片，月費為 3,150 台幣起。每週二會更新圖庫，有時也會有限時優惠的免費素材。

https://tw.pixtastock.com/

COLUMN

調整影像的檔案大小

置入網頁的影像尺寸愈大，影像檔案就愈大，需要花很多時間才能完整載入網頁。當影像檔案較大時，建議壓縮影像、縮小檔案。

推薦這個「Compressor.io」網站，只要把影像拖放到視窗中，即可壓縮其檔案大小，同時仍能保持影像的品質。可壓縮 JPEG、PNG、GIF、SVG 格式的影像。

Compressor.io…https://compressor.io/

3-9 設定元素的寬度與高度

CHAPTER

我們在 2-13 節有學過，排版網頁時，會利用區塊元素分組整理網頁元素。在排版的過程中，也常常需要替各個群組設定大小。以下將說明設定元素寬度與高度的方法。

用「width」與「height」屬性設定元素的尺寸

元素的寬度可以使用 **width 屬性**來設定，高度則是利用 **height 屬性**來設定。請注意，我們在 2-13 節學過的行列元素 (Inline) 標籤，例如直接包夾文字的 <a> 標籤及 <span> 標籤等，其寬高會被內容影響，因此替它們設定寬高是無效的。

主要的設定方式

設定方法	說明
數值	在數值加上「px」、「rem」、「%」等單位
auto	依相關元素的屬性值自動設定

chapter3/c3-09-1/style.css

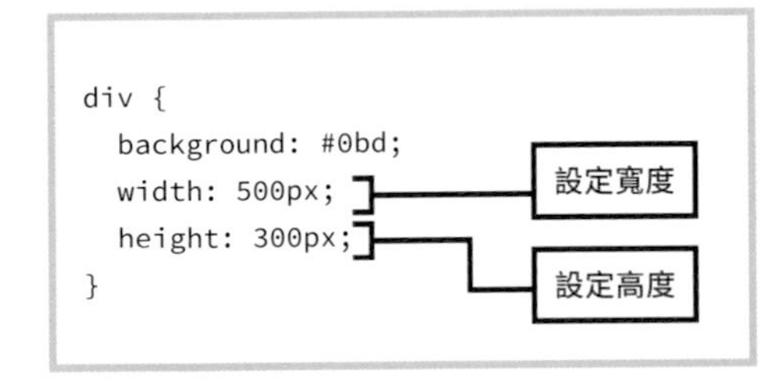

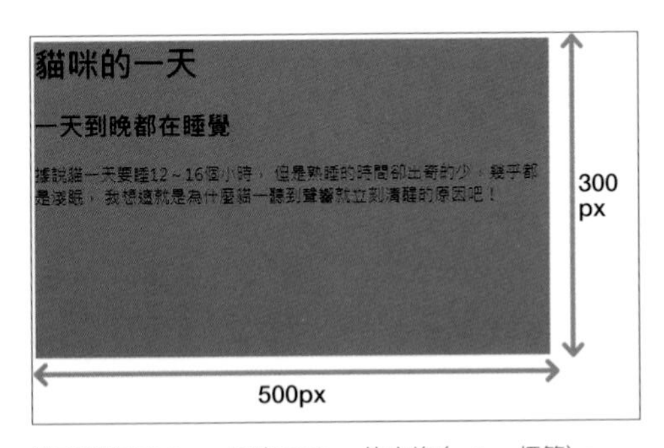

設定寬度 500px、高度 300px 的方塊 (<div> 標籤)。
※ 為了讓你瞭解範圍，將方塊加上藍色的背景色。

把寬度設定成「auto」會怎麼樣？

<div> 標籤及 <p> 標籤這類的區塊元素，若沒有設定「width」的值，元素的寬度會往水平方向擴大，這是因為 width 屬性的預設值是「**auto**」，如果寬度的設定為「auto」，元素的寬度會自動延伸，直到填滿包夾該元素的父元素。

舉例來說，假設 <div> 標籤內包含了 <p> 標籤，並將 <div> 的寬度設定為 500px，這時如果沒有特別設定子元素 <p> 標籤的寬度，<p> 標籤也會自動變成 500px。

<div> 500px

<p> auto(500px)

<p> 標籤如果沒有設定，就會自動變成和父元素 <div> 標籤同寬

把寬度設定成「%」會怎麼樣？

在 width 屬性中使用「%」來設定數值時，則會按照父元素的寬度比例來決定寬度。換句話說，數值會隨著父元素的寬度變動。

假設 <div> 標籤內包含了 <p> 標籤，並將 <div> 的寬度設定為 500px，並將子元素 <p> 標籤的寬度設定為 50% 時，<p> 標籤的寬度就是父元素的 50%，亦即 250px。

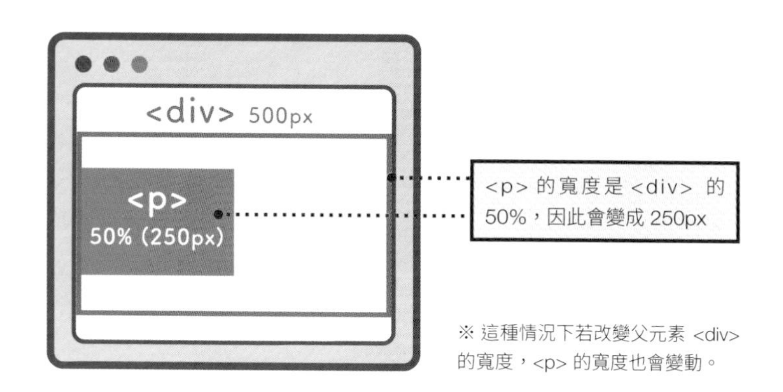

網頁設計常用的單位：「相對單位」與「絕對單位」

我們用 CSS 設定文字或元素的大小時，都要設定數值，並且加上單位。單位的種類很多，可大致分成「**相對單位**」與「**絕對單位**」這兩大類。以下將分別說明。

相對單位

「**相對單位**」是以瀏覽器的顯示區域或父元素的大小為基準，計算出相對結果的單位。設定相對單位的元素，大小會隨著當作基準的數值而改變。以下這些都是相對單位。

%（百分比）

這是把父元素當作基準的比例單位，**父元素的大小 = 100%**。假設父元素的寬度為 600px，當子元素設定為 50% 時，寬度就會變成 300px。以設定字體大小為例，假設父元素的字體大小為 16px 時，則 16px = 100%。

em

這是以父元素的大小為基準的單位，**父元素的大小 = 1em**。設定字體大小時，會常常用到這個單位。假設父元素字體大小為 16px，若瀏覽器維持預設值，則 16px = 1em。

rem

「rem」就是「root」＋「em」的意思，表示以根元素大小當作基準的單位，根元素就是最上層的網頁元素，例如 HTML 的根元素就是 <html> 標籤。**根元素的大小 = 1rem**。若 <html> 的字體大小設定為 16px，且瀏覽器的設定維持預設值，則 16px = 1rem。

vw

「vw」是「viewport width」的縮寫，是以 **viewport 的寬度**為基準的比例單位。viewport 就是指使用瀏覽器檢視網站時的顯示區域。假設 viewport 的寬度為 1200px，設定 50vw 的寬度會變成 1200px 的 50%，也就是 600px。這個值會隨著顯示區域的寬度而變動，因此特別適用於需要因應各種裝置自動調整尺寸的網頁。

vh

「vh」是「viewport height」的縮寫，是以 **viewport 高度**為基準的比例單位。舉例來說，當 viewport 的高度為 800px 時，設定 50vh 會變成 800px 的 50%，也就是 400px。vh 的設定值會隨著顯示區域的高度而變化。

絕對單位

「絕對單位」就是不受瀏覽器的顯示區域或父元素影響，直接顯示成你設定的大小。

px（像素）

這是網路上最常用的絕對單位。指定像素值就不會被其他元素影響，設定成 10px 就一定會顯示成 10px。不過，絕對單位缺乏自動調整的彈性，建議用在不需要依裝置調整的地方，例如元素間的間隔或邊框粗細等。

POINT

相對單位會以其他元素的大小為基準，若要讓網頁因應各種裝置自動調整大小，就要用相對單位。

COLUMN

推薦的網頁配色工具

有時候即使發現「這個顏色很好看！」也不曉得該與什麼顏色搭配，或是把它套用在設計上了，卻沒有想像中好看。推薦你這些協助配色的工具，可以當作參考。

Web 配色工具 Ver2.0

很實用的線上配色工具，只要挑一種主題顏色，就會自動顯示合適的配色建議。另一個特色是可以透過中間的模擬網頁預覽套用配色的效果。

Web 配色工具 Ver2.0
https://www.color-fortuna.com/color_scheme_genelator2/

Adobe Color CC

只要拖曳色輪上面的圓點，就會提供適合指定顏色的組合。此外，將上方選單切換到「探索」頁次，即可輸入關鍵字，尋找符合該印象的配色。

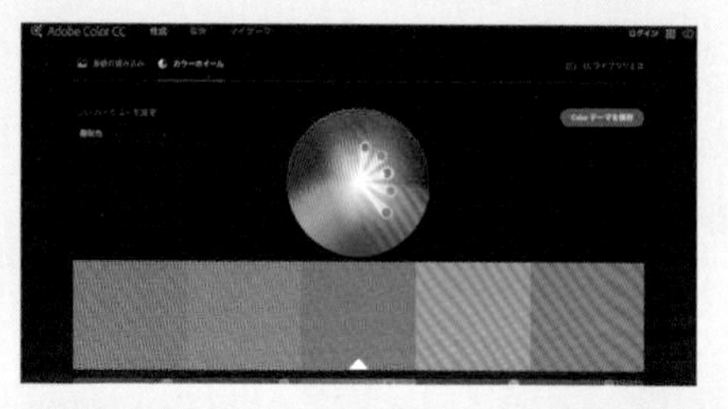

Adobe Color CC
https://color.adobe.com/zh/create

Paletton

在色輪的外圈點選主色之後，再點擊色輪上 5 個圓點中的其中一個，就會根據各種配色方法提供配色組合。若點擊右下方的「EXAMPLES…」，即可預覽在網頁套用配色時的狀態。

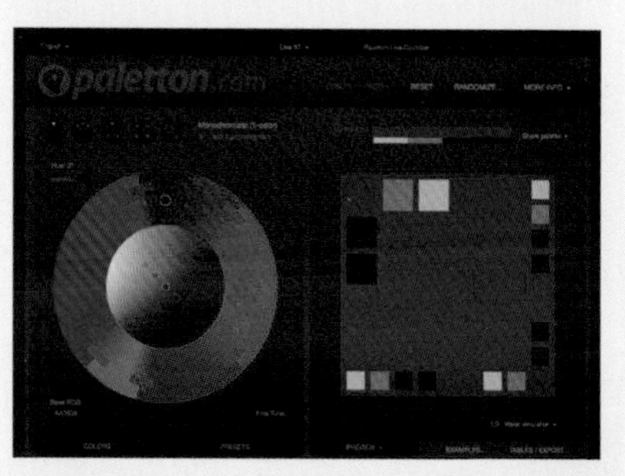

Paletton
http://paletton.com/

3-10 CHAPTER 調整元素周圍的留白

這一節要學習的是留白，所謂留白並不是毫無意義的空白，而是讓元素之間保留「間隙」的「空間」。留白其實是很重要的設計元素，能讓畫面變得更容易瀏覽，也能使文章變得更容易閱讀。

認識留白

首先來認識與留白有關的「**margin**」與「**padding**」屬性。假設右圖的四邊形代表網頁元素，元素的邊緣稱為「**border**」。「margin」俗稱「外距」，是從 border 到其他元素的距離；「padding」俗稱「內距」，是從 border 到內部（內容）的距離。

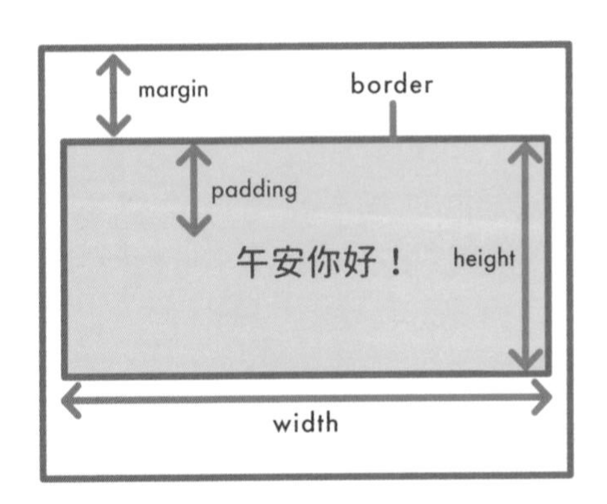

用「margin」屬性設定元素外側的留白空間

「**margin**」屬性可在元素的四邊加上留白空間（和其他元素的距離），可分別利用「**margin-top**（上）」、「**margin-bottom**（下）」、「**margin-left**（左）」、「**margin-right**（右）」這四種屬性，控制要在哪一邊加上留白空間。

主要的設定方式

設定方法	說明
數值	在數值加上「px」、「rem」、「%」等單位
auto	根據相關的屬性值自動設定

chapter3/c3-10-1/style.css

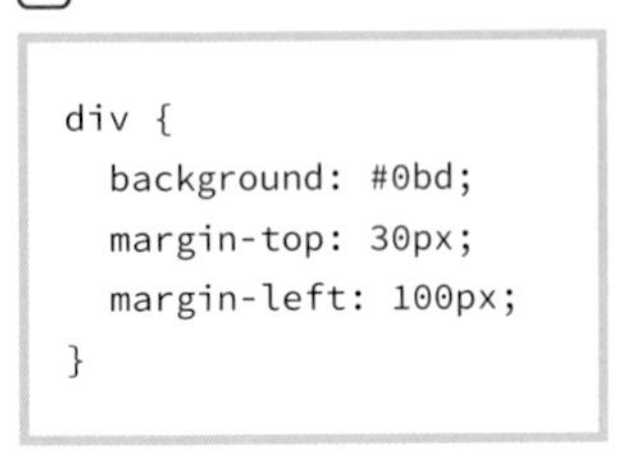

```
div {
  background: #0bd;
  margin-top: 30px;
  margin-left: 100px;
}
```

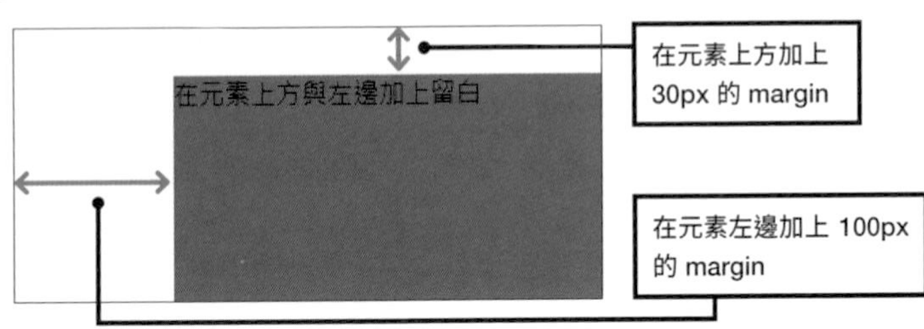

只設定 margin 屬性時，可一次套用到上下左右四邊；如果用半形空格分隔，可設定上下與左右的留白，或依照上、右、下、左（順時針）的順序統一設定。請參考下表。

寫法	範例
margin: 四邊;	margin: 10px;
margin: 上下 左右;	margin: 10px 20px;
margin: 上 左右 下;	margin: 10px 20px 30px;
margin: 上 右 下 左;	margin: 10px 20px 30px 40px;

因此，假如要在元素的上方加上 30px、左邊加上 100px 的留白時，就可以只用「margin」屬性設定，描述方式如右圖。

chapter3/c3-10-2/style.css

```
div {
  background: #0bd;
  margin: 30px 0 0 100px;
}
```

設定「上 30px、右 0px、下 0px、左 100px」的留白

用「padding」屬性設定元素內側的留白

如果想在元素內側加上留白，就要使用 **padding 屬性**。和 margin 屬性一樣，padding 屬性可在元素的四邊設定「**padding-top**（上）」、「**padding-bottom**（下）」、「**padding-left**（左）」、「**padding-right**（右）」等要留白的位置；只要用半形空格分隔，就能設定上下與左右的留白，或依上、右、下、左（順時針）的順序統一設定。

主要的設定方式

設定方法	說明
數值	在數值加上「px」、「rem」、「%」等單位
auto	根據相關的屬性值自動設定

chapter3/c3-10-3/style.css

```
div {
  background: #0bd;
  padding: 40px;
}
```

在元素的邊緣與文字之間加上留白

藍色方塊的邊框與內容（文字）間產生了 40px 的留白。

活用留白可以將元素分組

留白不僅能給元素更多空間、提高易讀性，還有將元素「區隔」和「分組」的功能。舉例來說，我們通常會認為位置相近的物件就是「有關聯」。請看下圖的排版範例。

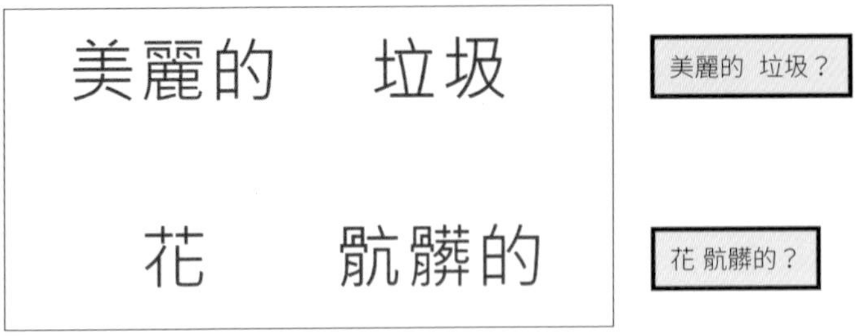

美麗的　　垃圾

花　　骯髒的

美麗的 垃圾？

花 骯髒的？

上面的範例乍看之下，很容易會看成「美麗的 垃圾」、「花 骯髒的」。怎麼會這樣呢？

這是因為我們會自動把位置接近的文字視為同一個群組。因此在排版時，一定要避免把無關的資料放在一起，這是非常重要的關鍵。這時候，就可以利用留白來區隔。

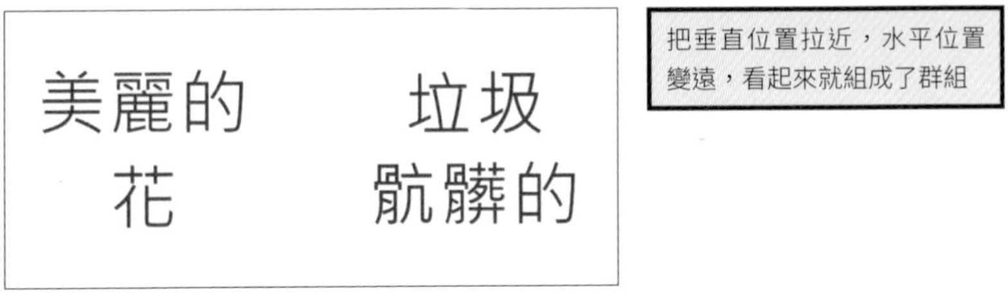

美麗的　　垃圾

花　　骯髒的

把垂直位置拉近，水平位置變遠，看起來就組成了群組

如上圖所示，只要調整留白的比例，讓相關的文字距離更近、無關的文字距離更遠，這樣一來，就能自然辨識為「美麗的 花」與「垃圾 骯髒的」了。

接著我們再思考圖片、文字與留白的關係。右頁的圖說文字是每張花卉照片的名稱，但是目前的安排會讓人覺得「很難看懂花卉名稱到底是屬於上面還是下面的照片」。

POINT

利用留白可以將相關的資料分成同組。

這樣的安排讓人看不出來，「夏堇」與「玫瑰」到底是指哪一張照片？

這種情況也可以善用留白來分組。在不同的群組間插入留白，讓具有關聯性的照片與文字變成同一組，每個群組之間都要有足夠的留白，並避免讓無關聯的資料太過接近。修改的結果如下圖所示，「夏堇」與「玫瑰」究竟是指哪一種花，變得一目瞭然。

建議在邊框與文字之間加入留白

設計網頁的內文時，如果文字和邊框間沒有距離，會變得很難閱讀，而且也不好看。有的人可能會說「很擠也沒關係，只要放得進去就好」，但如果想設計好作品，就不能這樣想。我們必須思考對瀏覽網頁的使用者而言，怎樣設計留白區域才會更容易閱讀。運用 CSS 的 **padding 屬性**，就可以在元素內容（文字）和邊框之間加上留白。

padding 的設定依文字大小而異，以內文來說，建議至少為文字大小的 1～1.5 倍。假設內文的文字大小為 16px，建議加上 20px 左右的留白，會變得更清楚易讀。

據說貓一天要睡12～16個小時，但是熟睡的時間卻出奇的少，幾乎都是淺眠。我想這就是為什麼貓一聽到聲響就立刻清醒的原因吧！

文字大小的 1~1.5 倍

據說貓一天要睡12～16個小時，但是熟睡的時間卻出奇的少，幾乎都是淺眠。我想這就是為什麼貓一聽到聲響就立刻清醒的原因吧！

除了內文之外，標題等較短的句子也一樣，建議在文字四周保留較大的空間。這件事雖然微不足道，但是一點一滴累積下來，會讓整個網站的易讀性產生很大的變化。建議你徹底瞭解 margin、padding 的意義，並且在網頁中善加運用。

午安您好！

午安您好！

COLUMN

參考善用留白的網站設計

使用大量留白可以完成風格高雅、感覺沉穩的設計。而且只要妥善運用留白，還能設計出引導使用者瀏覽網頁的動線，並且襯托出希望聚焦的重點。建議多研究各家網站的留白活用方法，當作設計時的參考。

Apple…https://www.apple.com/jp/music/

一張影像只對應一句標語，畫面簡單，沒有多餘的元素，引導使用者把注意力集中在產品及內容上。

小島國際法律事務所 ...https://www.kojimalaw.jp/

整體設計風格清爽，有大量留白，內容與邊框之間也有適當的留白，展現從容洗練的風格。

3-11 CHAPTER 設定元素的邊框

元素周圍的邊框預設是沒有顏色或線條的，如果有需要，可設定其 CSS 樣式以加上邊框，會更容易看出元素範圍。邊框的顏色、粗細、樣式都可以自訂，請根據設計風格適當調整。

用「border-width」屬性設定邊框粗細

利用 **border-width 屬性**可以設定邊框的粗細。元素外框有四個邊，如果只設定一邊，其他各邊也會一併套用。若希望個別調整每一邊的粗細，可以用**半形空格**分隔，並依照**上、右、下、左**(順時針)的順序來設定。邊框樣式有實線、虛線等各種選擇，但預設值是「none(不顯示)」，所以必須同時設定 **border-style 屬性**，右頁會詳細說明。

主要的設定方式

設定方法	說明
關鍵字	「thin」(細線)、「medium」(一般)、「thick」(粗線)
數值	在數值加上「px」、「rem」、「%」等單位

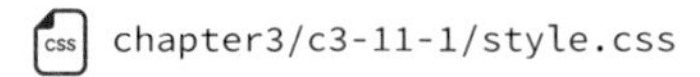

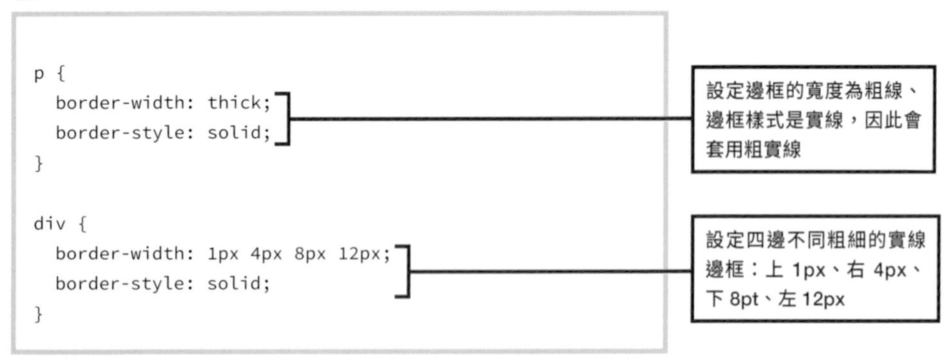

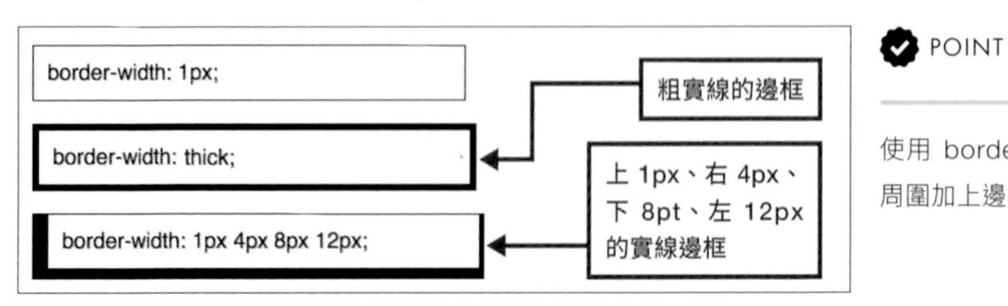

調整四邊的邊框粗細時，請注意設定的順序是順時針。

POINT

使用 border 屬性可以在元素周圍加上邊框線條。

用「border-style」屬性設定邊框樣式

利用 **border-style 屬性**可設定邊框線條的樣式。如果只設定一種樣式，其他各邊就會套用相同的樣式。假如想在每邊設定不同樣式，同樣可以用**半形空格**分隔，並依**上、右、下、左**（順時針）的順序設定。

主要的設定方式

設定方法	說明
none	不顯示線條（預設值）
solid	單實線（一條實線）
double	雙實線（二條實線）
dashed	虛線
dotted	點線
groove	立體凹線
ridge	立體凸線
inset	嵌入線（以內陰影模擬凹陷效果）
outset	浮出線（以外陰影模擬浮凸效果）

chapter3/c3-11-2/style.css

```
p {
    border-width: 1px;
    border-style: solid;
}

div {
    border-width: 4px;
    border-style: double dotted solid ridge;
}
```

設定邊框時，一定要同時設定「border-width」，否則就不會顯示邊框

設定成 1px 的實線

設定線條粗細為 4px，上是雙實線、右是點線、下是單實線、左是立體凸線

border-style: solid;

border-style: double;

border-style: dashed;

border-style: dotted;

border-style: groove;

border-style: ridge;

border-style: inset;

border-style: outset;

border-style: double dotted solid ridge;

單實線

上是雙實線、右是點線、下是單實線、左是立體凸線

呈現的結果會依設定的樣式而異

用「border-color」屬性設定邊框顏色

利用 **border-color 屬性**可設定邊框的顏色。若只設定一邊的顏色，其他各邊也會套用相同顏色。若要改變各邊的顏色，可用**半形空格**分隔，並按照上、右、下、左（順時針）的順序來設定。請注意要同時設定 **border-style 屬性**，才能看到邊框效果。

主要的設定方式

設定方法	說明
色碼	設定以井字號「#(hash)」開頭的 3 位數或 6 位數的色碼
RGB 值	以「**rgb**」為開頭，用逗號「**,**」分隔紅、綠、藍的值。若包含不透明度，則以「**rgba**」為開頭，用逗號「**,**」分隔紅、綠、藍、不透明度的值。不透明度的值介於 **0～1** 之間
顏色名稱	設定「**red**」、「**blue**」等既定的顏色名稱

用「border」屬性統一設定所有與邊框相關的屬性

chapter3/c3-11-3/style.css

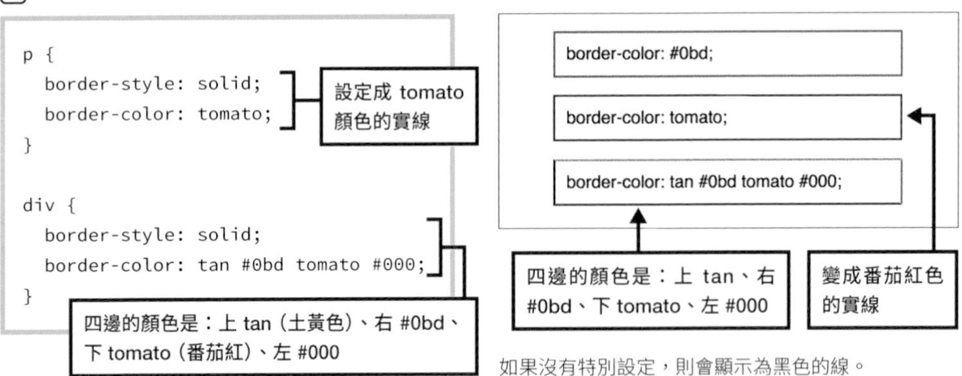

如果沒有特別設定，則會顯示為黑色的線。

若要同時設定邊框的「border-width」、「border-style」、「border-color」，是用**空格**分隔設定值。若只有設定「border」，會套用在每一邊。若要讓每一邊不同，則分別寫「**border-top**（上）」、「**border-bottom**（下）」、「**border-left**（左）」、「**border-right**（右）」。

chapter3/c3-11-4/style.css

```
p {
  border-bottom: 2px solid #0bd;
}

div {
  border: 5px dotted tomato;
}
```

border-bottom: 2px solid #0bd;

border: 5px dotted tomato;

實際製作時，經常用到的功能是在元素下面畫線，或統一設定各邊的情況。

活用線條設計來美化網頁

線條不只可以框住元素，如果能活用線條，還可以用來分隔內容。製作網頁時經常會用邊框線製作分隔線，使用比文字還淺的顏色，就不會干擾內容，版面顯得清爽整齊。

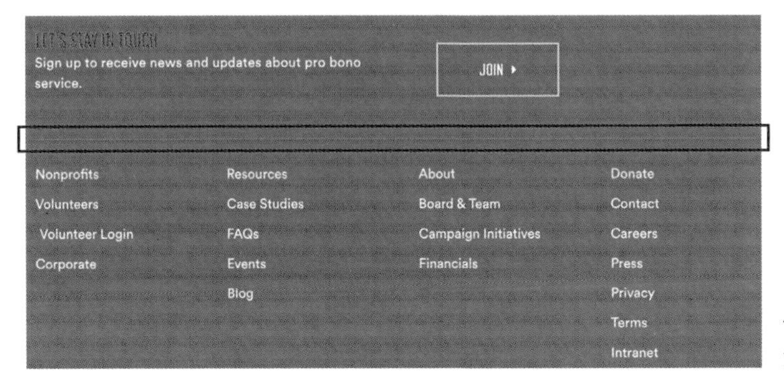

使用比白色文字更接近背景色的淺灰色來製作分隔線

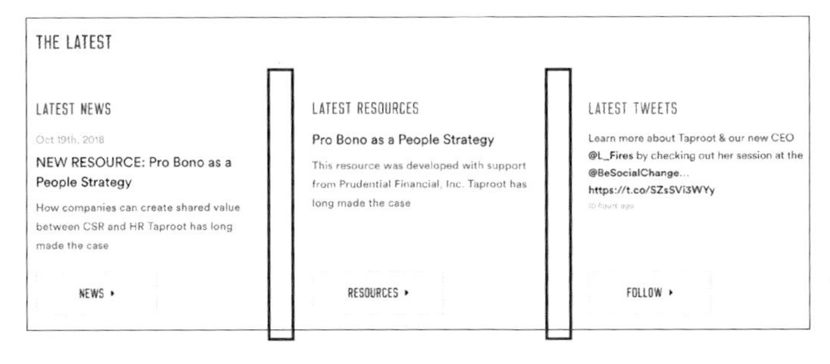

也可以根據版面的需求，在元素間加入垂直線條。

POST A VIRTUAL PROJECT ON TAPROOT+

Get the pro bono support you need, when you need it, through our on-demand online platform.

Get started today ▸

加入使用了主色的粗線條，可以成為設計的重點。

Taproot Foundation…https://taprootfoundation.org/

3-12 CHAPTER 美化項目清單

我們在 2-9 節學過如何建立項目清單，但清單前面的圖示或數字樣式選擇不多，其實可以透過 CSS 設定來美化項目清單的外觀。請配合設計風格來裝飾，讓每個項目變得更簡單明瞭。

用「list-style-type」屬性設定清單符號的種類

項目清單中，每一個項目前面都有個符號，稱為**清單符號**。在沒有任何設定的預設狀態下，條列式清單中的項目會顯示為**實心圓形** (disc)，編號清單項目則會顯示為**數字** (decimal)。

使用 **list-style-type 屬性**就能改變這些清單符號的外觀，包括各種設定值，設定方式如右表所示，請先仔細確認。

設定方法	說明
none	無清單符號
disc	實心圓形
circle	空心圓形
square	實心正方形
decimal	數字
decimal-leading-zero	0 開頭的數字
lower-roman	小寫羅馬數字
upper-roman	大寫羅馬數字
cjk-ideographic	漢字數字
hiragana	平假名
katakana	片假名
hiragana-iroha	平假名序號
katakana-iroha	片假名序號
lower-alpha、lower-latin	小寫英文字母
upper-alpha、upper-latin	大寫英文字母
lower-greek	小寫古典希臘字母
hebrew	希伯來數字
armenian	亞美尼亞數字
georgian	喬治亞數字

chapter3/c3-12-1/style.css

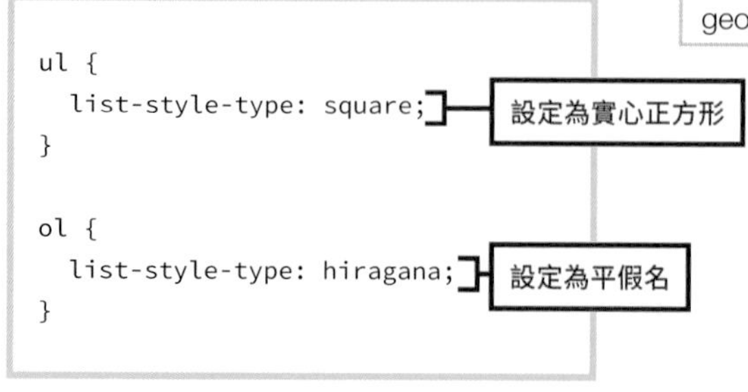

```
ul {
  list-style-type: square;
}

ol {
  list-style-type: hiragana;
}
```


※ 要在 <ul> 或 <ol> 標籤中設定 list-style-type 屬性。

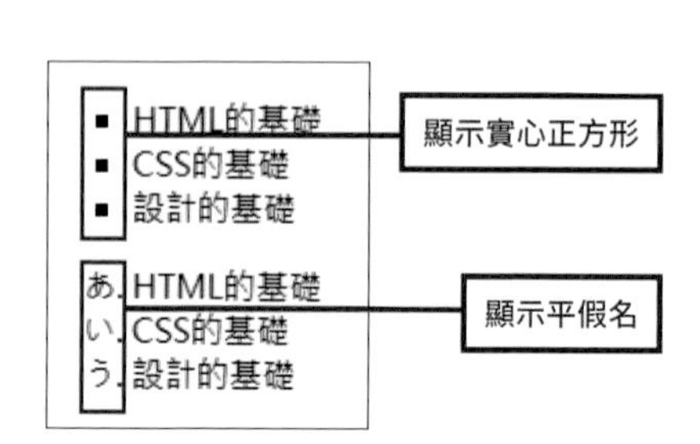

用「list-style-position」屬性設定清單符號的顯示位置

如果把項目清單元素當作一個方塊，可以用 **list-style-position 屬性**設定清單符號要顯示在方塊外側或內側。設定留白或對齊時，是否包含清單符號會影響其位置。

主要的設定方式

設定方法	說明
outside	顯示在方塊的外側
inside	顯示在方塊的內側

chapter3/c3-12-2/style.css

```
ul {
  list-style-position: outside;
}

ol {
  list-style-position: inside;
}
```

設定為外側

設定為內側

- HTML的基礎
- CSS的基礎
- 設計的基礎

1. HTML的基礎
2. CSS的基礎
3. 設計的基礎

如果替 <li> 標籤加上背景色，就能瞭解清單符號位置的差異，在對齊項目時就會影響對齊位置。

用「list-style-image」屬性將清單符號換成圖片

前面設定的 **list-style-type 屬性**只能顯示出幾種簡單的清單符號。假如想依設計風格調整圖示或顏色時，請利用 **list-style-image 屬性**，可以將清單符號換成自訂的圖片。這個屬性可指定一張圖片，基本上只有條列式清單才能更換圖示 (編號清單無法設定)。另外，如果使用太複雜的圖片，可能會干擾內容，使用時要特別注意。

主要的設定方式

設定方法	說明
url	影像檔案的影像 URL
none	不設定

chapter3/c3-12-3/style.css

```
ul {
  list-style-image: url(images/star.png);
}
```

★ HTML的基礎
★ CSS的基礎
★ 設計的基礎

用「list-style」屬性統一設定所有與清單符號有關的屬性

關於清單項目的屬性很多，我們其實可以用 **list-style 屬性**一次設定好，包括 **list-style-type 屬性**、**list-style-position 屬性**、**list-style-image 屬性**，使用**半形空格**分隔每個設定值即可。此外，假如有同時設定 list-style-type 屬性與 list-style-image 屬性時，顯示時會以 list-style-image 屬性設定的影像為優先。

範例

```
ul {
  list-style: square url(images/star.png) outside;
}
```

顯示時會以 list-style-image 設定的影像為優先

活用清單符號的設計

如果要在長篇內文中搭配使用條列式清單或編號清單，建議使用簡潔風的設計，避免干擾內容。如果是步驟說明等需要突顯清單的狀況，會比較適合特殊設計的清單符號。

Body

– Lose 30 lbs. (lofty, I know)
– Branch out and run different paths two times a week
– Train for and run in a 5K

這是部落格內的條列式清單。網站內容以文章為主，建議要不著痕跡地裝飾，發揮創意來調整項目的顏色與形狀。

Matt Downey…https://mattdowney.co/

留学までの流れ

1 留学に関するカウンセリング（無料）

留学に関するご要望をカウンセリングさせて頂き、海外生活における基礎的な知識と必要事項等を共有させて頂きます。

2 渡航プランのご提案（無料）

業種、ポートフォリオの有無、予算、語学力等の面から渡航に必要な物は大きく異なります。専門学校入学の必要性や、就労期間の確保、語学力の習得方法など、様々な面から渡航後のプランをご提案。

用項目說明步驟時，建議放大數字，變成像是圓圈數字般的設計，比較容易辨識。

Frog…https://frogagent.com/

3-13 CHAPTER 設定「類別(class)」與「ID」

目前為止你已經認識許多常用的 HTML 標籤和 CSS 樣式，接著來學習進階的設定技巧，例如想同時改變多個標籤的樣式時，該怎麼寫？此時就需要活用「類別(class)」與「ID(id)」。

類別與 ID 是什麼？

類別(class)與 **ID(id)** 都是可套用到標籤上的屬性。設定 **ID** 就像幫標籤取一個「專屬的名字」，只能用一次；而**類別(class)**就像是幫標籤貼上一個「分類」，可以重複使用。之後只要修改 ID 或類別的 CSS，有套用過的標籤都會同步修改，非常方便。

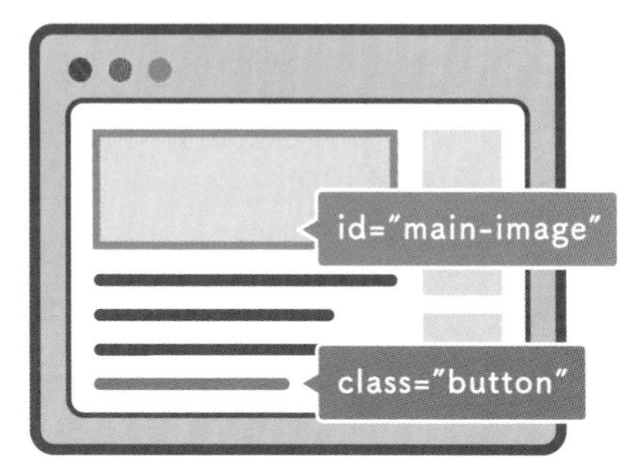

替主視覺套用 ID「main-image」，並替所有按鈕指定「button」類別。設定後，修改 ID 的設定就可以變更主視覺；若修改「button」的樣式就可以變更所有套用「button」類別的按鈕。

設定類別的寫法

首先練習設定**類別(class)**，請注意在 HTML 和 CSS 兩邊都要設定。第一步是在 HTML 檔案內的標籤中撰寫「class = " 類別名稱 "」，類別名稱可以自訂。接著請在 CSS 檔案中描述類別的內容，寫法是句點「 . 」+「類別名稱」，並加上大括號，在大括號內寫出要套用的樣式。請注意，寫在 HTML 檔案裡的 class 不需要加上句點「 . 」。

寫法範例

例如想把網頁裡所有 <p> 標籤的文字顏色都變成灰色，但「其中一部分的文字要變成藍色」時，就可以建立一個「.blue」類別，套用在想改成藍色的文字。

chapter3/c3-13-1/index.html

```
<p> 沒有設定類別時，文字顯示成灰色 </p>
<p class="blue"> 設定了類別的部分會把文字顯示成藍色 </p>
```

在 <p> 標籤套用 blue 類別，名稱是自訂的

chapter3/c3-13-1/style.css

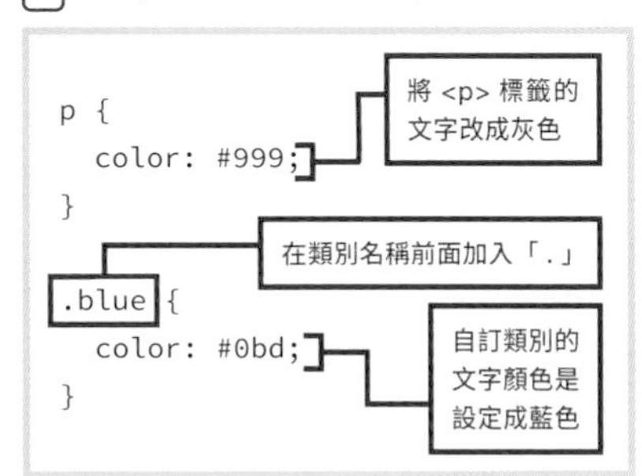

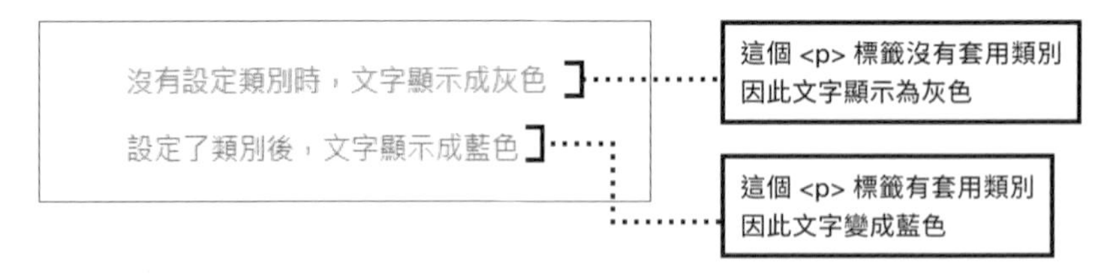

設定 ID 的寫法

ID 的用法與類別相同。第一步是在 HTML 檔案的標籤內撰寫「id = "id 名稱 "」，名稱可自訂。接著在 CSS 檔案中描述 ID 的內容，寫法是井字號「#(hash)」+「ID 名稱」，並加上大括號，在大括號內寫出要套用的樣式。請注意，HTML 檔案裡的 ID 屬性不需要加上「#」。此外，在同一個網頁內無法使用相同的 ID 名稱，可參考 p.150 的說明。

寫法範例

下面的範例中，也要試著把 <p> 標籤文字變成灰色，並且更改部分文字的顏色。這次要建立的 ID 叫做「#orange」，請在 CSS 中設定該 ID 的內容，要把文字變成橘色。

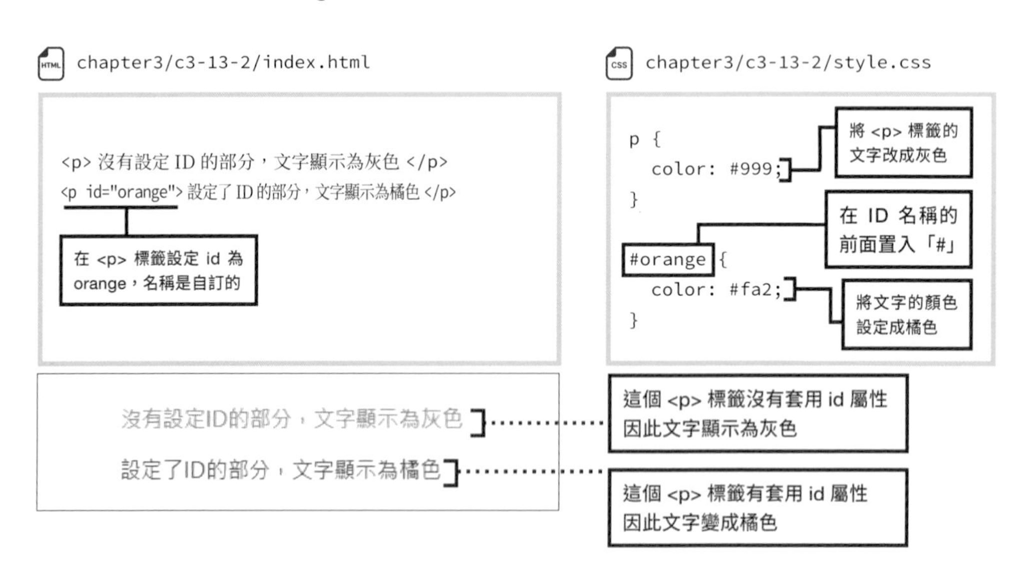

以組合方式設定「標籤名稱與類別」或「標籤名稱與 ID」

設定了「**. 類別名稱**」或「**#ID 名稱**」時，不論使用哪種標籤，有設定這個類別或 ID 的部分全部都會套用該設計。不過在 CSS 中還有一種組合式的寫法，是在標籤名稱後緊接著寫出類別名稱或 ID 名稱，如「標籤名稱 . 類別名稱」或「標籤名稱 #ID 名稱」，這樣就只會套用在含有該類別或 ID 的特定標籤。

寫法範例

以下的範例中，先把 <h1> 標籤與 <p> 標籤都套用「blue」類別，則兩者都會變色。

chapter3/c3-13-3/index.html

```
<h1  class="blue"> 加上 .blue 的 h1 標籤 </h1>
<p class="blue"> 加上 .blue 的 p 標籤 </p>
```

chapter3/c3-13-3/style.css

```
.blue {
  color: #0bd;
}
```

加上 .blue 的 h1 標籤

加上 .blue 的 p 標籤

接下來試著同時設定「標籤名稱 + 類別」。HTML 不用改，請在 CSS 檔案中把設定「.blue」的部分改成「p.blue」。

chapter3/c3-13-4/style.css

```
p.blue {
  color: #0bd;
}
```

只設定 <p> 標籤的類別名稱

加上 .blue 的 h1 標籤

加上 .blue 的 p 標籤

<h1> 和 <p> 都套用了「blue」類別，但只有 <p> 標籤中有依類別變色

類別名稱與 ID 名稱的命名規則

前面提到類別名稱與 ID 名稱都是可以自訂的，但是有幾個命名規則要遵守。請注意，如果沒有遵守這些規則來命名，就會無法套用 CSS 的效果。

- 不可以包含空格 (space)
- 可以使用英數字與連字號「-」、底線「_」描述
- 第一個字一定是英文字母

※ 嚴格來說，即使有支援中文的類別名稱或 ID 名稱，在某些瀏覽器上也可能出現錯誤，因此建議統一使用英數字。

替一個標籤加上多個 ID 或類別

有時也會針對同一個標籤加上多個類別或 ID。此時，請在描述類別名稱或 ID 名稱的雙引號「"」內，使用**半形空格**隔開。

寫法範例

右上圖的範例是在 <p> 標籤裡面描述了「blue」、「text-center」、「small」等 3 個類別，全部寫在雙引號「"」內。

```
<p class="blue text-center small">用半形空格隔開</p>
```

此外，也可以把 ID 與 類別描述在同一個標籤內。如右下圖是在 <div> 標籤內同時描述 ID「main」與類別「center」。

```
<div id="main" class="center">同時描述 ID 與類別</div>
```

設定類別與設定 ID 的差異

看了前面的範例，你可能會認為類別與 ID 似乎一樣，其實兩者有一個非常大的差別，一定要弄清楚它們的差異。

在同一個 HTML 檔案內可以使用的次數不同

第一個差異，是在同一個 HTML 檔案內可使用的次數不同。ID 名稱在同一個網頁內只能使用一次，不能重複使用。因此 ID 建議用在「不論哪一個網頁都不會改變的部分」，例如組成版面結構的區塊等。而類別就沒有限制，可在同一個網頁內重複使用。因此，如果是要在網頁內多次使用的樣式，例如按鈕樣式、小標題樣式，建議使用類別。

舉例來說，假如描述了 <h1 id="heading">，之後在同一個 HTML 檔案裡都無法再使用「heading」這個 ID 了。假如改用類別，寫成 <h1 class="heading">，就能反覆使用「heading」類別，可以再讓其他標籤套用，例如再寫 <h2 class="heading"> 或是 <p class="heading"> 都沒問題。

```
<h1 id="heading">類別與 ID 的差異</h1>
<h2 id="heading">在相同 HTML 檔案內可以使用的次數不同。</h2>
```

在網頁內，ID 只能使用一次。

```
<h1 class="heading">類別與 ID 的差異</h1>
<h2 class="heading">在相同 HTML 檔案內可以使用的次數不同。</h2>
```

在網頁內，類別可以重複使用多次。

CSS 的優先順序不同

另一個差異是 CSS 的優先順序。假設在同一個標籤內，同時使用了類別與 ID 設定不同顏色。在執行時會以 ID 設定的樣式為優先。

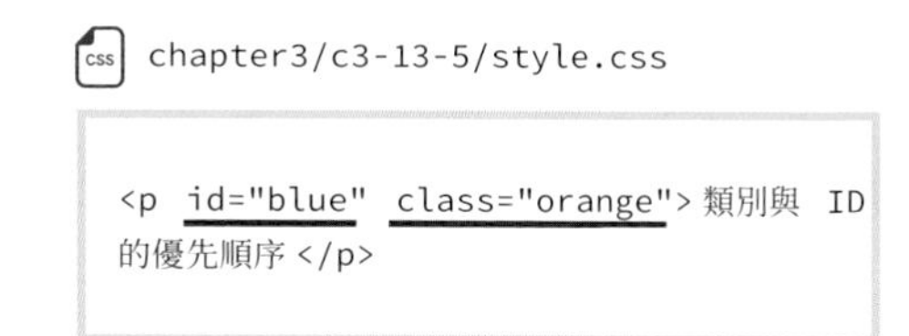

寫法範例

試著在 <p> 標籤上同時套用「#blue」這個 ID 與「.orange」這個類別。

接著在 CSS 中分別將 ID 與類別設定不同顏色，則文字會變成什麼顏色呢？由於是以 ID 為優先，所以文字會顯示成「#blue」這個 ID 所設定的藍色。

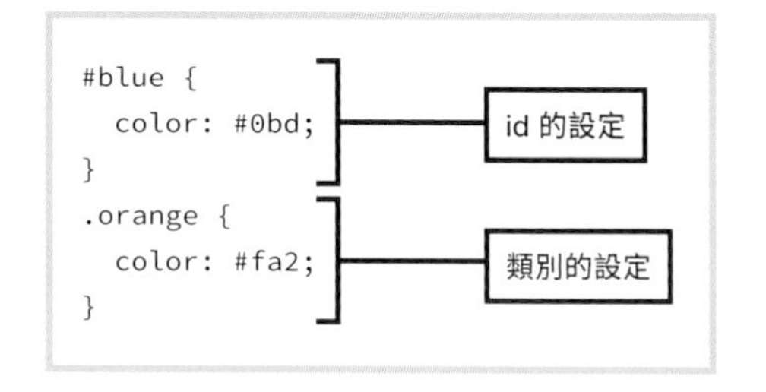

類別與 ID 的優先順序

COLUMN

—

使用 ID 可以在網頁內建立連結

ID 屬性還有一個功能，就是能在同一個網頁內建立連結。例如可以在 HTML 網頁中使用建立連結的 <a> 標籤，設定前往「#contents」的連結。之後在瀏覽網頁時，只要按下有設定連結的地方，就可以跳至網頁內含「contens」ID 屬性的元素。

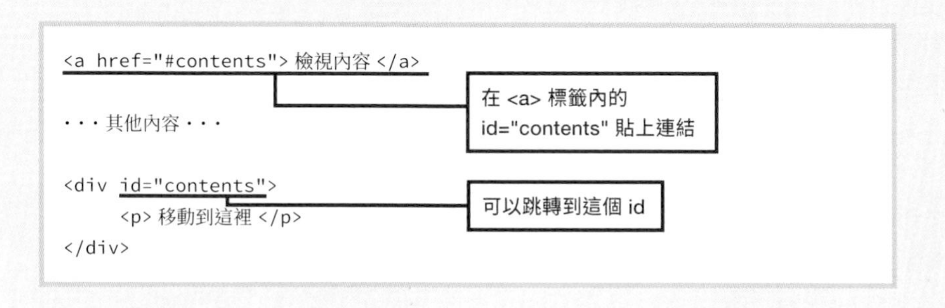

3-14 CHAPTER 活用 CSS 編排各種 Layout

這一節我們要開始試著用 CSS 動手編排網頁的版面（Layout）。排版時善用屬性，就能輕鬆編排出常見的「彈性版面」（Flexible Layout）或「格線式版面」（Grid Layout），請大家一定要試試看。

用 Flexbox 屬性將元素水平排列

Flexbox 是 CSS3 獨特的彈性排版屬性，全名是「Flexible Box Layout Module」，能輕鬆組合出複雜的「彈性版面」（Flexible Layout）。以前比較流行用 float 屬性排版，在 CSS3 之後排版的主流就是 Flexbox 屬性，建議初學者一定要學會。

Flexbox 的基本寫法

首先要掌握 Flexbox 排版的原則，就是在 HTML 中要建立稱為「**Flex Container**」的父元素，並在父元素中插入稱為「**Flex Item**」的子元素。

下面就實際來撰寫，請先在 HTML 中建立一個 <div> 標籤，將它套用「**container**」類別，當作父元素；接著在父元素的 <div> 標籤內再插入幾個 <div> 標籤，套用「**item**」類別，當作子元素。

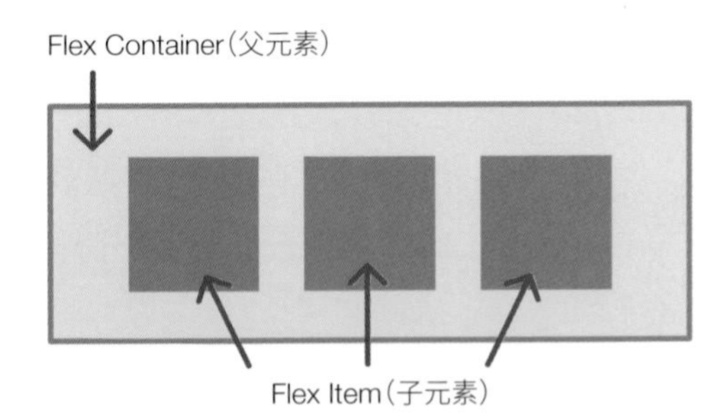

chapter3/c3-14-1/index.html

```
<div class="container">
  <div class="item">Item 1</div>
  <div class="item">Item 2</div>
  <div class="item">Item 3</div>
  <div class="item">Item 4</div>
</div>
```

本例包含一個父元素 div 標籤和四個子元素 div 標籤。

chapter3/c3-14-1/style.css

```
.item {
  background: #0bd;
  color: #fff;
  margin: 10px;
  padding: 10px;
}
```

在此先建立子元素要套用的類別「.item」
※ 為了方便辨識，替「.item」設定藍色背景與留白。

用瀏覽器開啟 index.html，會發現四個套用「.item」類別的子元素會如圖從上到下垂直排列。

接著只要做一點小修改，就可以把這些方塊變成水平排列了。HTML 不用更改，請在 CSS 檔案中建立父元素要套用的「.container」類別，並加上「**display: flex;**」。

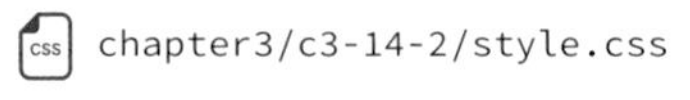

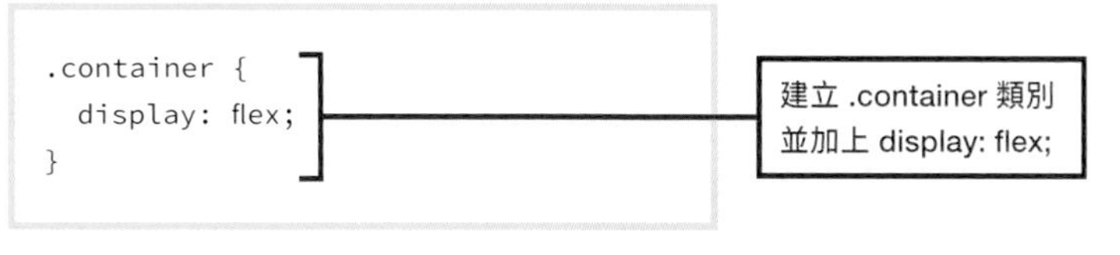


```
.container {
  display: flex;
}
```

Item 1 Item 2 Item 3 Item 4

修改後，套用「.item」的子元素也會受到父元素的「display: flex 」屬性影響，變成水平排列。

在父元素中描述「**display: flex;**」之後，子元素就會自動並排，接下來若在父元素中增加屬性，就可以控制子元素的排列方法，包括改變順序、改變方向、換行等。以下將分別示範，請注意大部分都是修改父元素（「**container**」類別）的描述內容。

用「flex-direction」屬性設定子元素的排列方向

利用 **flex-direction 屬性**可以設定子元素要往哪個方向排列，水平或垂直都可以。

flex-direction 屬性可以使用的值

值	說明
row（預設值）	由左往右排列子元素
row-reverse	由右往左排列子元素
column	由上往下排列子元素
column-reverse	由下往上排列子元素

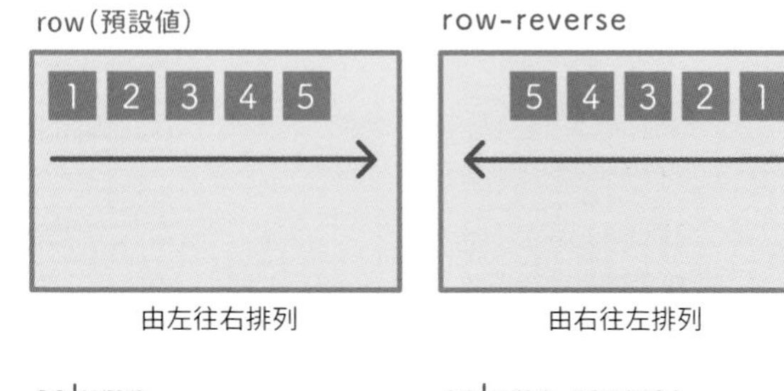

由左往右排列

由右往左排列

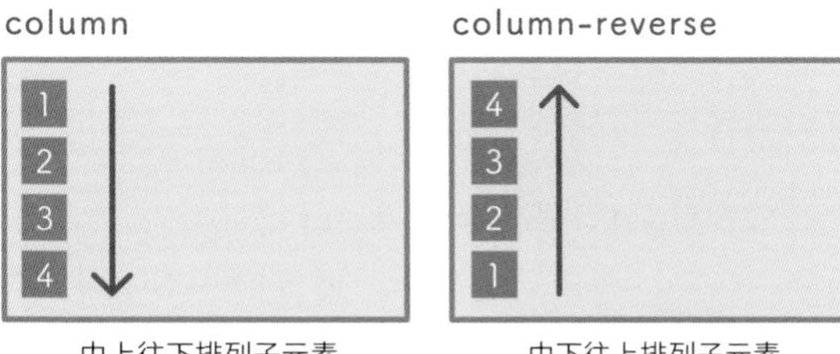

由上往下排列子元素

由下往上排列子元素

chapter3/c3-14-3/index.html

```
<div class="container">
  <div class="item">Item 1</div>
  <div class="item">Item 2</div>
  <div class="item">Item 3</div>
  <div class="item">Item 4</div>
</div>
```

chapter3/c3-14-3/style.css

```
.container {
  display: flex;
  flex-direction: row-reverse;
}
.item {
  background: #0bd;
  color: #fff;
  margin: 10px;
  padding: 10px;
}
```

row-reverse 的設定

Item 4 Item 3 Item 2 Item 1

套用了「row-reverse」的子元素，會從視窗右側開始，由右往左水平排列。

用「flex-wrap」屬性將子元素換行

使用 **flex-wrap 屬性**可以設定讓子元素排成一行或多行。排成多行的狀況，是當子元素超過父元素的寬度時，會自動換行變成多行。

flex-wrap 屬性可設定的值

值	說明
nowrap（預設值）	子元素不換行，排列成一行
wrap	子元素自動換行，由上往下排列
wrap-reverse	子元素自動換行，由下往上排列

nowrap（預設值）

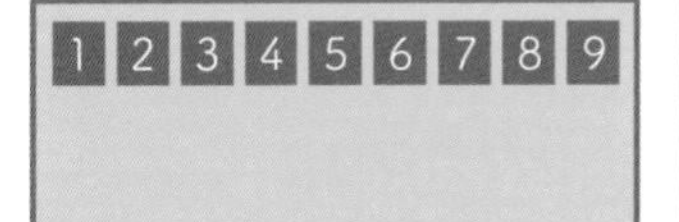

排成一行且不會換行

wrap

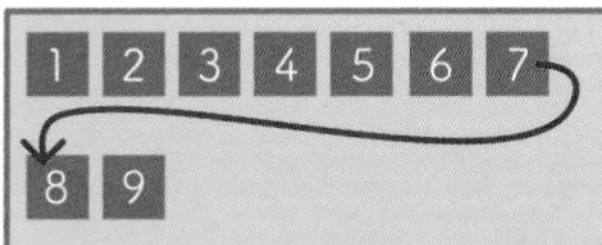

由上往下排列並且會自動換行

wrap-reverse

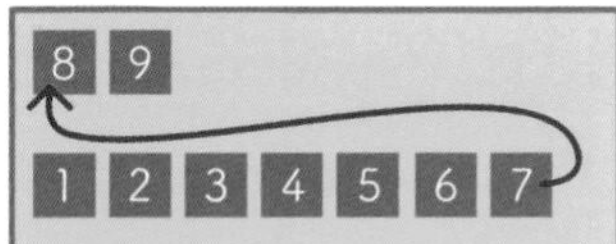

由下往上排列並且會自動換行

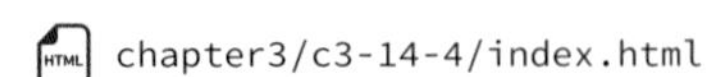
chapter3/c3-14-4/index.html

```
<div class="container">
  <div class="item">Item 1</div>
  <div class="item">Item 2</div>
  <div class="item">Item 3</div>
  <div class="item">Item 4</div>
  <div class="item">Item 5</div>
  <div class="item">Item 6</div>
  <div class="item">Item 7</div>
  <div class="item">Item 8</div>
</div>
```

chapter3/c3-14-4/style.css

```
.container {
  display: flex;
  flex-wrap: wrap;
}
.item {
  background: #0bd;
  color: #fff;
  margin: 10px;
  padding: 10px;
}
```

wrap 的設定

套用「wrap」的設定後，會在排列到父元素的邊緣時，自動排到下一行。

用「justify-content」屬性設定水平對齊方式

目前子元素都是採用預設的對齊方式，如果父元素有足夠空間，可利用 **justify-content 屬性**設定水平對齊方式，自行決定要如何對齊。

justify-content 屬性可以使用的值

值	說明
flex-start（預設值）	靠左對齊：從行頭開始排列
flex-end	靠右對齊：從行尾開始排列
center	置中對齊
space-between	左右對齊：把最初與最後的元素放在左右兩端，再以均等間隔排列元素
space-around	分散對齊：讓所有子元素（包含最初與最後的元素）都以均等的間隔排列

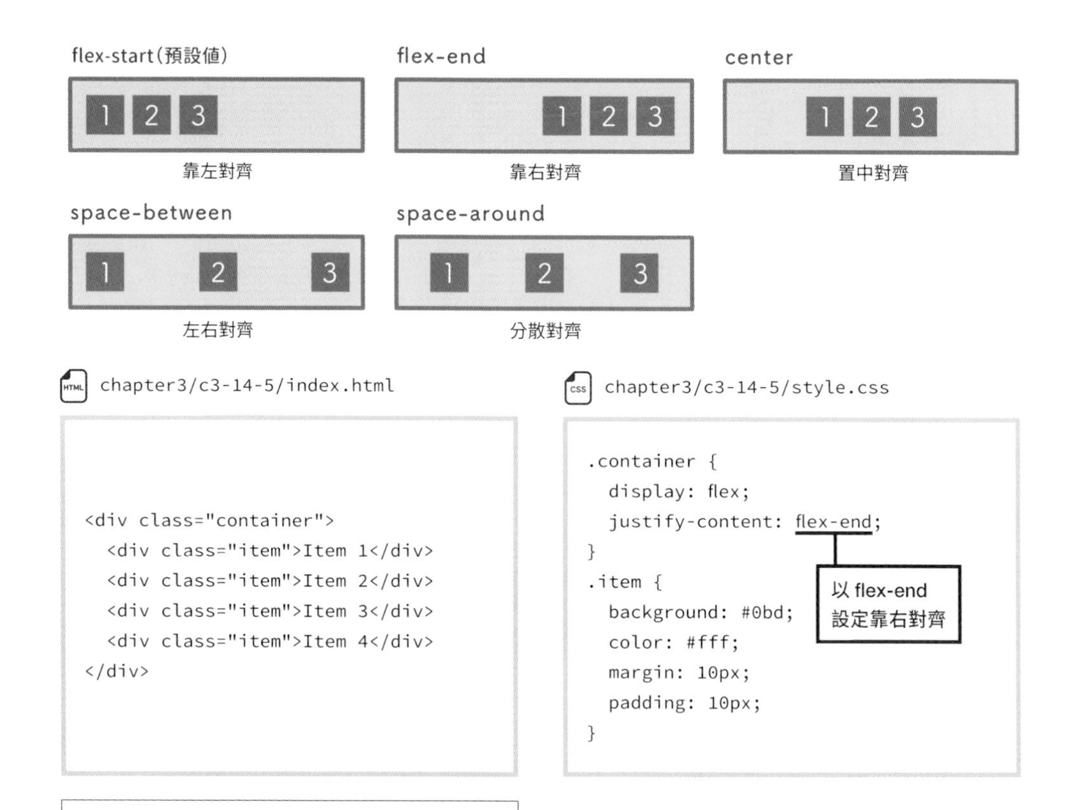


```html
<div class="container">
  <div class="item">Item 1</div>
  <div class="item">Item 2</div>
  <div class="item">Item 3</div>
  <div class="item">Item 4</div>
</div>
```

```css
.container {
  display: flex;
  justify-content: flex-end;
}
.item {
  background: #0bd;
  color: #fff;
  margin: 10px;
  padding: 10px;
}
```

子元素會對齊畫面的右邊。

用「align-items」屬性設定垂直對齊方式

同樣地，也可以使用 **align-items 屬性**，設定垂直方向的對齊方式。結果如下圖，元素仍會水平排列，但會改變垂直位置。

align-items 屬性可以使用的值

值	說明
stretch（預設值）	延伸：會根據父元素高度或內容最多的子元素高度，將所有元素往垂直方向填滿
flex-start	靠上對齊：從父元素的起始位置開始排列
flex-end	靠下對齊：從父元素的終點開始排列
center	置中對齊：對齊垂直置中的位置
baseline	基線對齊：對齊內容的基線

stretch(預設值)

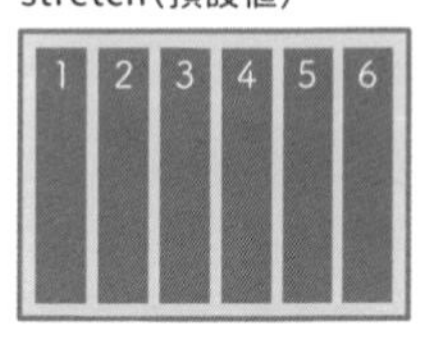

flex-start

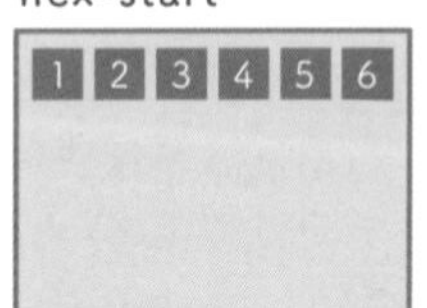

flex-end

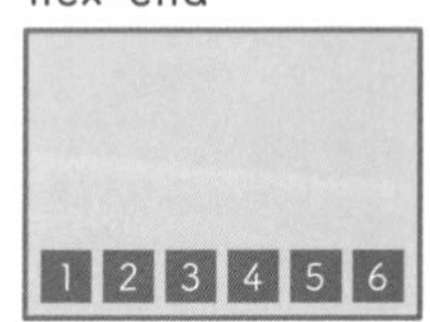

center

baseline

chapter3/c3-14-6/index.html

```html
<div class="container">
  <div class="item">Item 1</div>
  <div class="item">Item 2</div>
  <div class="item">Item 3</div>
  <div class="item">Item 4</div>
</div>
```

chapter3/c3-14-6/style.css

```css
.container {
  display: flex;
  align-items: center;
  height: 100vh;
}
.item {
  background: #0bd;
  color: #fff;
  margin: 10px;
  padding: 10px;
}
```

center 的設定

高度設定為100vh

※vh 是以 Viewport(瀏覽器顯示區域)的高度為基準的單位。100vh 表示顯示區域的 100%。相關說明可參考 p.132。

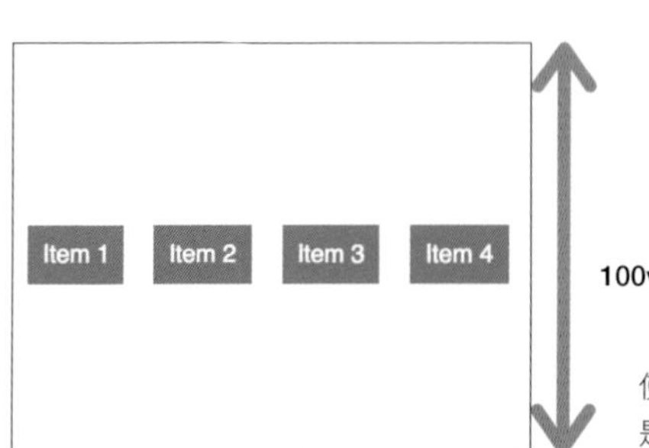

100vh

使用「height」設定高度，高度設定為「100vh」，因此是在整個顯示區域的垂直中央位置排列元素。

用「align-content 屬性設定多行對齊

當子元素橫跨多行時，可使用 **align-content 屬性**設定垂直方向的對齊方式。不過要注意，當父元素設定「flex-wrap: nowrap;」屬性（不換行）時，子元素會變成一行，則 align-content 的設定就會無效。

align-content 屬性可以使用的值

值	說明
stretch（預設值）	延伸：會根據父元素的高度延伸填滿
flex-start	靠上對齊：從父元素的起始位置開始排列
flex-end	靠下對齊：從父元素的終點開始排列
center	置中對齊：對齊垂直置中的位置
space-between	上下對齊：把最初與最後的元素放在上下兩端，並依均等的間隔排列其他元素
space-around	分散對齊：所有的子元素都等距排列

stretch（預設值）

flex-start

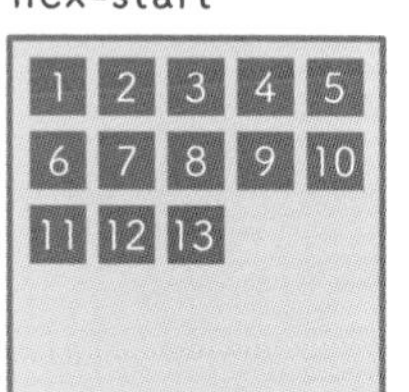

flex-end

center

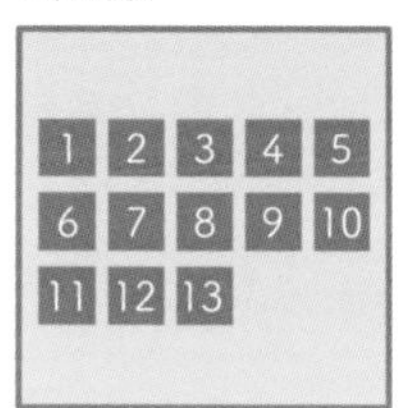

space-between

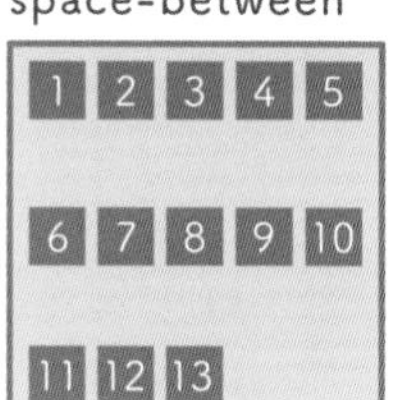

space-around

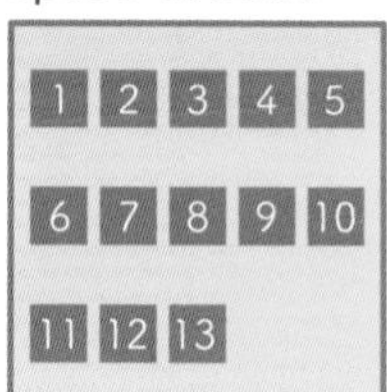

chapter3/c3-14-7/index.html

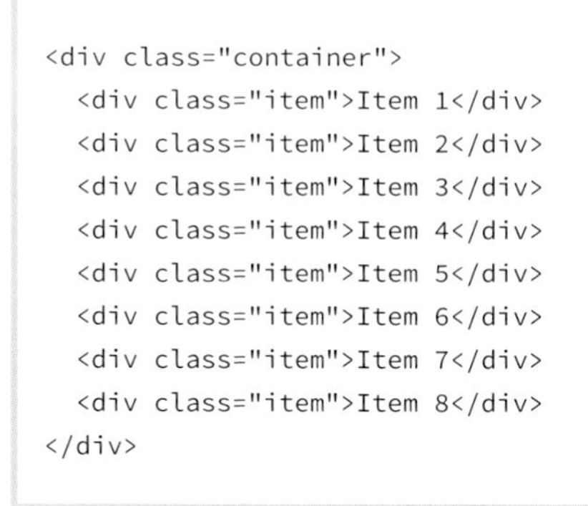

```html
<div class="container">
  <div class="item">Item 1</div>
  <div class="item">Item 2</div>
  <div class="item">Item 3</div>
  <div class="item">Item 4</div>
  <div class="item">Item 5</div>
  <div class="item">Item 6</div>
  <div class="item">Item 7</div>
  <div class="item">Item 8</div>
</div>
```

chapter3/c3-14-7/style.css

```css
.container {
  display: flex;
  flex-wrap: wrap;
  align-content: space-between;
  height: 300px;
}
.item {
  background: #0bd;
  color: #fff;
  margin: 10px;
  padding: 10px;
}
```

父元素的設定為 wrap（自動換行）、space-between（上下對齊）、高度為 300px

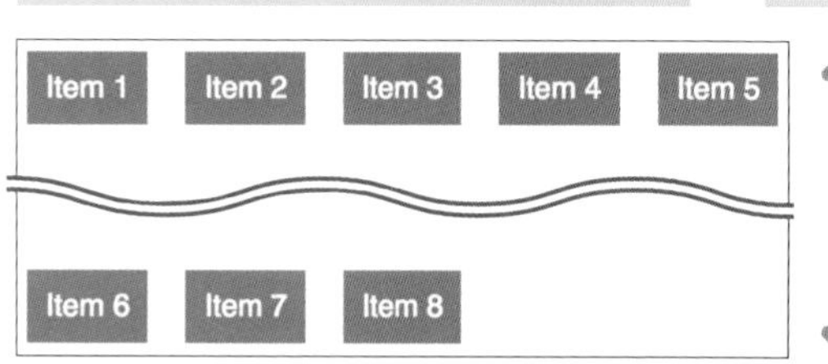

高度 300px

利用「flex-wrap: wrap;」屬性讓方塊自動換行、上下對齊

用 CSS 格線（CSS Grid）屬性設計磚牆式版面

所謂的**磚牆式版面**，顧名思義就是好像在牆上貼磁磚一樣，將元素設定成同樣大小的方塊、等距排列，這個功能可以用「**CSS Grid（CSS 格線）**※」這個屬性來製作。

活用 CSS 格線的排版方式

使用 CSS 格線時，和 flexbox 一樣，需要有父元素和子元素。要使用稱為「**格線容器（Grid Container）**」的父元素包夾整體，然後在父元素中置入要水平排列的「**格線項目（子元素）**」。格線項目之間的空隙，則稱為「**格線間距（Grid Gap）**」。

以下舉個例子，是利用 CSS 格線，把 6 個方塊排成 3 欄 2 行的磚牆式版面。

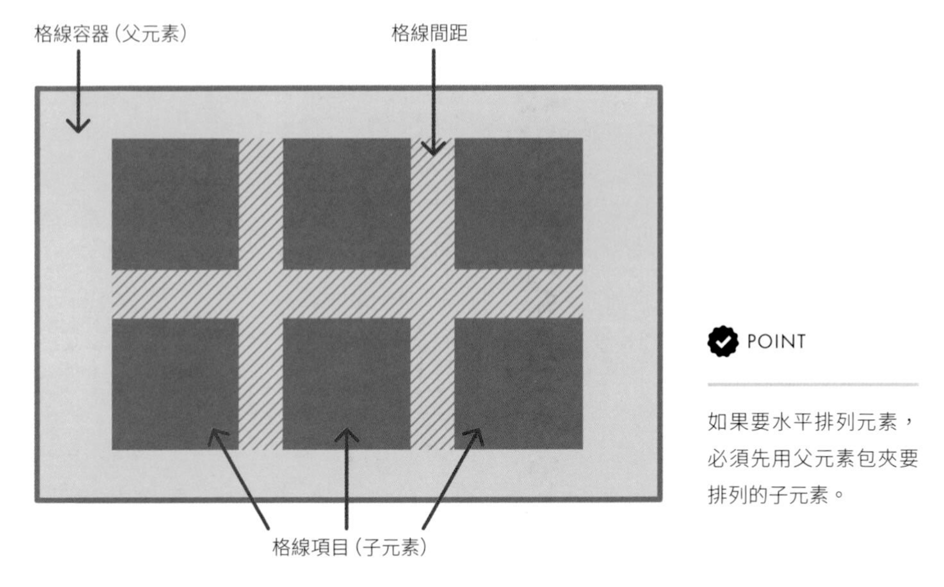

POINT

如果要水平排列元素，必須先用父元素包夾要排列的子元素。

CSS 格線的寫法

下面就實際來撰寫，方法和 Flexbox 的範例很類似，請先在 HTML 中建立一個 <div> 標籤，將它套用「container」類別，當作父元素；接著在父元素的 <div> 標籤內再插入六個 <div> 標籤，套用「item」類別，當作子元素。

接著請在 CSS 檔案中建立父元素要套用的格線容器「.container」，並且加上一行「**display: grid;**」屬性，接著就可以編排 CSS 格線版面。接著再建立子元素的「.item」類別，在此為了方便辨識，也將子元素加上藍色背景色。

※ 支援「CSS 格線」的瀏覽器有 Chrome、Safari、Firefox、Edge 等。如果使用 Internet Explorer，必須單獨描述。

chapter3/c3-14-8/index.html

```html
<div class="container">
  <div class="item">Item 1</div>
  <div class="item">Item 2</div>
  <div class="item">Item 3</div>
  <div class="item">Item 4</div>
  <div class="item">Item 5</div>
  <div class="item">Item 6</div>
</div>
```

chapter3/c3-14-8/style.css

```css
.container {
  display: grid;
}
.item {
  background: #0bd;
  color: #fff;
  padding: 10px;
}
```

在 .container 類別之中加入 display: grid;

Item 1
Item 2
Item 3
Item 4
Item 5
Item 6

目前只會垂直排列格線項目。

用「grid-template-columns」屬性設定格線項目（子元素）的寬度

目前子元素是呈現垂直上下排列的狀態，接下來要透過幾個屬性，調整成等距排列的方塊。首先要用 **grid-template-columns 屬性**設定每個格線項目的寬度，這樣就會變成水平排列。如果想要指定「在同一行內需要多個格線項目」，就用半形空格隔開需要的格線項目數量，並指定每個項目的寬度。例如希望一行排列 3 個格線項目、每個項目的寬度為 200px 時，就設定為「200px 200px 200px」。

chapter3/c3-14-9/style.css

```css
.container {
  display: grid;
  grid-template-columns: 200px 200px 200px;
}
```

設定每個寬度為 200px、寫 3 次

Item 1	Item 2	Item 3
Item 4	Item 5	Item 6

格線項目會水平排列、三個一行。

用「gap」屬性設定格線項目(子元素)之間的空隙寬度

前面的範例有點難辨識範圍，我們可以在格線項目之間再插入空隙，方法是利用 **gap 屬性**設定空隙的寬度。指定的寬度只會套用在子元素彼此之間的空隙，所有子元素上下左右四邊仍會貼齊父元素格線容器的外框。

chapter3/c3-14-10/style.css

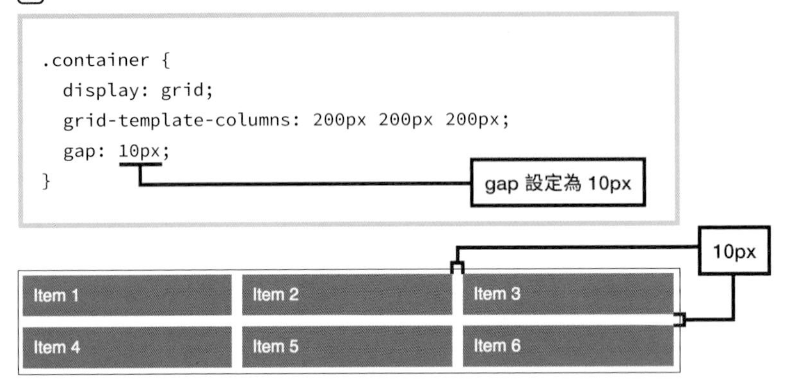

在格線項目之間加上了寬度為 10px 的空隙。

認識「fr」: CSS 格線可以使用的單位

在使用 CSS 格線時，可以使用一個特別的單位「**fr**」。「fr」是指「**fraction(比例)**」，意思是可以用比例來設定父元素對應子元素的大小。假如用「px」設定寬度時，寬度是固定的；使用「fr」來設定寬度就可以讓內容依畫面的寬度自動伸縮，非常方便。

用「px」設定時，寬度是固定的，如果畫面較寬，右邊會出現空白。

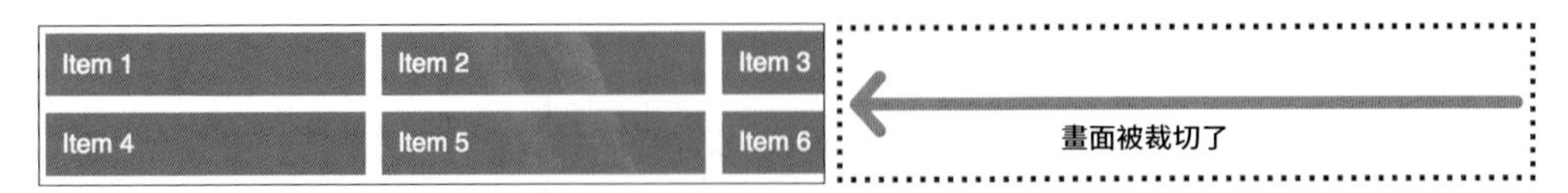

用「px」設定時，寬度是固定的，如果畫面較窄，右邊會被裁切。

我們重新用「fr」這個單位設定格線項目的寬度，也就是 **grid-template-columns 屬性**，只要設定成「1fr 1fr 1fr」，就能以 1:1:1 的比例來顯示格線項目。若要改變大小，就調整數值。

chapter3/c3-14-11/style.css

```
.container {
  display: grid;
  grid-template-columns: 1fr 1fr 1fr;
  gap: 10px;
}
```

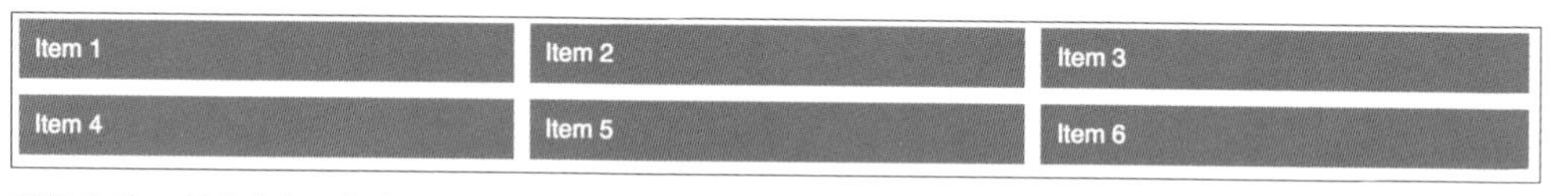

設定成「fr」就會依畫面的寬度自動縮放。畫面較寬時，格線項目也會擴大。

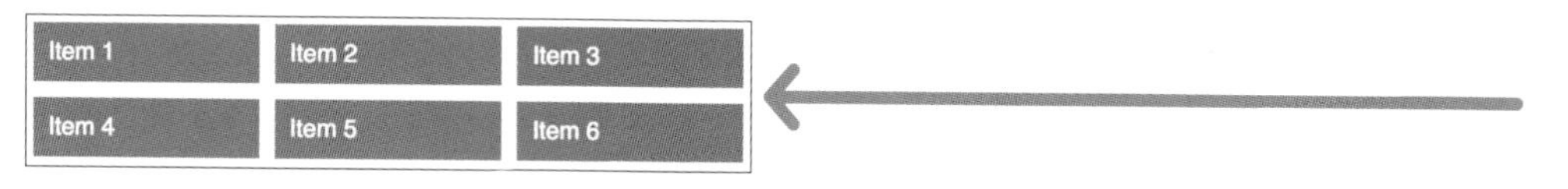

畫面寬度變窄時，寬度會自動縮小。

用「grid-template-rows」屬性設定格線項目(子元素)的高度

使用 **grid-template-rows 屬性**可以設定格線項目的高度。假如有多行，就用**半形空格**隔開，需要幾列就寫幾次。例如要排 2 列、高度皆為 200px 時，請描述為「200px 200px」(把 200px 寫 2 次)。設定完成後，就做出磚牆式版面了！

chapter3/c3-14-12/style.css

```
.container {
  display: grid;
  grid-template-columns: 1fr 1fr 1fr;
  gap: 10px;
  grid-template-rows: 200px 200px;
}
```

每一個元素的高度都要設定為 200px

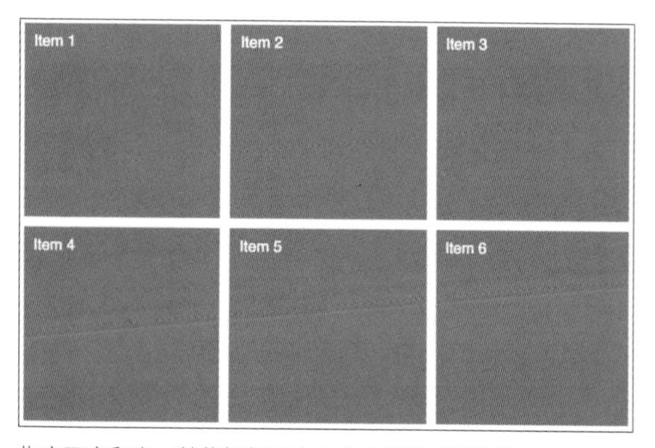

指定了寬和高，就能把相同大小的方塊排成磚牆狀。

如何提高版面的易讀性

網站的版面設計，會影響使用者對網站的印象，所以事前一定要仔細規劃，每個元素都應該要妥善地安排。排版時需要特別注意的，就是版面的易讀性，要了解使用者如何瀏覽，才能做出最容易讀的版面。下面就一起來思考，如何排版才能順利地傳達訊息。

瞭解人的視線如何移動

使用者瀏覽畫面時，視線流動的方式其實有一定的規則。如果能按照視覺動線來安排元素，就可以讓版面發揮更好的效果。

Z 字型

依照「左上→右上→左下→右下」的順序，以「Z」字形動線瀏覽的規則。

F 字型

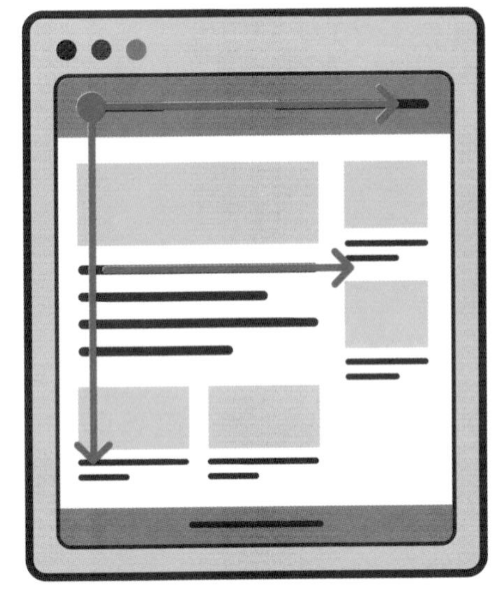

從左上方開始，往右瀏覽每個選單或標題，一邊移動視線一邊往下看，也就是依「F」字形動線瀏覽的規則。

據說，如果是使用者首次造訪的網站，或是圖片較多的網站，通常會以「Z 字形動線」來瀏覽整個畫面；而如果是使用者經常造訪的網站或是資料量較多的網站，則是常用「F 字形動線」來搜尋要看的目標。

決定資料的優先順序

利用「Z 字形動線」及「F 字形動線」掌握使用者的視線流動後，請先思考這個網頁最想強調的部分，然後再開始排版。如果想要傳達的內容太多，或是排版太過雜亂，會無法傳達重點，容易導致使用者跳離。

思考排版順序

根據前面的視覺動線，大部分使用者都是從畫面的左上方開始瀏覽網頁的，因此左上方就是最重要的位置，建議要放置最重要的資訊，或是最希望使用者馬上注意到的元素。

至於優先順序較低的元素，只要放在網頁的下方或右側即可。

建議使用 Flexbox 或 CSS 格線排版，就能組合出如右圖這樣整齊又富有彈性（可自動調整）的版面。

評估每個元素所佔的面積

如果是最重要的資訊，只要放大面積就能提高注目度。例如在首頁置入較大的主視覺影像。

反之，如果是不重要的資料，就縮小面積。這樣就能完成有強弱對比，容易閱讀的版面。

排版時，要思考優先順序，再安排元素。

■ 推薦依版面分類、值得參考的網站

版面會隨著網站的內容及目的而產生顯著的變化。在初學的階段，建議大家多找幾個妥善規劃的網站當作範本，試著研究該網站的版面最想傳達的是什麼。以下將介紹幾個可以當作參考的網站。

➡ 具備大型主視覺的參考網站

這個類型的網站，通常有明確想展現的元素，因此就把該元素放大顯示。只要在首頁置入大型主視覺影像，就能製作出具有震撼力、令人印象深刻的設計。

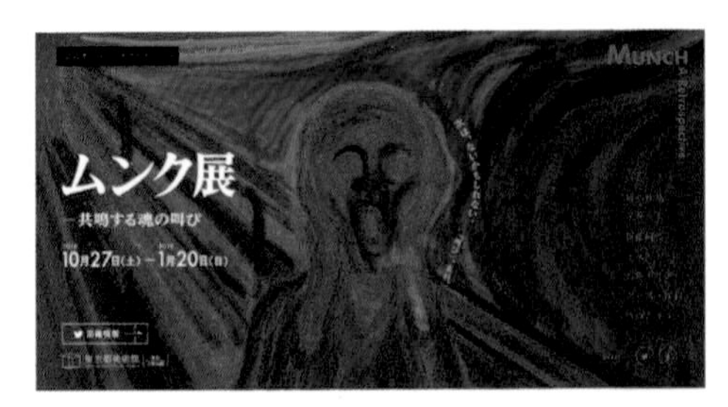

孟克展官方網站—吶喊…https://munch2018.jp/

American Prime Steakhouse…http://www.americanprime.com.br/

➡ 磚牆式版面的參考網站

如果有很多圖片，想要盡可能顯示在同一頁，就可以排列成磚牆式版面，同時陳列出多個方塊。這種版面可以將元素整齊排列，消除凌亂感，營造出井然有序的印象。

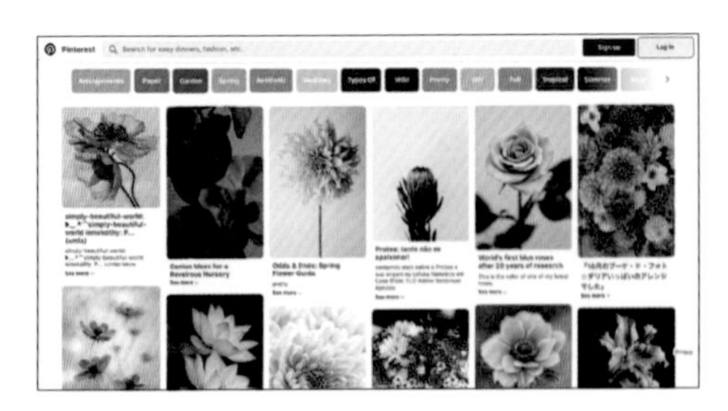

Pinterest…https://www.pinterest.com/

Fakultät Gestaltung Würzburg…https://fg.fhws.de/

左右分割版面的參考網站

如果將畫面從中間切成左右兩半，則不用捲動也能顯示多種資料。當你想要並排兩種一樣重要的元素，或想以相同分量排列影像與文字時，可以試著運用這種版面。

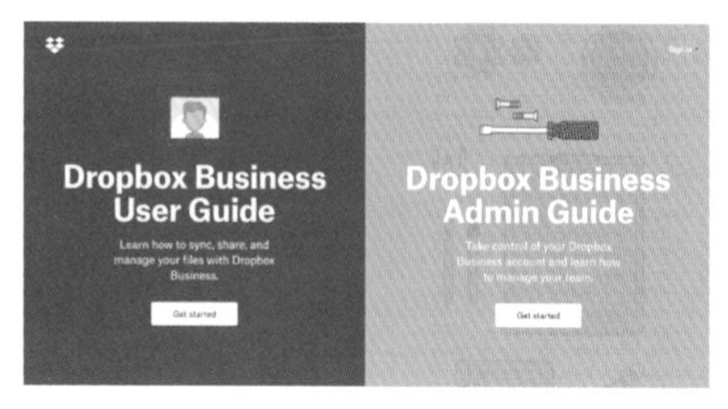

Dropbox…https://www.dropbox.com/guide/

Studio Meta…https://www.studiometa.fr/

傾斜版面的參考網站

只要傾斜其中一部分的元素，就能讓印象變得截然不同。希望表現活潑或躍動感時，可以運用這種版面。但是使用過度會讓資料變得難以閱讀，必須小心謹慎。

TryMore Inc…http://www.trymore-inc.jp/

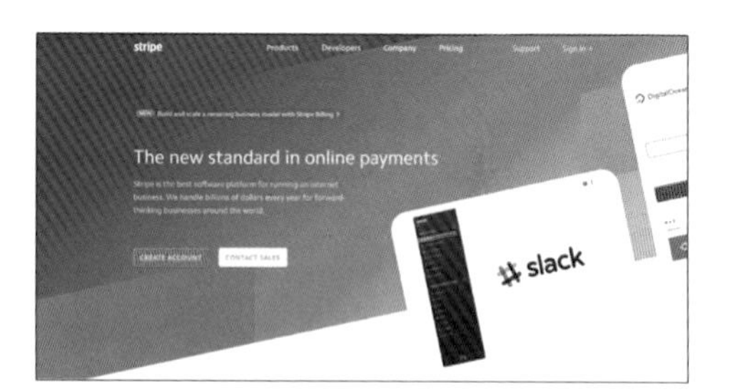

Stripe…https://stripe.com/

COLUMN

CSS Flexbox Cheat Sheet 的參考網站

本章我們只是初步介紹了 Flexbox，其實它還有其他各式各樣的活用方法。以下是作者自己在官網整理的資料，包括許多可以使用的屬性，供讀者當作參考。

Web Creator box ... https://www.webcreatorbox.com/tech/css-flexbox-cheat-sheet

COLUMN

—

使用「float 屬性」將元素並排（水平排列）

這一節我們介紹了用 Flexbox 及 CSS 格線排列元素的方法，這是 CSS3 之後最新的運用方式。過去在製作網頁時，是使用「**float 屬性**」來將元素設定成水平排列。float 的用法比較複雜，如果是架設新網站，建議使用 Flexbox 或 CSS 格線來編排即可，不過你也可能遇到需要更新舊網站等情況，建議也記住 float 的寫法。

範例：假設要將含有「.item」類別的 3 個方塊水平排列。

首先，同樣要在 HTML 建立父元素「**.container**」包夾要水平排列的元素。而在 CSS 中則是在子元素「**.item**」內設定寬度與「**float: left;**」屬性。

```
<div class="container">
  <div class="item">Item 1</div>
  <div class="item">Item 2</div>
  <div class="item">Item 3</div>
</div>
```

```
.item {
  background: #0bd;
  color: #fff;
  padding: 10px;
  width: 200px;
  margin: 10px;
  float: left;
}
```

這樣就會成功將 3 個方塊水平排列，不過這樣會與下面想置入的元素重疊。

若要妥善地再置入下面的元素，必須使用稱為「**clearfix**」的技術。寫法是在父元素的類別名稱後面加上「**::after**」，並增加「**clear: both;**」的描述才行。

```
.container::after {
  content: '';
  display: block;
  clear: both;
}
```

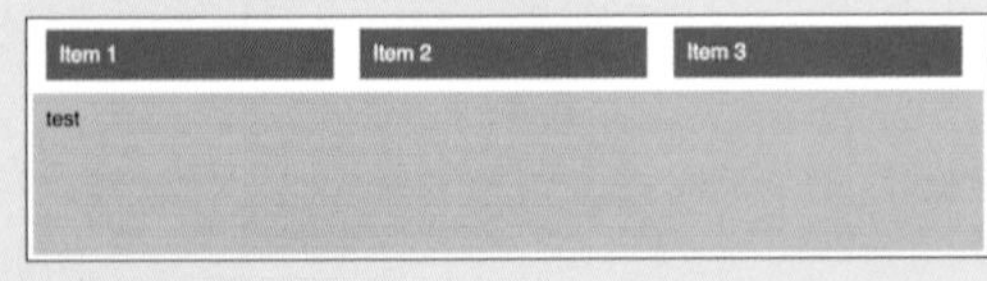

和下面的元素隔開了。

3-15 CHAPTER 重置網頁的 CSS 設定

你可能不知道，其實每種瀏覽器在預設狀態下，都有套用其獨家的 CSS，因此我們對 CSS 的設定，在不同的瀏覽器上瀏覽時，可能會有差異。為了方便製作，建議重置 CSS，還原成預設值。

為什麼要重置 CSS

每種瀏覽器都有其 CSS 預設值※，而且每一家的設定不盡相同。如果沒有特別設定，各元素的留白、字體、文字大小等設定，都會隨著瀏覽器而變化。雖然我們能自行製作 CSS 檔案，但通常會以「覆蓋 CSS 預設值」的方式套用在網頁上，導致有時候同一個網頁仍然會在各家瀏覽器上呈現不同的檢視結果。

因此建議大家在架設網站時要記得先重置 CSS。重置 CSS 就會消除瀏覽器原本套用的 CSS，就算用不同瀏覽器檢視，也能統一顯示的效果。

CSS 在每種瀏覽器上的檢視結果不同

下面就舉個例子，讓你看一下套用了 CSS 預設值的結果。比較左右兩張圖，會發現留白的空間、表單內的文字大小、表單欄位的大小都有微妙的差異。

聯絡我們

如果您有任何問題歡迎與我們聯絡。

姓名

例：陳筱玲

詢問內容

商品問題

您的意見或問題

使用 Chrome 瀏覽…多行文字輸入欄較小。

聯絡我們

如果您有任何問題歡迎與我們聯絡。

姓名

例：陳筱玲

詢問內容

商品問題

您的意見或問題

使用 Firefox 瀏覽…多行文字輸入欄較大。

※ 預設值：事先設定好的標準狀態。

CSS 重置檔案的載入方法

要重置 CSS 設定，可以自行撰寫一段重置 CSS 的描述，但是要編寫非常多的樣式，對初學者來說比較困難，因此我推薦大家使用由外部網站發布的 CSS 檔案（其他人寫好的 CSS 重置檔）。本書範例是使用這個「ress.css」，嚴格來說，這個檔案並非還原所有 CSS 的預設值，而是發揮預設值的樣式，盡量消除各家瀏覽器之間的差異。

ress.css...https://github.com/filipelinhares/ress
自行撰寫重製 CSS 檔案很麻煩，建議載入這個由外部網站發布的 CSS 檔案比較方便。

將 CSS 重置檔案載入 HTML

重置 CSS 的方法很簡單，只要在 HTML 檔案的「head」部分連結載入「ress.css」。你也可以自行下載這個檔案再載入網頁，我是建議直接載入它的連結「https://unpkg.com/ress/dist/ress.min.css」，就會套用「ress.css」這個檔案了。

chapter3/c3-15-1/index.html

```
<link rel="stylesheet" href="https://unpkg.com/ress/dist/ress.min.css">
```

直接載入

此外，載入「head」內時，要注意描述的順序。如果把「ress.css」寫在自己建立的 CSS 下方，將會以後面載入的 ress.css 為優先，而覆蓋掉自己寫的樣式。因此一定要在檔案一開始就描述 ress.css，然後在後面寫出自行製作的 CSS 檔案。

chapter3/c3-15-2/index.html

```
<head>
    <meta charset="utf-8">
    <title>WCB Cafe</title>

<!-- CSS -->
    <link rel="stylesheet" href="https://unpkg.com/ress/dist/ress.min.css">
    <link href="css/style.css" rel="stylesheet">
</head>
```


正確範例 要先載入重置 CSS 的檔案（ress.css），關閉 CSS 預設值，才能套用自行製作的 CSS 檔案。

 chapter3/c3-15-3/index.html

```
<head>
    <meta charset="utf-8">
    <title>WCB Cafe</title>

<!-- CSS -->
    <link href="css/style.css" rel="stylesheet">
    <link rel="stylesheet" href="https://unpkg.com/ress/dist/ress.min.css">
</head>
```

自己製作的 CSS 在前面

ress.css 在後面

✕ **錯誤範例** 如果寫完自己製作的 CSS 才重置，則會把預設的 CSS 和自己製作的 CSS 全都重置。

ress.css 在瀏覽器中的顯示結果

載入「ress.css」後，可看到表單中預設的線條及留白都消失了，無論用哪個瀏覽器檢視，顯示結果都一樣。請以此為基礎，自行建立 CSS 檔案，更改成想要呈現的設計。

聯絡我們
如果您有任何問題歡迎與我們聯絡。
姓名
例：陳筱玲
詢問內容
商品問題
您的意見或問題

使用 Chrome 瀏覽…表單欄位的框線全都消失了。

聯絡我們
如果您有任何問題歡迎與我們聯絡。
姓名
例：陳筱玲
詢問內容
商品問題
您的意見或問題

使用 Firefox 瀏覽…獨家設定的留白也消失了。

3-16 CHAPTER 整理常用的 CSS 屬性

以下整理了使用頻率較高的屬性。檢視結果會隨著設定值而產生明顯差異，最好逐一確認清楚。若想詳閱更多常用屬性的介紹，可參考附錄 B。

文字及文章的裝飾

屬性	用途	值
font-size	設定文字大小	數值…在數值加上 px、rem、% 等單位 關鍵字…可以設定 xx-small、x-small、small、medium、large、x-large、xx-large 等 7 個等級，medium 是標準尺寸
font-family	設定字體種類	字型名稱…描述字型的名稱。假如含有中文名稱或字型名稱內有空格時，要用單引號 ' 或雙引號 " 包夾字型名稱 關鍵字…可以設定 sans-serif（黑體）、serif（明體）、cursive（手寫體）、fantasy（裝飾體）、monospace（等寬字體）
font-weight	設定文字粗細	關鍵字…normal（標準）、bold（粗體）、lighter（較細）、bolder（較粗） 數值…1～1000 之間的任意數值
line-height	設定行高	normal…顯示瀏覽器判斷的行高 數值（無單位）…按照與字型大小的比例來設定 數值（有單位）…以 px、em、% 等單位設定數值
text-align	設定對齊文字的位置	left…靠左對齊、right…靠右對齊、center…置中對齊、justify…左右對齊
text-decoration	在文字設定底線、刪除線等裝飾	none…無裝飾、underline…底線、overline…上線、line-through…刪除線、blink…閃爍線
letter-spacing	設定字距	normal…標準字距 數值…在數值加上 px、rem、% 等單位
color	文字上色	色碼…設定以「#」為開頭的 3 位數或 6 位數的色碼 顏色名稱…設定「red」、「blue」等既定的顏色名稱 RGB 值…以「rgb」為開頭，用逗點「,」分隔紅、綠、藍、不透明度的數值。不透明度的值介於 0～1 之間
font	統一設定與字體有關的屬性	設定 font-style 、font-variant 、font-weight 、font-size 、line-height 、font-family 等設定值

背景的裝飾

屬性	用途	值
background-color	設定背景色	色碼…設定以 # 為開頭的 3 位數或 6 位數的色碼 顏色名稱…設定 red、blue 等既定的顏色名稱 RGB 值…以「rgb」為開頭，用逗號「,」分隔紅、綠、藍、不透明度的數值。不透明度的值介於 0～1 之間
background-image	設定背景影像	url…設定影像檔案 none…不使用背景影像
background-repeat	設定重複顯示背景影像的方式	repeat…往垂直、水平方向重複顯示 repeat-x…往水平方向重複顯示 repeat-y…往垂直方向重複顯示 no-repeat…不重複顯示
background-size	設定背景影像的大小	數值…在數值加上 px、rem、% 等單位 關鍵字…用 cover、contain 設定
background-position	設定顯示背景影像的位置	數值…在數值加上 px、rem、% 等單位 關鍵字…水平方向為 left（左）、center（中央）、right（右）；垂直方向為 top（上）、center（中央）、bottom（下）

寬度與高度

屬性	用途	值
width	設定寬度	數值…在數值加上 px、rem、% 等單位 auto…根據相關的屬性值自動設定
Height	設定高度	數值…在數值加上 px、rem、% 等單位 auto…根據相關的屬性值自動設定

排版（Flexbox）

屬性	用途	值
display	使用 Flexbox 排列子元素	flex
flex-direction	設定子元素的排列方向	row（預設值）…由左往右排列子元素 row-reverse…由右往左排列子元素 column…由上往下排列子元素 column-reverse…由下往上排列子元素

屬性	用途	值
flex-wrap	設定子元素的 換行方式	nowrap(預設值)…子元素不換行，排列成一行 wrap…子元素換行，由上往下排列多行 wrap-reverse…子元素換行，由下往上排列多行
justify-content	設定水平方向的 對齊方式	flex-strat(預設值)… 從每行的起始位置開始排列。靠左對齊 flex-end… 從行尾開始排列。靠右對齊 center…置中對齊 space-between…把最初與最後的元素放在左右兩端， 並按照均等的間隔排列其他元素 space-around…包含左右兩端的子元素在內，以均等的 間隔排列
align-items	設定垂直方向的 對齊方式	stretch(預設值)…根據父元素的高度、或內容最多的子元 素高度來擴大排列 flex-start…從父元素的起始位置開始排列，靠上對齊 flex-end…從父元素的終點開始排列，靠下對齊 center…置中對齊 baseline…對齊基線
align-content	設定變成多行的 對齊方式	stretch(預設值)…根據父元素的高度擴大排列 flex-start…從父元素的起始位置開始排列，靠上對齊 flex-end…從父元素的終點開始排列，靠下對齊 space-between…把最初與最後的元素放在上下兩端， 並按照均等的間隔排列其他元素 space-around…包含上下兩端的子元素在內，以均等的 間隔排列

排版(CSS 格線)

屬性	用途	值
display	使用 CSS 格線 排列子元素	grid
grid-template- columns	設定子元素的寬度	數值…在數值加上「px」、「rem」、「%」、「fr」等單位
grid-template-rows	設定子元素的高度	數值…在數值加上「px」、「rem」、「%」、「fr」等單位
grid-gap	設定子元素之間的留白	數值…在數值加上「px」、「rem」、「%」、「fr」等單位

CHAPTER 4

—

製作全螢幕網頁

學完前面 1~3 章，大家應該已經具備了 HTML 和 CSS 的基礎，從本章開始，將帶著你實際活用，按部就班地架設本書的範例網站「WCB CAFE」。首先在第 4 章，我們要一起來製作採用了全螢幕版面設計的首頁。

WEBSITE | WEB DESIGN | HTML | CSS | SINGLE PAGE | MEDIA

4-1 CHAPTER 何謂全螢幕版面

所謂「全螢幕」(Full Screen) 就是用整個網頁畫面顯示主視覺的版面，主視覺可能是影像，也可以使用影片等媒體。這種網站從外觀就可以快速瞭解想傳達的訴求，是令人印象深刻的設計。

全螢幕版面的優點與構成元素

以滿版的全螢幕畫面顯示影像或影片，可以完成光憑文字無法呈現、具有強大震撼力的主視覺設計，令人印象深刻。

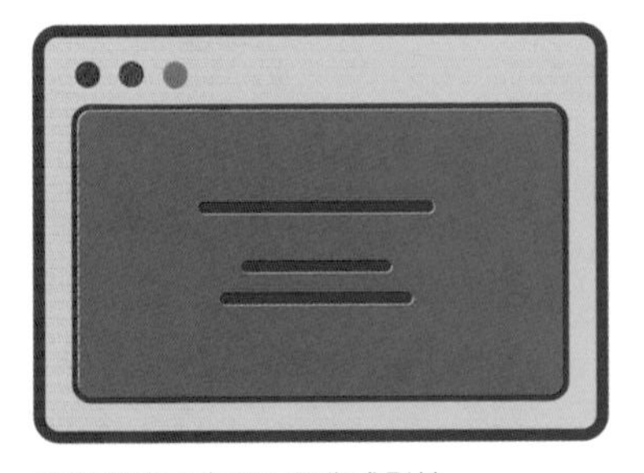

在整個畫面中置入影像或影片。

全螢幕設計的缺點，是以視覺為主，提供的資訊比較少。因此有些網站會設計成「將全螢幕的部分向下捲動，就會顯示更多內容」的類型，就能兼顧視覺震撼力與提供資訊的需求，亦可作為參考。

本書範例網站包含幾個不同類型的網頁，從本章開始我們就會分別製作出「全螢幕」、「兩欄式」、「磚牆式」、「聯絡我們」等頁面。

 POINT

想在全螢幕網頁顯示詳細資料時，可放在往下捲動後的位置。

在 First View 下方顯示詳細資料。

4-2 CHAPTER 全螢幕網頁的製作流程

接著就一起來練習製作全螢幕的網頁吧！本書的範例網站是一個名為「WCB CAFE」的咖啡店網站，包含全螢幕的首頁以及數個不同的內頁，以下將解說全螢幕首頁的製作方法。

首頁要放置的網頁元素

首頁就是網站的門面，因此要先規劃首頁要放置的元素，包括滿版的大型影像，其他還有 LOGO、導覽列選單、標語、文章、按鈕等，下圖會說明這些元素所在的標籤。

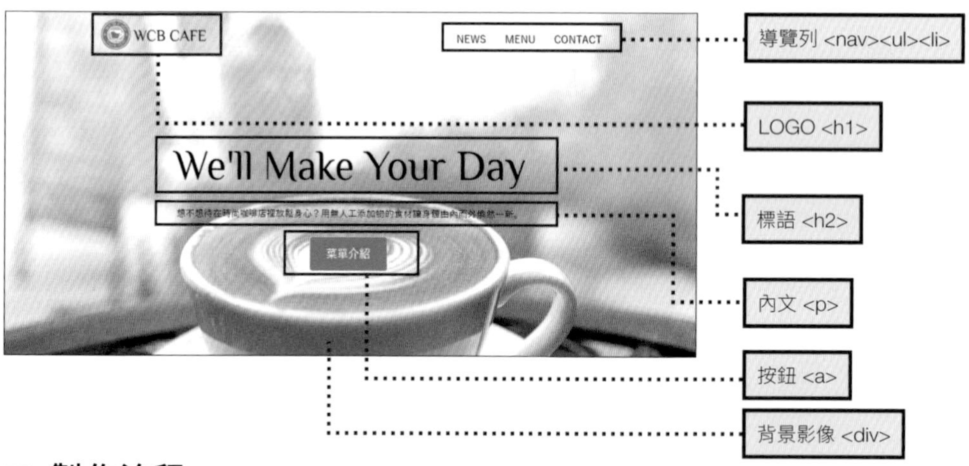

製作流程

01 撰寫「head」部分的描述

製作網頁的第一步，要從描述網頁資料的 <head> 標籤開始寫。4-3 節起會示範完整的步驟。

這個部分已經有既定的寫法，只要依照固定格式描述即可。

02 製作「header」頁首區域的 LOGO 與導覽列選單

接著製作網頁最上方的「header」區域，也就是頁首區塊的內容，這裡通常會有 LOGO 與導覽列選單。4-4 節起會示範完整的步驟。

頁首區塊的 LOGO、導覽列選單是所有網頁共通的部分。

03 製作網頁的主要內容區塊

接著要製作放置網頁主要內容的區塊。範例網站的主要內容區塊中包含背景影像、標語、內文、按鈕等元素。4-5 節起會示範完整的步驟。

製作內容區塊，並且設定置入大型背景影像。

04 設定網站圖示

網頁設計好後，還要製作「網站圖示」。4-6 節會示範完整的步驟。

網站圖示是顯示在瀏覽器標籤上的小圖示。

製作順序都是從所有網頁共用的「head」、「header」開始著手。別忘了設定網站圖示。

4-3 CHAPTER 描述「head」的內容

依照上一節說明的流程，先從顯示網頁資料的「head」部分開始描述。以下將建立一個新的 index.html，開始製作網站的首頁。

準備檔案

網站中將會包含很多檔案，第一步就要請大家先建立一個專用的資料夾，來儲存這個網站要用的所有檔案，本例我們將資料夾命名為「WCBCafe」。接著請在資料夾中建立一個空白的 HTML 檔案，命名為「index.html」，以下將在 index.html 內編寫原始碼。

描述 HTML 的基本架構

首先要從 HTML 檔案內必備的標籤開始描述，包括 **<html>**、**<head>**、**<body>** 等。這個部分有範例檔案可參考，但是建議你先一邊看書，一邊練習輸入，這樣才能更熟悉實際製作網頁的流程，學會紮實的基本功。

chapter4/c4-03-1/index.html

```
<!DOCTYPE html>
<html lang="zh-Hant-TW">
    <head>

    </head>

    <body>

    </body>
</html>
```

撰寫「meta」與「title」標籤中的描述

接著要在 **<head>** 標籤內撰寫原始碼，包括設定編碼的 **<meta charset="utf-8">**、設定網頁標題的 **<title>** 標籤、還有網頁的內容簡介 **<meta name="description">**。

這些原始碼在 2-3 節已說明過，若你還不太熟悉，可複習 p.054 的內容。

chapter4/c4-03-2/index.html

```
<!DOCTYPE html>
<html lang="zh-Hant-TW">
    <head>
        <meta charset="utf-8">
        <title>WCB Cafe</title>
        <meta name="description" content="提供綜合咖啡與健康有機食物的咖啡店">
    </head>

    <body>

    </body>
</html>
```

編碼

標題

網頁的說明

載入需要的 CSS 檔案

接著要載入幾個重要的 CSS 檔案，其中一個是用來重置 CSS 預設值的「**ress.css**」(重置 CSS 的說明可參考 p.168)。另一個 CSS 檔案則是雲端字型檔，由於範例網站的首頁標題使用了 **Google Fonts** 中的「Philosopher」這個雲端字型，因此要預先載入 Google Fonts 用的 CSS，以便之後使用在網站中 (雲端字型的說明請參考 p.104)。

最後還要載入一個「**style.css**」檔案，就是我們接下來要自行撰寫的 CSS 檔。

chapter4/c4-03-3/index.html

```
<!DOCTYPE html>
<html lang="zh-Hant-TW">
    <head>
        <meta charset="utf-8">
        <title>WCB Cafe</title>
        <meta name="description" content=" 提供綜合咖啡與健康有機食物的咖啡店 ">

    <!-- CSS -->
        <link rel="stylesheet" href="https://unpkg.com/ress/dist/ress.min.css">
        <link href="https://fonts.googleapis.com/css?family=Philosopher" rel="stylesheet">
        <link href="css/style.css" rel="stylesheet">
    </head>

    <body>

    </body>
</html>
```

ress.css 的設定

Google Fonts 的設定

接下來要撰寫的 CSS

完成後請儲存檔案，並以瀏覽器打開 index.html 來確認結果，到此就完成架站的準備工作了。

POINT

在 <head> 標籤內描述網頁資訊，並載入外部的 CSS 檔案。

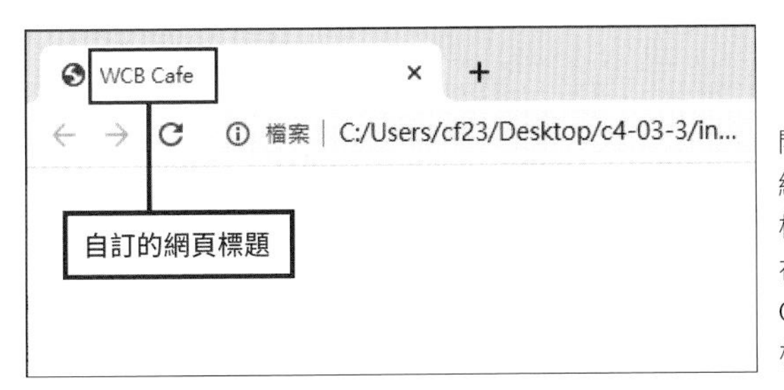

開啟 index.html 這個網頁，會發現網頁是空白的，這是因為 <body> 標籤還沒有內容。此外，這個網頁在瀏覽器的標籤上顯示了「WCB Cafe」，這是用 <title> 設定的網頁標題，4-6 節會在此處加入圖示。

4-4 CHAPTER

製作「header」頁首區塊

完成準備工作後，就開始來製作網頁中的每個區塊，首先是網頁最上面的「header」頁首區塊。這個地方通常會放置 LOGO 與導覽列選單，是所有網頁共用的部分，因此一開始就要先製作。

製作「header」中的 LOGO 與導覽列選單

先在「WCBCafe」資料夾內建立「images」資料夾，放入 LOGO 圖片。這張圖片是存放在「chapter4/images」資料夾中，本書各章所需的圖檔都會儲存在該章範例檔案的「images」資料夾中，之後都會比照辦理。

請在 index.html 的 <body> 標籤內撰寫 **<header>** 標籤，並套用一個**類別**「.page-header」(該類別的內容將在 p.183 撰寫)。接著在 <header> 標籤內插入 **<h1>** 標籤，載入 LOGO 影像。然後插入 **<nav>** 標籤，如圖編寫一組**項目清單**，作為導覽列選單。

chapter4/c4-04-1/index.html

```
<body>
    <header class="page-header">
        <h1><a href="index.html"><img class="logo" src="images/logo.svg" alt="WCB Cafe 首頁"></a></h1>
        <nav>
            <ul class="main-nav">
                <li><a href="news.html">News</a></li>
                <li><a href="menu.html">Menu</a></li>
                <li><a href="contact.html">Contact</a></li>
            </ul>
        </nav>
    </header>
</body>
```

在 <h1> 置入 LOGO

導覽列選單

目前尚未設定 CSS，所以這張影像會佔滿整個畫面，導覽列的項目清單也只是垂直排列的藍色文字。

準備 CSS 檔案

接著請在「WCBCafe」資料夾內建立「css」資料夾，並新增名為「**style.css**」的 CSS 檔案。以下都是在 style.css 這個檔案中撰寫 CSS 樣式。

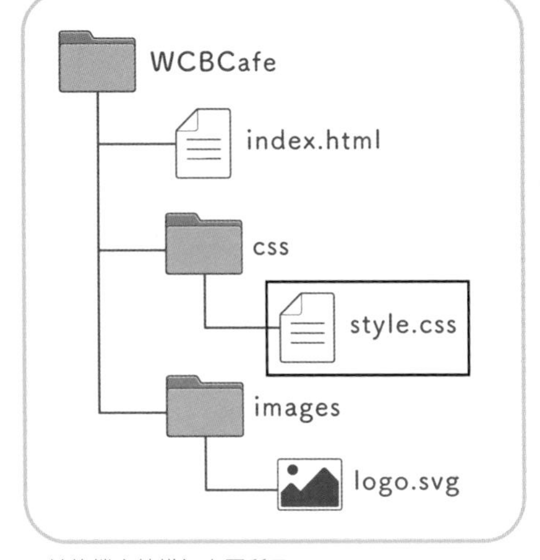

目前的檔案結構如上圖所示

撰寫網站共通的 CSS 描述

首先請在 CSS 檔案的第一行，寫上「**@charset "UTF-8";**」，避免產生亂碼。如果你對 CSS 還不太熟悉，可以回到 p.092 複習一下。

接著如下圖撰寫「**html**」的樣式，設定整個網頁的文字大小為 **100%**，這樣才能正確呈現瀏覽器的預設值（一般的預設大小為 16px）或使用者設定的文字大小。

再來撰寫「**body**」（網頁內容）、「**a**」（連結）的樣式，設定字體、行高、文字顏色等。最後設定「**img**」（影像）的樣式，本例為「**max-width: 100%**」，可防止影像大於父元素。

chapter4/c4-04-2/css/style.css

```
@charset "UTF-8";

/* 共通部分
------------------------------- */
html {
    font-size: 100%;
}
body{
        font-family: "Yu Gothic Medium", "游ゴシック Medium", YuGothic, "游ゴシック体", "ヒラギノ角ゴ Pro W3", sans-serif;
    line-height: 1.7;
        color: #432;
}
a {
    text-decoration: none;
}
img {
    max-width: 100%;
}
```

- @charset "UTF-8";：這一行可避免出現亂碼
- font-size: 100%;：正確呈現使用者設定的文字大小
- font-family：設定字體，這裡也可設定其他黑體字，不一定要和書上完全一樣。重點是最後一個項目的設定，要使用 sans-serif
- line-height: 1.7;：設定文字行高
- color: #432;：設定文字顏色
- text-decoration: none;：<a> 標籤的文字預設有底線，設定 none 可去除
- max-width: 100%;：設定影像寬度上限為父元素的 100%

調整 LOGO 的大小與留白

LOGO 影像目前偏大，需要重新設定尺寸。其實在 p.180 置入 LOGO 影像時，我們已經在 <img> 標籤中寫了「**class="logo"**」，表示要套用「.logo」類別，因此只要設定這個類別，就能調整該 LOGO 影像。

chapter4/c4-04-3/css/style.css

```
/* HEADER
------------------------------- */
.logo {
    width: 210px;
    margin-top: 14px;
}
```

撰寫這個類別，設定 LOGO 影像的寬度與 margin-top（上方留白距離）

套用該類別的 LOGO 影像寬度變成 210px 了，且和視窗上方保持 14px 的距離。

美化導覽列選單的外觀

同樣地，在 p.180 製作導覽列選單時，我們已經預先在 <ul> 標籤上套用「**main-nav**」類別，接著也是要撰寫這個類別，以控制導覽列的文字大小及留白等外觀。

在此還有一個重點，就是使用「display: flex;」屬性將導覽列的 <li> 標籤水平排列。今後有許多地方都會設定 **Flexbox** 屬性，所以請先詳讀 3-14 節，徹底瞭解用法。

此外還有一個特殊的設定，就是「**a:hover**」，這是指當游標移入連結時發生的效果。本例設定「.main-nav a:hover」的文字顏色為「#0bd」，這表示當游標移入「導覽列中的連結」時，文字顏色就會變成藍色。

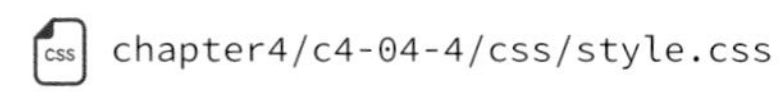

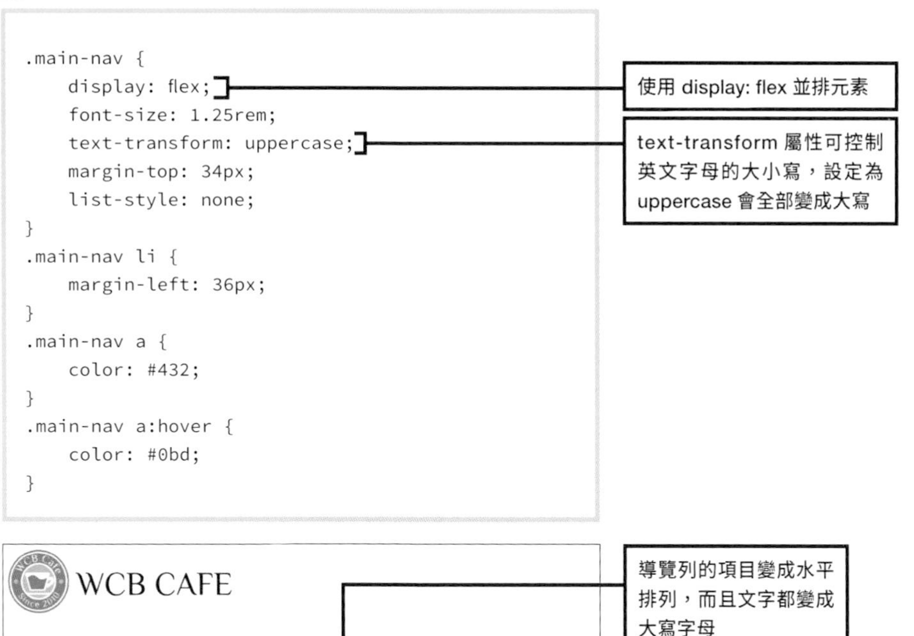

```
.main-nav {
    display: flex;
    font-size: 1.25rem;
    text-transform: uppercase;
    margin-top: 34px;
    list-style: none;
}
.main-nav li {
    margin-left: 36px;
}
.main-nav a {
    color: #432;
}
.main-nav a:hover {
    color: #0bd;
}
```


到此導覽列已大致調整完畢。

讓 LOGO 與導覽列選單分別靠齊視窗左右

目前 LOGO 和導覽列是上下排列，我們要改成「LOGO 靠左、導覽列選單靠右」，因此要設定並排。請建立 <header> 標籤套用的「**page-header**」類別，設定為「**display: flex;**」，即可讓 <header> 標籤內的元素水平排列。接著設定「**justify-content: space-between;**」可讓元素靠齊父元素的左右兩端（「justify-content」的說明可參考 p.155）。

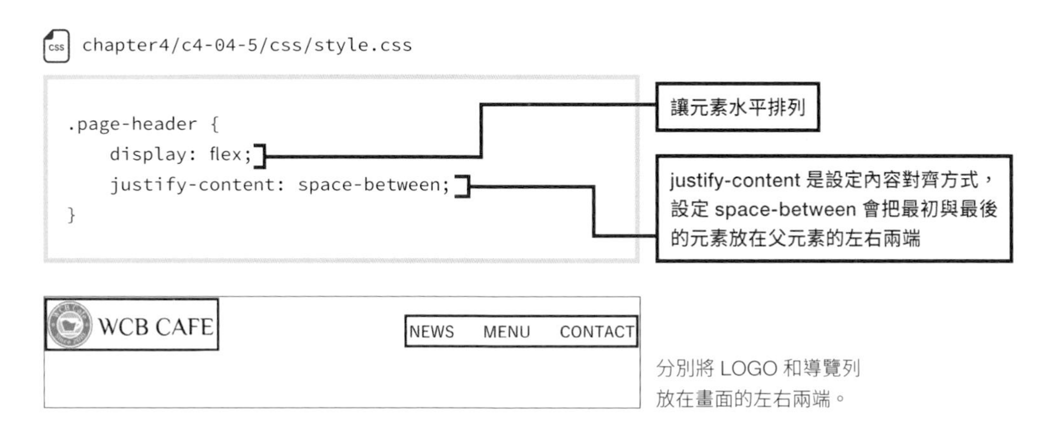


```
.page-header {
    display: flex;
    justify-content: space-between;
}
```


分別將 LOGO 和導覽列放在畫面的左右兩端。

控制頁首區塊的最大寬度並設定置中

依目前的設定，LOGO 和導覽列選單會分別貼齊視窗的左右兩端，如果在電腦螢幕上瀏覽，可能會覺得距離太遠。所以我們還要替頁首的 <header> 標籤設定「最大寬度」，即使畫面變寬，LOGO 和導覽列選單仍會維持固定的距離。只要在 <header> 標籤新增類別來控制寬度即可。

先在 HTML 的 <header> 標籤增加「wrapper」類別。

chapter4/c4-04-6/index.html

```
<header class="page-header wrapper">
    <h1><a href="index.html"><img class="logo" src="images/logo.svg" alt="WCB Cafe 首頁"></a></h1>
    <nav>
        <ul class="main-nav">
            <li><a href="news.html">News</a></li>
            <li><a href="menu.html">Menu</a></li>
            <li><a href="contact.html">Contact</a></li>
        </ul>
    </nav>
</header>
```

在 <header> 標籤增加類別

增加「wrapper」類別後，再來撰寫這個類別的屬性，我們可以利用「**max-width**」屬性來控制寬度。另外，將區塊設定為「**margin: 0 auto;**」，可將內容放置在畫面中央；還要在左右設定「**padding**」，這是為了用智慧型手機等窄畫面瀏覽時也能產生留白，會比較容易瀏覽。

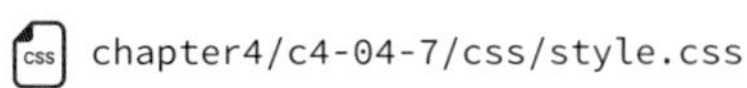

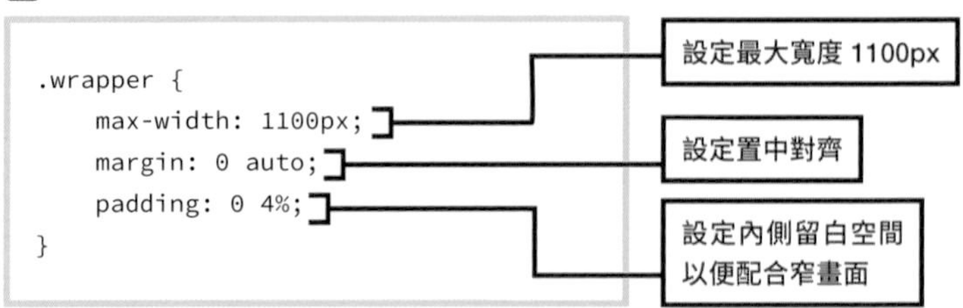

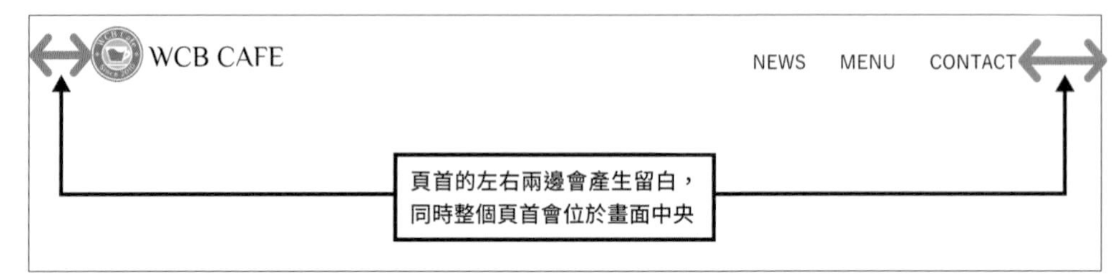

4-5 CHAPTER 製作主要內容區塊

接著終於要製作網站的門面，也就是首頁的主要內容區塊。以下我們將會置入大張的背景圖，完成令人印象深刻的網頁。

置入標題、內文與按鈕

首先要製作放在網頁中心的標題、內文與按鈕。請在 HTML 的 <header> 標籤下方增加 <div class="home-content wrapper"></div> 這個區塊，以放置所有的內容。

請在新增的區塊中加入 **<h2>** 標籤，製作標題「We' ll Make Your Day」；再加入 **<p>** 標籤，輸入內文「想不想待在時尚咖啡店裡放鬆身心？用無人工添加物的食材讓身體由內而外煥然一新。」，最後再加入 **<a>** 標籤，放置連結「菜單介紹」，如下圖所示。

chapter4/c4-05-1/index.html

```
<body>
    <header class="page-header wrapper">
        <h1><a href="index.html"><img class="logo" src="images/logo.svg" alt="WCB Cafe 首頁"></a></h1>
        <nav>
            <ul class="main-nav">
                <li><a href="news.html">News</a></li>
                <li><a href="menu.html">Menu</a></li>
                <li><a href="contact.html">Contact</a></li>
            </ul>
        </nav>
    </header>

    <div class="home-content wrapper">
        <h2 class="page-title">We'll Make Your Day</h2>
        <p>想不想待在時尚咖啡店裡放鬆身心？用無人工添加物的食材讓身體由內而外煥然一新。</p>
        <a class="button" href="menu.html">菜單介紹</a>
    </div><!-- /.home-content -->
</body>
```

增加這些內容

這是註解。當區塊標籤很多，原始碼會變得很複雜，建議活用註解標示，可快速了解這是哪個區塊的結束標籤。

目前輸入的內容會靠齊區塊的左上角。我們也要讓這些內容置中，因此請在 CSS 中加入「text-align: center;」的設定，把內容放在畫面中央，再設定留白及文字大小。

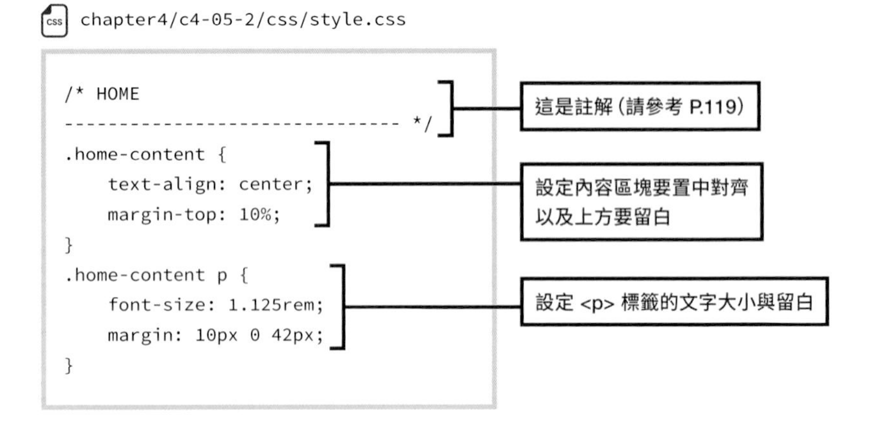

chapter4/c4-05-2/css/style.css

```
/* HOME
------------------------------- */
.home-content {
    text-align: center;
    margin-top: 10%;
}
.home-content p {
    font-size: 1.125rem;
    margin: 10px 0 42px;
}
```

設定後，內容會對齊畫面的左右、中央，並調整 <p> 標籤裡的文字大小。

接著我們再繼續利用 CSS 裝飾標題文字與按鈕的外觀。未來這組標題字與按鈕還會運用在其他網頁，因此建議在 CSS 中要加上容易瞭解的註解說明。

這裡要特別注意的是按鈕的外觀，我們使用了「**border-radius**」屬性，可以將原本呈四方形的按鈕邊角變成圓角，而「**:hover**」是設定游標移動到元素上時要套用的效果。

chapter4/c4-05-3/css/style.css

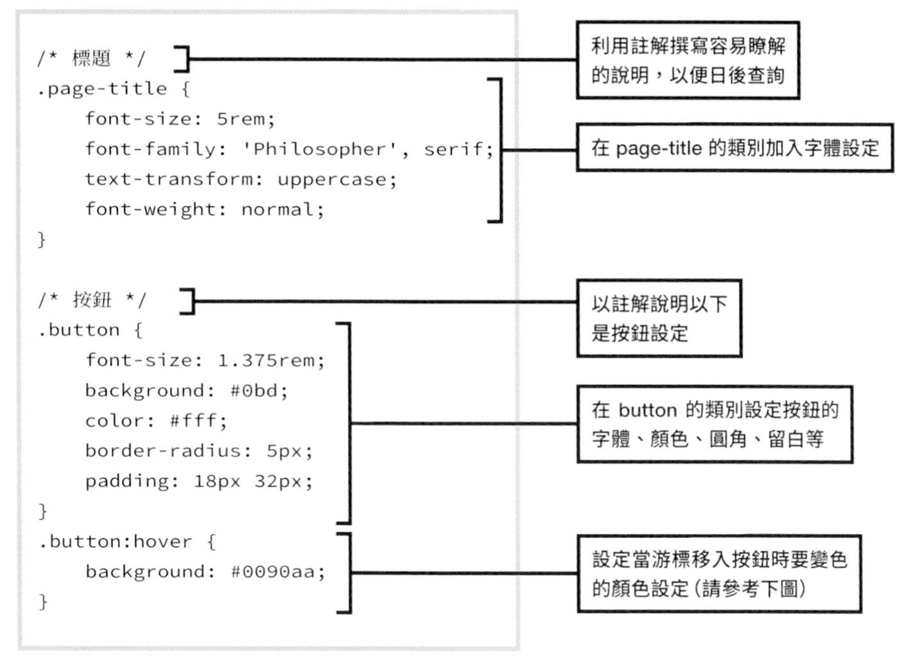
```
/* 標題 */
.page-title {
    font-size: 5rem;
    font-family: 'Philosopher', serif;
    text-transform: uppercase;
    font-weight: normal;
}

/* 按鈕 */
.button {
    font-size: 1.375rem;
    background: #0bd;
    color: #fff;
    border-radius: 5px;
    padding: 18px 32px;
}
.button:hover {
    background: #0090aa;
}
```

到此就完成標題及按鈕的裝飾。

置入填滿整個畫面的背景影像

接著要置入背景影像。這張圖片是「chapter4/images」資料夾中的「main-bg.jpg」。

請在 HTML 內新增如下原始碼，我們要在 <header> 的外層再插入一組 <div> 標籤，把 <header> 標籤與 <div class="home-content wrapper"> 等標籤都包夾起來。接著請替新增的 <div> 標籤設定 **ID 名稱**「home」，並套用「big-bg」類別。

chapter4/c4-05-4/index.html

```html
<body>
    <div id="home" class="big-bg">
        <header class="page-header wrapper">
            <h1><a href="index.html"><img class="logo" src="images/logo.svg" alt="WCB Cafe 首頁"></a></h1>
            <nav>
                <ul class="main-nav">
                    <li><a href="news.html">News</a></li>
                    <li><a href="menu.html">Menu</a></li>
                    <li><a href="contact.html">Contact</a></li>
                </ul>
            </nav>
        </header>

        <div class="home-content wrapper">
            <h2 class="page-title">We'll Make Your Day</h2>
            <p> 想不想待在時尚咖啡店裡放鬆身心？用無人工添加物的食材讓身體由內而外煥然一新。</p>
            <a class="button" href="menu.html"> 菜單介紹 </a>
        </div><!-- /.home-content -->
    </div><!-- /#home -->
</body>
```

用 <div> 包夾 <header> 和內容區塊，並指定 id 與類別

接下來要在 CSS 中建立「big-bg」類別，並設定背景圖的屬性。這裡用來指定背景尺寸的屬性是「**background-size: cover;**」，可在維持背景影像長寬比例的狀態下擴大填滿整個畫面。這個設定之後也會套用在其他頁面，因此設定成類別以便重複使用。

chapter4/c4-05-5/css/style.css

```css
/* 大型背景影像 */
.big-bg {
    background-size: cover;
    background-position: center top;
    background-repeat: no-repeat;
}
```

要維持影像的長寬比並填滿整個畫面，請設定成「background-size: cover;」。

最後要在 CSS 中新增「home」的 ID 設定，指定要顯示在首頁的背景影像。這裡是設定成「**min-height: 100vh;**」，可將影像高度擴大至畫面顯示區域的高度。

chapter4/c4-05-6/css/style.css

```
#home {
    background-image: url(../images/main-bg.jpg);
    min-height: 100vh;
}
#home .page-title {
    text-transform: none;
}
```

設定背景影像與畫面高度

text-transform 屬性可控制英文字母的大小寫，設定為「none」的意思是不要轉換

首頁已經完成了！

設計全螢幕首頁時，必須考量要透過該網站向使用者傳達什麼訊息，再挑選適合的影像並適度裁切。

本書製作的是咖啡店網站，因此選擇色調柔和的咖啡影像，並裁切照片的下半部，讓咖啡看起來比較大。

4-6 CHAPTER 設定網站圖示

網站圖示會顯示在瀏覽器的標籤和書籤中，可讓使用者對此網站更加印象深刻，是很棒的宣傳元素。但是在製作網站時，總是很容易遺漏網站圖示。建議在製作首頁時一併設定。

何謂網站圖示

瀏覽器的標籤和書籤都會顯示**網頁標題**（也就是 p.055 說明過的 <title>），有時候你會發現標題旁邊變成一個小圖示，這就是**網站圖示 (Favicon)**。「Favicon」的名稱是來自「Favorite」(喜愛) ＋「Icon」(圖示)，只是個 16px 的小四方形，但是地位卻非常重要。開啟多個標籤時，或在書籤清單中選擇網站時，都可以透過網站圖示辨認出網站。

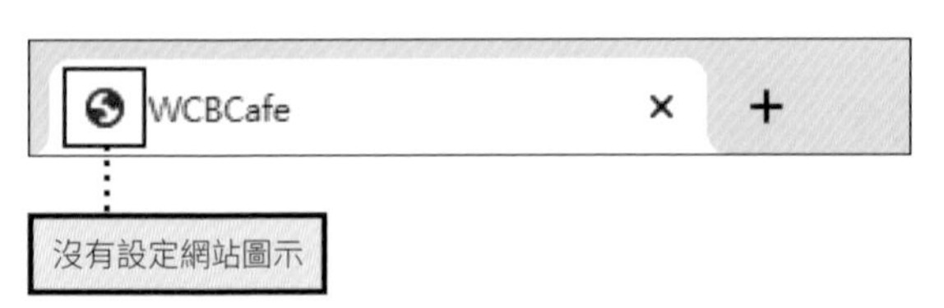

如果沒有設定網站圖示，網頁標題的左邊就只會顯示瀏覽器預設的地球圖示。

網站圖示該怎麼設計比較好？

設計網站圖示時，通常是將該網站的 LOGO 縮小或是簡化成小圖示。例如「Twitter」或是「Facebook」等網站都是如此。通常知名度愈高的品牌，愈適合採用這種設計手法。

Twitter...https://twitter.com/

Facebook…https://www.facebook.com/

然而，假如你的 LOGO 是長方形或只有文字的設計，該如何處理呢？如果將 LOGO 直接縮小，恐怕會很難瞭解這是什麼網站。我們可以參考以下這些設計手法。

以「YouTube」為例，原本的 LOGO 設計是結合文字與紅色標準色的播放按鈕，但是網站圖示只使用播放按鈕，讓人一看到該按鈕就可以聯想到該品牌。

此外，「任天堂」或「LEGO」的 LOGO 都是只有文字，但是網站圖示卻使用了具有代表性的遊戲人物點陣圖以及積木插圖。

從這些例子發現，也可以把能聯想到品牌的圖案當作網站圖示。由於網站圖示很小，尺寸受限，所以更要利用標準色或是使用簡單的圖形，製作出容易讓人瞭解的設計。

YouTube…https://www.youtube.com/

準備網站圖示要使用的影像

我們可以使用 Illustrator 或 Photoshop 等繪圖軟體來製作網站圖示，大小建議為長寬 32px 以上的正方形，並儲存為 PNG 格式。

本書的範例網站 LOGO 設計複雜，因此我們也將 LOGO 簡化，設計成簡易版的網站圖示。
這張圖片是「chapter4/images」資料夾中的「favicon.png」。

在 HTML 的「head」描述中載入網站圖示

接著就要讓網站圖示實際顯示在網站上。我們已經把製作好的網站圖示命名為「favicon.png」並儲存在「images」資料夾內，請在 index.html 的「head」內描述如下圖的原始碼，就會發現瀏覽器標籤上的圖示改變了。

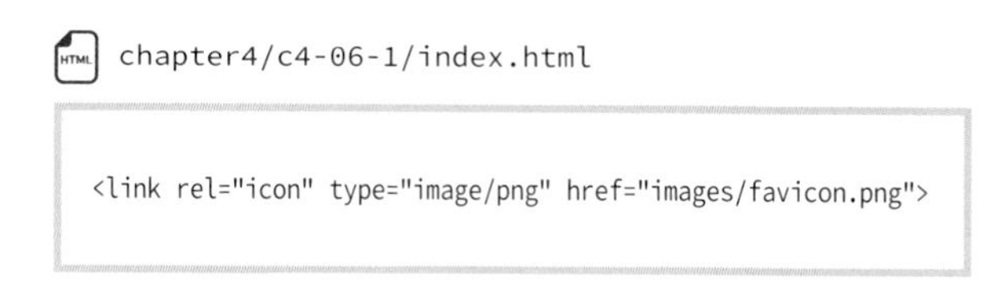

chapter4/c4-06-1/index.html

```
<link rel="icon" type="image/png" href="images/favicon.png">
```

使用網頁瀏覽器開啟 index.html，網站圖示就會顯示在標籤左邊的位置。

使用網路服務產生跨裝置都能適用的網站圖示

這次製作的網站圖示僅提供網頁瀏覽器用，所以描述很簡單，而且圖片很小。但是，如果要支援高解析度螢幕或是在各種裝置上正常瀏覽，必須再加上一些原始碼。例如 iOS 主畫面或 Windows 開始選單用的圖示大小，在「head」內的描述就是不同的。

如果你想製作跨裝置都能適用的網站圖示，可以使用「**RealFaviconGenerator**」這個網路服務。你只要準備一張長寬為 260px 以上的影像檔案，點擊「**Select your Favicon picture**」即可上傳到該網站，接著會自動產生出各裝置適用的圖示，包括桌面用的圖示、智慧型手機的主畫面圖示、Windows 的開始選單、工作列用的圖示等。透過 Demo 畫面就可以預覽顯示結果，如果有問題也會一併告知。

產生圖示後，只要點擊網頁最下方的「**Generate your Favicons and HTML code**」，即可取得所有的網站圖示（會出現一個「**Favicon package**」按鈕供你下載所有圖示的壓縮檔），也會顯示原始碼。接下來就能自行運用這些圖示與原始碼了。

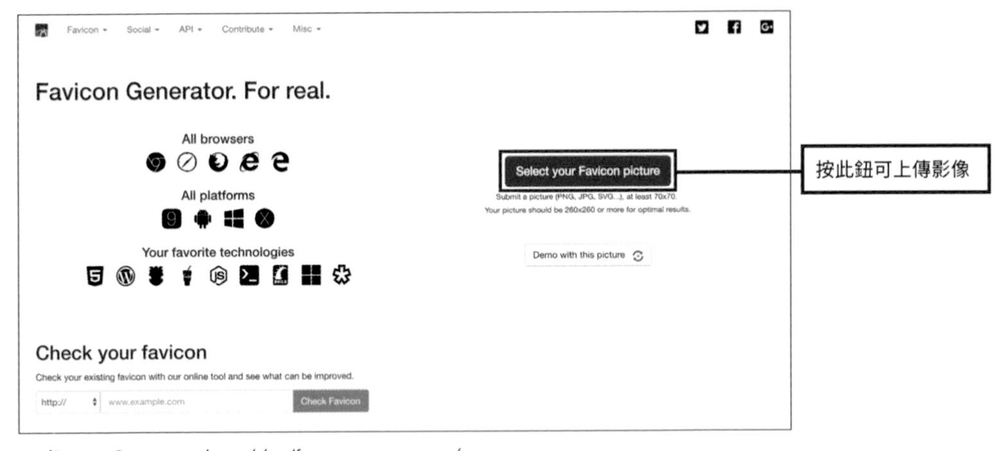

RealFaviconGenerator…https://realfavicongenerator.net/

POINT

建議使用網站標準色或是簡單的圖形，設計成容易瞭解的網站圖示。

POINT

網站圖示的大小建議為長寬 32px 以上的正方形，儲存格式為 PNG。我們可在 HTML 檔案的「head」內描述載入網站圖示的原始碼。

4-7 CHAPTER 設計全螢幕網頁的實用技巧

如果對目前使用的影像不滿意，除了換一張之外，也可以運用 CSS 屬性來改變影像的呈現效果，這些技巧在設計全螢幕網站時會非常實用，未來當你要建立原創網站時，亦可參考這些創意。

利用混合模式改變背景影像的色調

範例檔案：chapter4/c4-07-1/Demo-fullscreen-1/index.html

Photoshop 之類的繪圖軟體都會內建的「混合模式」功能，是利用多種手法重疊多層影像或顏色，產生獨特的視覺效果，其實在 CSS 中也能安裝這種混合模式。只要使用 **background-blend-mode** 屬性，在屬性值設定想套用的效果，即可馬上套用。下表中整理了各種混合模式的值，光看文字很難想像究竟是何種效果，請實際嘗試看看。

主要的設定方式

值	混合模式
multiply	色彩增值
screen	濾色
overlay	覆蓋
darken	變暗
lighten	變亮
color-dodge	加亮顏色（顏色減淡）
color-burn	加深顏色
hard-light	實光
soft-light	柔光
difference	差異化
exclusion	排除
hue	色相
saturation	飽和度
color	顏色
luminosity	明度

這些 background-blend-mode 屬性無法支援 Internet Explorer，使用舊版瀏覽器時要特別注意。

在 p.189 已經建立了「home」這個 ID 樣式，我們可以如下撰寫混合色彩的設定。請先使用「**background-color**」屬性，設定要疊在背景影像上的顏色。接著再使用「**background-blend-mode**」設定混合模式即可。例如想將整個背景圖套用藍色主色，並呈現明亮的色調，因此設定成「**hard-light**」(實光混合模式)。

chapter4/c4-07-1/style.css

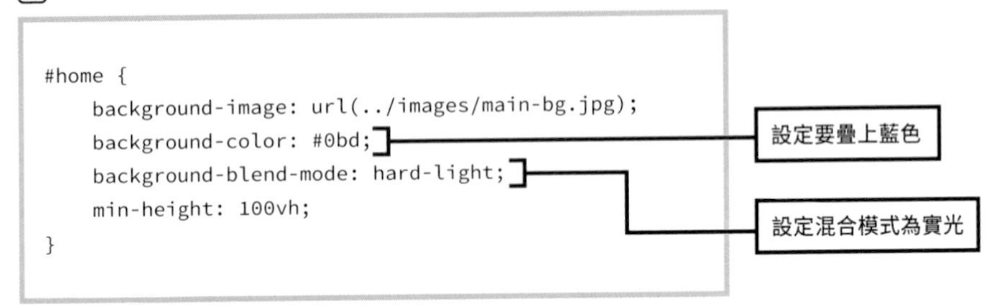

```
#home {
    background-image: url(../images/main-bg.jpg);
    background-color: #0bd;
    background-blend-mode: hard-light;
    min-height: 100vh;
}
```

在整個畫面套用清新的亮藍色。只要改變混合模式，氣氛就會變得截然不同。

將網頁背景變成漸層色

範例檔案：chapter4/c4-07-1/Demo-fullscreen-2/index.html

有些網站會將整個網頁畫面套用美麗的漸層色，這種效果也可以用 CSS 製作。請善用主題色，設定美麗的漸層變化。

漸層色背景的製作方法很簡單，只要將 **background-image** 屬性設定為「**linear-gradient**」，以逗號「**,**」隔開不同顏色，即可套用線性漸層色的效果。除了線性漸層，也可使用「**radial-gradient**」屬性套用放射狀漸層效果。

主要的設定方式

值	漸層模式
linear-gradient	線性漸層
radial-gradient	放射狀漸層

chapter4/c4-07-2/style.css

```
#home {
    background-image: linear-gradient(#c9ffbf, #ffafbd);
    min-height: 100vh;
}
```

設定要使用的顏色，即可製作出漸層色，本例為 #c9ffbf(亮黃綠色) 到 #ffafbd(亮粉紅色) 的漸層

顯示了黃綠色到粉紅色的漸層效果。使用 linear-gradient，就算沒有加上背景圖，也能設計出美麗的畫面。

在背景影像上同時使用混合模式與漸層色彩

範例檔案：chapter4/c4-07-3/Demo-fullscreen-3/index.html

前面分別示範了混合模式與漸層色的效果，如果同時在背景影像上重疊這兩種樣式，也能製作出有趣的效果。方法同樣是利用「**backgroundblend-mode**」設定混合模式，關鍵是在「**background-image**」屬性中，要用逗號「**,**」隔開背景影像與漸層色。

chapter4/c4-07-4/style.css

```
#home {
    background-image: url(../images/main-bg.jpg),linear-gradient(#c9ffbf, #ffafbd);
    background-blend-mode: luminosity;
    min-height: 100vh;
}
```

前面設定用逗號「,」隔開

將背景圖套用漸層色以及不同的混合模式，可以呈現出豐富的視覺效果。

光憑大型背景影像就能帶來視覺上的震撼力，不過若能活用「background-blend-mode」混合模式在影像上疊色，或設定漸層色彩，就能進一步提升視覺效果。

CHAPTER 5

—

製作兩欄式網頁

完成首頁之後，接下來要製作網站的內頁。網站內頁需要讓使用者瀏覽更多資料，因此將製作成完全不同的版面。以下就會帶著你製作常見的兩欄式版面，並說明「欄位」的製作步驟，這是在設計網頁時必備的製作知識。請多加活用欄位設計，可輕鬆編排出理想的網頁版面。

WEBSITE | WEB DESIGN | HTML | CSS | SINGLE PAGE | MEDIA

5-1 CHAPTER 何謂兩欄式版面

「欄」就是往橫向並排的直行。將版面垂直分割成許多個「欄」來排版，就稱為「欄位式版面」。本章將製作常見的兩欄式版面，並設計成範例網站中用來發布最新訊息的「NEWS」網頁。

兩欄式版面的優點與構成元素

兩欄式版面就是「排成兩欄的版面」。如果是製作內容較多的網站，例如新聞網站或是部落格，就很適合用這種多欄式的版面來呈現。這種版面非常實用，建議你一定要學會製作方法。接著就來瞭解這種版面的構成元素，下圖中已標示出各元素所在的標籤。

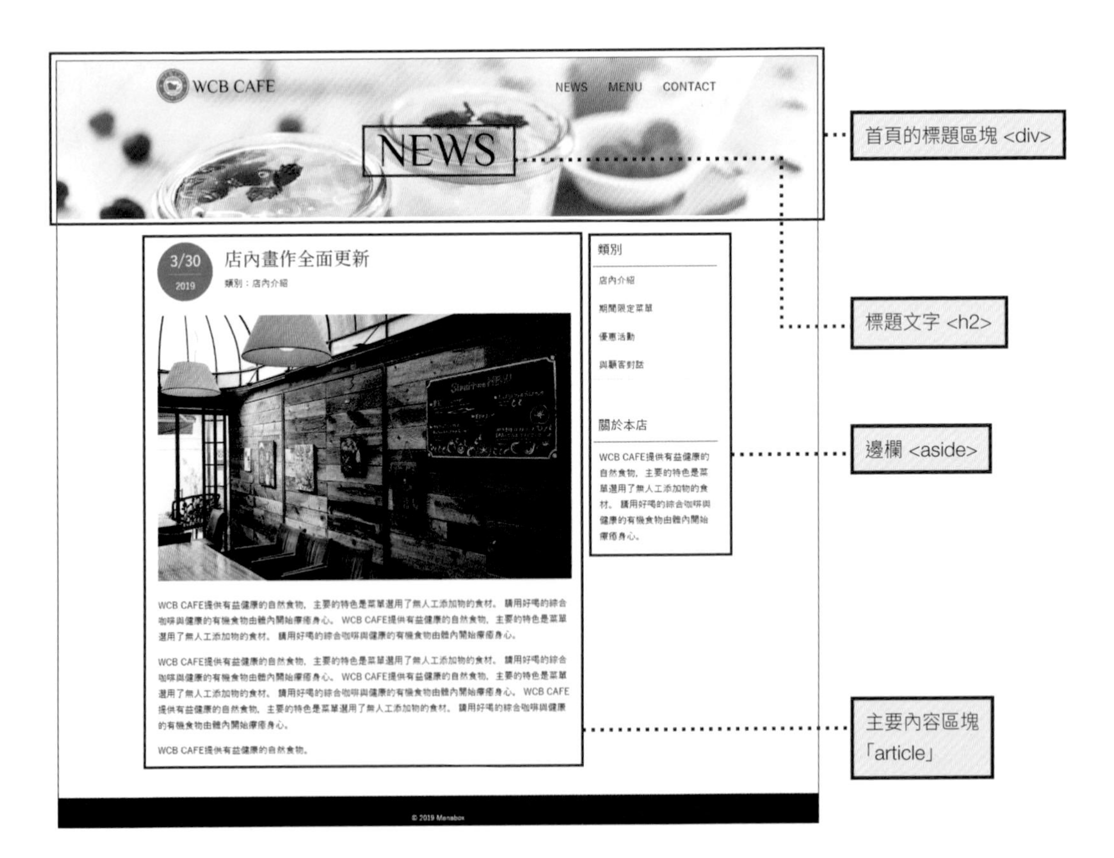

兩欄的寬度比例

左右兩欄的寬度可自定，通常會讓主要內容區塊大於邊欄，兩者的比例大多是「2：1」或「3：1」。

這是設置主要內容區塊及邊欄的範例。大部分都會設定成接近「3：1」的比例。

也可以依設計或內容的需要分割成左右兩半。這種版面也稱為「分割畫面」。

 POINT

「欄」是指直欄。內容量較多的網站，適合使用兩欄式版面。

響應式網頁設計

WCB CAFE提供有益健康的自然食物，主要的特色是菜單選用了無人工添加物的食材。請用好喝的綜合咖啡與健康的有機食

類別

店內介紹

期間限定菜單

優惠活動

與顧客對話

關於本店

WCB CAFE提供有益健康的自然食物，主要的特色是菜單選用了無人工添加物的食材。請用好喝的綜合咖啡與健康的有機食物由體內開始療癒身心。

© 2019 Manabox

為了因應在較窄的螢幕畫面上瀏覽，例如用智慧型手機瀏覽的需要，都會特別加入響應式版面的設定，讓元素垂直排列。可參考 5-8。

5-2 製作兩欄式網頁的流程

CHAPTER

以下說明兩欄式版面的製作流程，以範例網站的「NEWS」網頁為例。每個步驟要製作的內容在之後各節會有更詳細的說明。

01 製作頁首的標題區塊

首先要製作網頁最上方的頁首區塊，會在網頁的頂部製作網頁的標題並顯示背景影像。5-3 節會示範完整的步驟。

在頁首區塊中有將背景影像放大顯示

02 製作頁尾「footer」區塊

接著會製作畫面最下方的頁尾區域。5-4 節會示範完整的步驟。

網頁下方的共通內容

03 設定左右兩欄並排

接著就要組合出兩欄式版面。要先確認版面規劃再著手製作，以免破壞整體的結構。5-5 節會示範完整的步驟。

這個網頁會使用前面學過的 Fexbox 屬性，將兩欄水平排列

04 製作主要內容區塊

完成兩欄架構後，接著要製作左欄的主要內容區塊。此區塊將置入報導或文章，包括小標題、影像、文字等豐富的內容，此外還要製作左上角的日期樣式。5-6 節會示範完整的步驟。

製作日期部分的裝飾

製作前建議先規劃好版面，接著在組織版面的過程中要隨時避免破壞整體結構。

chapter5

05 製作右側邊欄區塊

畫面右側的邊欄區塊，通常會放置分類清單項目、網站簡介等補充說明的部分。5-7 節會示範完整的步驟。

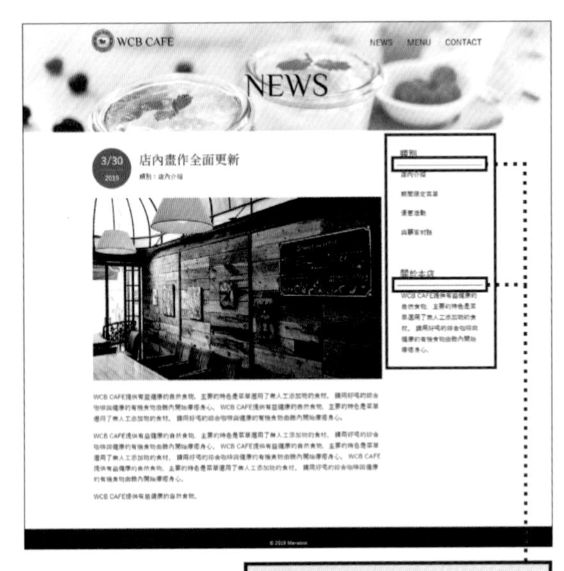

使用簡單的線條分隔不同的資料

06 支援響應式網頁設計

本章的最後一節會說明響應式網頁的設計方法，若要在智慧型手機上輕鬆瀏覽這個網頁，這個步驟是非常重要的，希望大家能學會基本的描述方法。5-8 節會說明響應式網頁的設計步驟。

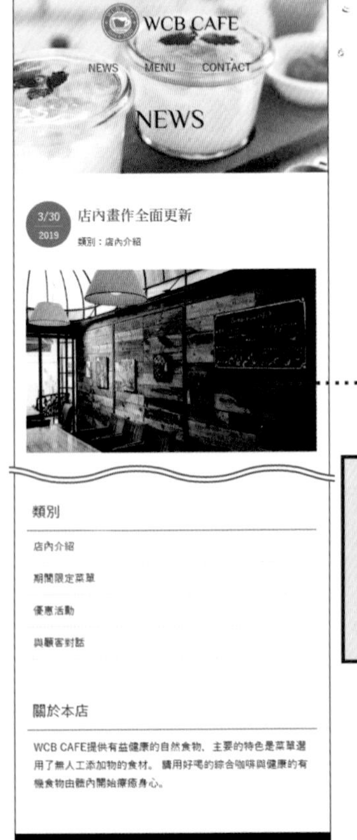

原本的兩欄式版面，在智慧型手機上不易瀏覽。若有做響應式網頁的設計，在使用小型裝置瀏覽時，會自動顯示成單欄

POINT

完成主要區域及邊欄之後，關鍵是還要支援智慧型手機。

5-3 製作頁首的標題區塊

CHAPTER

依照前面說明的製作流程，先從網頁上方的頁首區塊開始製作。此區會置入背景影像並設定往畫面兩端延伸，我們已在「images」資料夾中準備好橫長型的影像。

準備檔案

這個網頁的 LOGO 與導覽列選單會和上一章建立的「index.html」共用，因此可以直接複製該頁面來修改。請在 Atom 視窗左側的 index.html 上按右鍵，執行『**製作副本**』命令，把副本檔案命名為「news.html」。

在 Atom 視窗左側加入「WCBCafe」資料夾，在 index.html 檔名上按右鍵，即可製作副本。

POINT

製作同一個網站的網頁時，如果共通部分較多，建議拷貝現有檔案再編輯，可以減少錯誤。若你是使用 Atom 以外的文字編輯器，請直接拷貝「index.html」，另存為「news.html」即可。

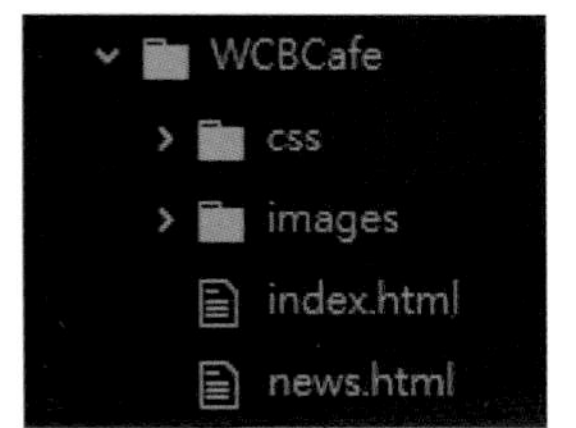

目前的網站結構

編輯 HTML

HTML 文件前面共通的敘述我們就不再贅述，以下僅說明需要修改的部分。

編輯「head」內的「title」內容

將首頁的標題改成 NEWS 頁面的標題。

chapter5/c5-03-1/news.html

```
<title>WCB Cafe - NEWS</title>
```

刪除不需要的內容

NEWS 頁面不需要首頁的內容區塊 <div class="home-content wrapper">，請刪除。

chapter5

chapter5/c5-03-2/news.html

```
<div class="home-content wrapper">
    <h2 class="page-title">We'll Make Your Day</h2>
    <p> 想不想待在時尚咖啡店裡放鬆身心？用無人工添加物的食材讓身體由內而外煥然一新。</p>
    <a class="button" href="menu.html"> 菜單介紹 </a>
</div><!-- /.home-content -->
```

刪除這個部分

更改 ID 名稱

把「div id="home"」的 ID 名稱改成「div id="news" 」，下方的註解也要從 <!-- /#home --> 改成 <!-- /#news -->。

chapter5/c5-03-3/news.html

```
<div id="news" class="big-bg">
```

製作此頁面的標題文字

請在 <header> 區塊下面如右圖新增 <div> 區塊，撰寫 <h2> 標題。

chapter5/c5-03-4/news.html

```
<div class="wrapper">
    <h2 class="page-title">News</h2>
</div><!-- /.wrapper -->
```

WCB CAFE　NEWS　MENU　CONTACT

NEWS

顯示了標題

用 CSS 設定樣式

上一章在製作首頁時，已經建立這個網站專用的 CSS 檔案，也就是位於 CSS 資料夾中的「**style.css**」。接下來不需要再建立新的 CSS 檔案，只要把增加的部分繼續寫入「style.css」檔案即可。請開啟該 CSS 檔，如圖設定好背景影像、區塊高度、留白等。

chapter5/c5-03-5/css/style.css

```
/* NEWS
------------------------------- */
#news {
    background-image: url(../images/news-bg.jpg);
    height: 270px;
    margin-bottom: 40px;
}
#news .page-title {
    text-align: center;
}
```

5-4 CHAPTER 製作頁尾的「footer」區塊

在這次製作的網站中，除了首頁之外的網頁，都會在最下方顯示頁尾區塊，描述版權宣告等內容，這是一般網站的慣例。以下就來製作頁尾區塊。

描述頁尾內容

請在 <div id="news" class="big-bg"> 這個區塊下面，也就是 </body> 這個結束標籤的前面，加上頁尾區塊。頁尾的寫法是用 **<footer></footer>** 標籤包夾內容。在頁尾的內部，我們要用 **<small>** 標籤包夾版權宣告。<small> 標籤是代表免責、著作權等註解的標籤，若要插入**版權符號**「©」，寫法是「**©**」。

chapter5/c5-04-1/news.html

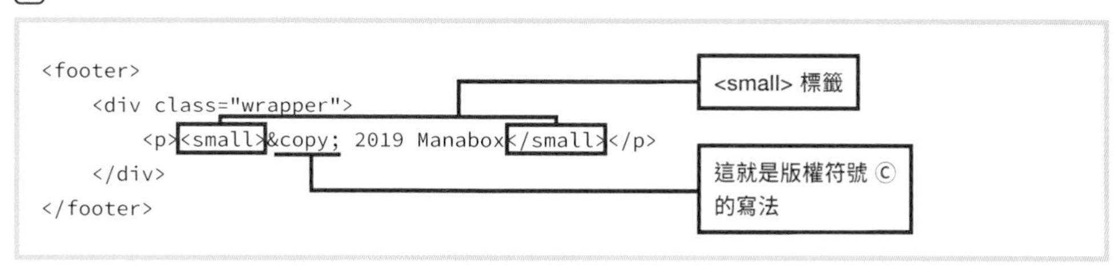

POINT

頁尾區塊要放在網頁的最下方、</body> 結束標籤的上面。版權宣告要用 <small> 標籤包夾。

使用 CSS 裝飾

接著繼續在 CSS 檔案中撰寫背景色、文字對齊、文字顏色、文字大小、留白等樣式。

chapter5/c5-04-2/css/style.css

```
/* 頁尾
------------------------------ */
footer {
    background: #432;
    text-align: center;
    padding: 26px 0;
}
footer p {
    color: #fff;
    font-size: 0.875rem;
}
```

設定頁尾區塊的樣式

設定頁尾區塊內的文字樣式

設定完成後，在網頁下方加入了頁尾區塊並顯示版權宣告。

COLUMN

具代表性的重置 CSS 檔案

我們在 3-15 節介紹過重置 CSS 的方法，並使用從網路下載的重置檔案 ress.css。除了它之外，網路上還可以找到許多重置 CSS 的檔案，你可以套用看看有何差異。

- **Eric Meyer's Reset CSS**…https://meyerweb.com/eric/tools/css/reset/

  若使用這個重置檔，包含文字大小、粗細、留白等所有樣式全都會重置。

- **nomalize.css**…http://necolas.github.io/normalize.css/

  這個重置檔和 ress.css 一樣，會保留部分 CSS 預設的有用樣式，統一顯示狀態。

5-5 CHAPTER 設定左右兩欄並排

接著就要製作 NEWS 網頁的主要內容區塊。由於是雙欄式版面，所以要建立 2 個方塊，再讓它們水平排列，即可變成雙欄。

製作雙欄式的版面結構

我們在 3-14 節學過用「Flexbox」屬性將元素水平排列，以下同樣要使用這個方法，讓「主要區域」及「邊欄」這兩個區塊並排。因此要先建立父元素來包夾 2 個方塊。

請在 <div id="news" class="big-bg"> 與「footer」區塊之間加入一個 <div> 標籤，套用「**news-contents**」與「**wrapper**」類別。接著我們要在這個 <div> 標籤裡面置入兩個水平並排的方塊，分別是用來置放報導文章的**主要區域 <article> 標籤**，以及用來補充說明的**邊欄 <aside> 標籤**。<article> 標籤和 <aside> 標籤就會構成兩欄式版面。

這個階段只要排版即可，所以先在 <article> 標籤與 <aside> 標籤中隨意輸入文字。

HTML chapter5/c5-05-1/news.html

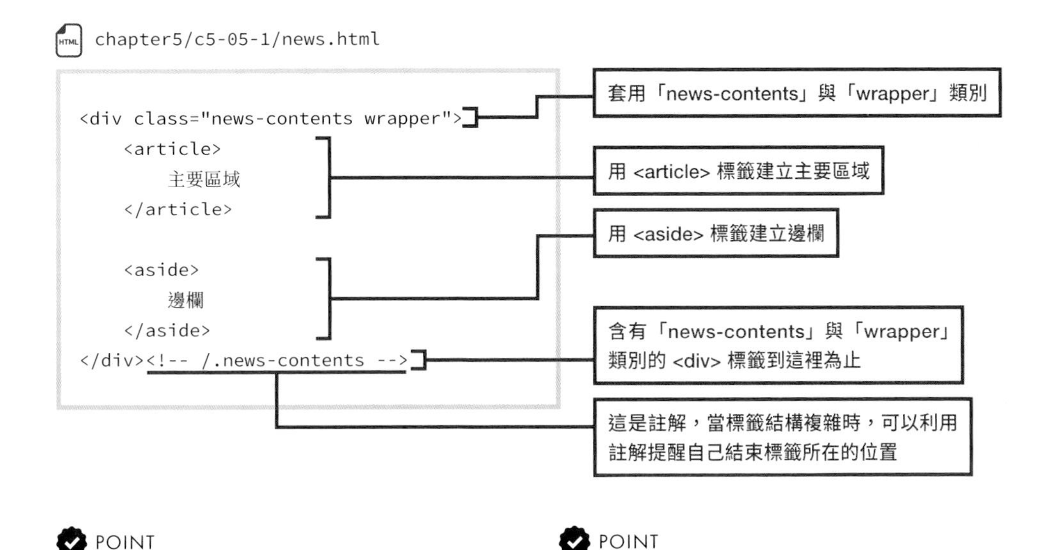

```
<div class="news-contents wrapper">
    <article>
        主要區域
    </article>

    <aside>
        邊欄
    </aside>
</div><!-- /.news-contents -->
```


POINT

在 3-14 節學過，使用 Flexbox 水平排列元素時，一定要用父元素包夾想並排的元素。

POINT

在 CSS 中同時套用多個類別時，必須在類別名稱之間加入「半形空格」。

排版

我們已經建立了所需的區塊標籤，接下來要用 CSS 設定並排。

設定寬度

首先要設定 <article> 標籤與 <aside> 標籤的寬度。請注意寬度單位要設定為「**%**」，這樣一來即使畫面寬度改變，也會自動調整。

chapter5/c5-05-2/css/style.css

```
/* 報導部分 */
article {
    width: 74%;

}
/* 邊欄 */
aside {
    width: 22%;
}
```

將寬度單位設定為「%」

用 Flexbox 設定成水平並排

接著替包夾 <article> 標籤與 <aside> 標籤的父元素「**.news-contents**」類別設定「**display: flex;**」屬性，就會變成水平排列。加上「**justify-content: space-between;**」屬性，就會將子元素變成左右對齊，自動在 2 個方塊之間產生留白。

chapter5/c5-05-3/css/style.css

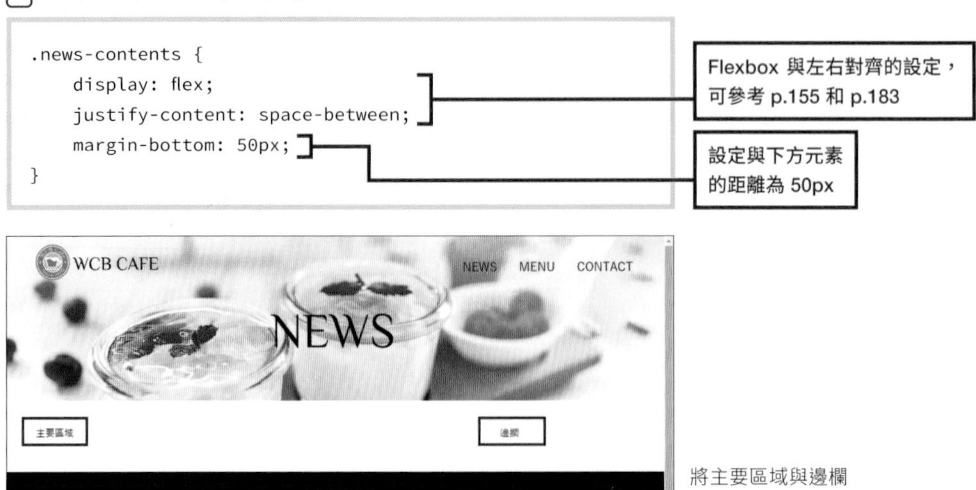

```
.news-contents {
    display: flex;
    justify-content: space-between;
    margin-bottom: 50px;
}
```


將主要區域與邊欄水平並排。

5-6 CHAPTER 製作主要內容區塊

接著要製作畫面左欄用於顯示報導的 <article> 區塊，同時一併調整標題、日期、影像與留白等細節。

製作報導的內容

報導文章通常會顯示發布日期和文章類別，因此我們也要在 <article> 區塊的內部加入標題、日期、文章類別等標示。上一節我們在 <article> 標籤內暫時寫上「主要區域」，請將該文字刪除，加入 **<header class="post-info">**，並如下撰寫內容。請注意其中的 **<span>** 標籤，這是用 CSS 裝飾行內文字的設定，不會套用到整份 HTML。

chapter5/c5-06-1/news.html

```
<article>
    <header class="post-info">
        <h2 class="post-title">店內畫作全面更新</h2>
        <p class="post-date">3/30 <span>2019</span></p>
        <p class="post-cat">類別：店內介紹</p>
    </header>
</article>
```

用不同標籤描述報導上方的標示

裝飾用的 <span>

設定日期的裝飾

接著要用 CSS 裝飾上面這些內容。首先設定包夾該資料的 <header> 標籤，請在「**.post-info**」類別中設定留白及「**position: relative;**」。「**position**」屬性可決定元素的位置。設定成「**relative**」是表示要依**相對位置**配置，設定後，這個元素將會成為下一頁「position: absolute;」元素的基準框。請同步參考下一頁的設定。

chapter5/c5-06-2/css/style.css

```
.post-info {
    position: relative;
    padding-top: 4px;
    margin-bottom: 40px;
}
```

設定依相對位置配置

在「.post-info」的類別中設定 CSS

接著是日期文字的樣式。請如下設定背景色、讓形狀變成圓角的「border-radius」以及大小等細節。需要特別注意的是我們替日期設定了「**position: absolute;**」屬性，它將會以外層的「.post-info」為基準，固定在絕對位置。這裡是設定把日期放在左上方。

chapter5/c5-06-3/css/style.css

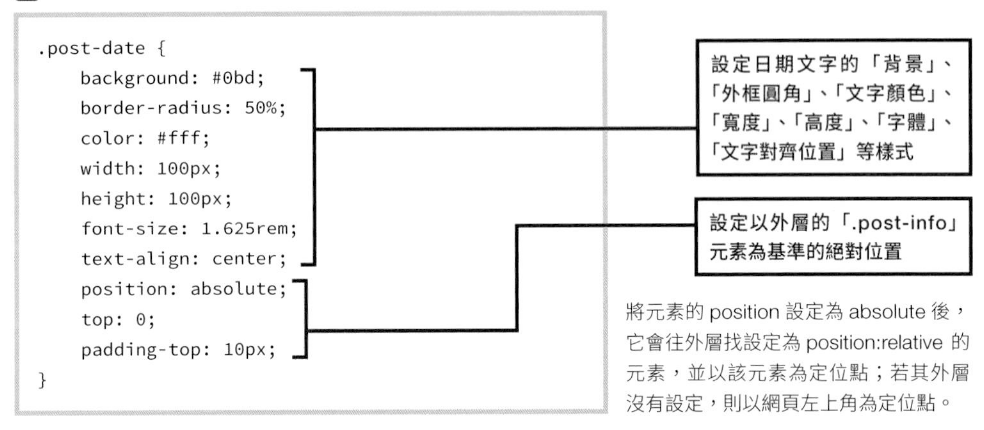

```
.post-date {
    background: #0bd;
    border-radius: 50%;
    color: #fff;
    width: 100px;
    height: 100px;
    font-size: 1.625rem;
    text-align: center;
    position: absolute;
    top: 0;
    padding-top: 10px;
}
```


將元素的 position 設定為 absolute 後，它會往外層找設定為 position:relative 的元素，並以該元素為定位點；若其外層沒有設定，則以網頁左上角為定位點。

目前畫面上已經出現一個藍色圓形的日期圖示，接著要在月日與年之間加入一條淡淡的水平線來做區隔。以下就用「**border-top**」屬性設定這條線，顏色請設定為 **rgba(255,255,255,.5)**。前面的「255,255,255」是 RGB 格式的白色，第 4 個數字「**.5**」是指「不透明度」的設定。rgba 的不透明度設定是用小數點描述 0～1 的數值，0 是透明，1 是不透明。設定為「.5」就會變成不透明度 50%（也就是半透明）的白線。

chapter5/c5-06-4/css/style.css

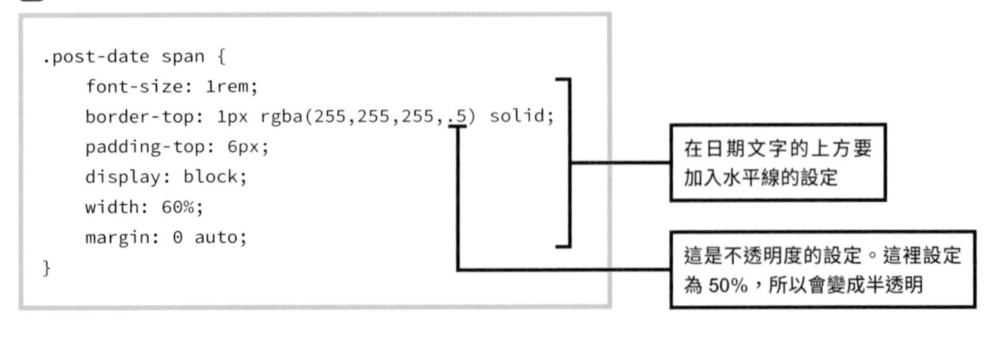

```
.post-date span {
    font-size: 1rem;
    border-top: 1px rgba(255,255,255,.5) solid;
    padding-top: 6px;
    display: block;
    width: 60%;
    margin: 0 auto;
}
```


POINT

只要使用「rgba」設定顏色，就可以調整不透明度。

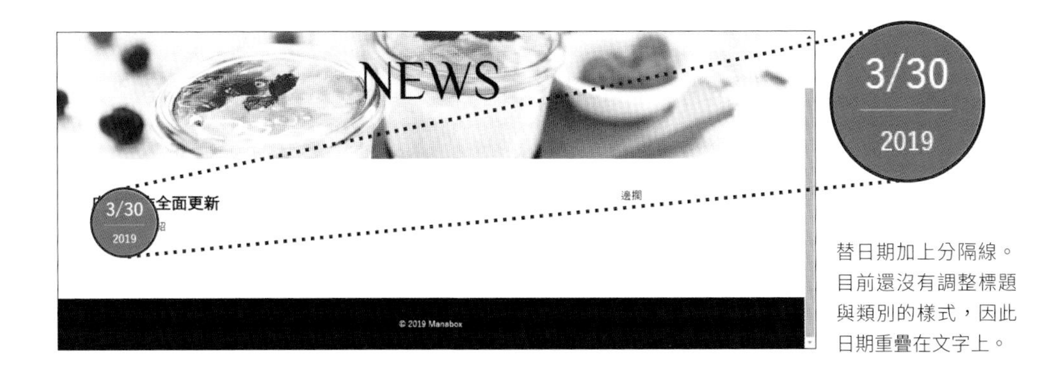

替日期加上分隔線。目前還沒有調整標題與類別的樣式，因此日期重疊在文字上。

調整標題與類別的樣式

接下來要調整文章標題與類別的樣式。請如下設定 CSS。

以下的設定包括字體、文字大小、文字粗細等內容。由於文章標題與類別等文字都要放在日期的右邊，所以要用「**margin-left**」屬性調整。

chapter5/c5-06-5/css/style.css

```
.post-title {
    font-family: "Yu Mincho", "YuMincho", serif;
    font-size: 2rem;
    font-weight: normal;
}
.post-title,
.post-cat {
    margin-left: 120px;
}
```

指定文章標題的字體，本例設定為「游明朝體」，這是「襯線體」。

利用 margin-left 調整位置

改變了標題與類別的顯示狀態，完成適當的配置。

描述影像與內文

接著在 <header class="post-info"> 下面插入影像，並且用 <p> 標籤包夾文章段落。

chapter5/c5-06-6/news.html

```
<article>
    <header class="post-info">
        <h2 class="post-title">店內畫作全面更新</h2>
        <p class="post-date">3/30 <span>2019</span></p>
        <p class="post-cat">類別：店內介紹</p>
    </header>
    <img src="images/wall.jpg" alt="店內環境">
    <p>
        WCB CAFE 提供有益健康的自然食物，主要的特色是菜單選用了無人工添加物的食材。
        請用好喝的綜合咖啡與健康的有機食物由體內開始療癒身心。
        WCB CAFE 提供有益健康的自然食物，主要的特色是菜單選用了無人工添加物的食材。
        請用好喝的綜合咖啡與健康的有機食物由體內開始療癒身心。
    </p>
    <p>
        WCB CAFE 提供有益健康的自然食物，主要的特色是菜單選用了無人工添加物的食材。
        請用好喝的綜合咖啡與健康的有機食物由體內開始療癒身心。
        WCB CAFE 提供有益健康的自然食物，主要的特色是菜單選用了無人工添加物的食材。
        請用好喝的綜合咖啡與健康的有機食物由體內開始療癒身心。
        WCB CAFE 提供有益健康的自然食物，主要的特色是菜單選用了無人工添加物的食材。
        請用好喝的綜合咖啡與健康的有機食物由體內開始療癒身心。
    </p>
    <p>WCB CAFE 提供有益健康的自然食物。</p>
</article>
```

插入影像

加入文章內容，用 <p> 標籤包夾每個段落

繼續在 CSS 中設定，要替 article 區塊內的影像與內文加上留白設定。

chapter5/c5-06-7/css/style.css

```
article img {
    margin-bottom: 20px;
}
article p {
    margin-bottom: 1rem;
}
```

報導文章的部分完成了。

5-7 製作右側邊欄區塊

CHAPTER

接著要製作畫面右側的邊欄，也就是 <aside> 標籤的內容。這裡將會放置類別清單以及「關於本店」等簡介。

製作邊欄的小標題與內容

在「news.html」的 <aside> 標籤內，要置入將顯示在邊欄中的內容。在 p.207 我們暫時寫上「邊欄」，請將該文字刪除，如下用 <ul> 標籤建立類別清單並置入文章。

chapter5/c5-07-1/news.html

```
<aside>
    <h3 class="sub-title"> 類別 </h3>
    <ul class="sub-menu">
        <li><a href="#"> 店內介紹 </a></li>
        <li><a href="#"> 期間限定菜單 </a></li>
        <li><a href="#"> 優惠活動 </a></li>
        <li><a href="#"> 與顧客對話 </a></li>
    </ul>

    <h3 class="sub-title"> 關於本店 </h3>
    <p>
        WCB CAFE 提供有益健康的自然食物，主要的特色是菜單選用了無人工添加物的食材。
        請用好喝的綜合咖啡與健康的有機食物由體內開始療癒身心。
    </p>
</aside>
```

邊欄上的小標題

類別清單

邊欄上的小標題

內文

利用 CSS 在標題加上底線，並調整文字大小及留白等樣式。

chapter5/c5-07-2/css/style.css

```
.sub-title {
    font-size: 1.375rem;
    padding: 0 8px 8px;
    border-bottom: 2px #0bd solid;
    font-weight: normal;
}
```

加上一條底線

接著要利用「**padding**」在元素內側加上留白，讓內容變得比較容易檢視。

chapter5/c5-07-3/css/style.css

```
aside p {
    padding: 12px 10px;
}
```

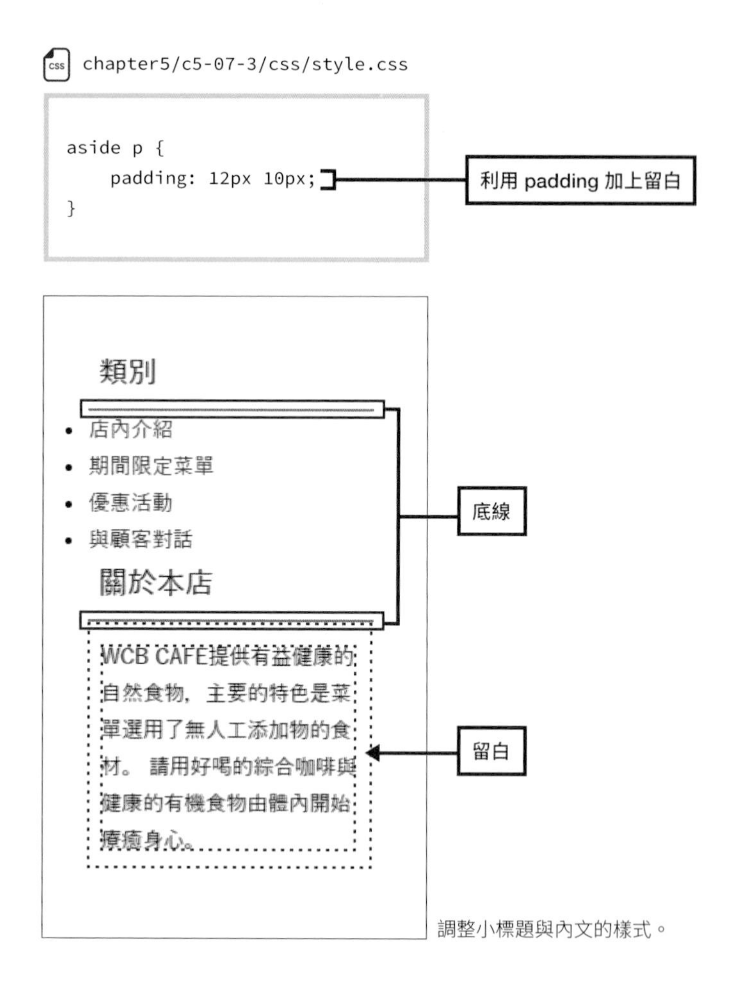

調整小標題與內文的樣式。

美化類別清單的外觀

CSS 的預設值會在清單項目前加上黑色圓點符號，如果不需要，請使用「**list-style: none;**」屬性將它隱藏。此外，<a> 標籤預設必須點擊到文字才能觸發連結，範圍太小，因此加入「**display: block;**」把點擊範圍擴大到整個清單項目的寬度，會更容易使用。最後再用「**a:hover**」設定移入游標時的變色效果。

chapter5/c5-07-4/css/style.css

```
.sub-menu {
    margin-bottom: 60px;
    list-style: none;
}
.sub-menu li {
    border-bottom: 1px #ddd solid;
}
.sub-menu a {
    color: #432;
    padding: 10px;
    display: block;
}
.sub-menu a:hover {
    color: #0bd;
}
```

- list-style: none; → 隱藏清單項目的黑色圓點符號
- border-bottom: 1px #ddd solid; → 每個項目下方加上淺灰色底線
- display: block; → 將連結的範圍擴大為整個項目
- color: #0bd; → 移入游標時文字變色的效果

完成 NEWS 網頁中左右兩欄的內容。

5-8 CHAPTER 支援響應式網頁設計

現在愈來愈多人習慣用智慧型手機瀏覽網站，若沒有特別設定，網頁版面很容易在手機螢幕上變形。以下我們就要學習利用 CSS 加入響應式網頁的設計，讓網頁遇到小型畫面時將自動調整。

何謂響應式網頁設計

響應式網頁設計（**Responsive Web Design**，也稱為 **RWD 網頁設計**）是指可以隨著顯示區域的寬度自動調整內容的網頁。例如桌上型電腦螢幕與智慧型手機螢幕的寬度就有很大的差異，只要使用響應式網頁設計，就不用改變網頁內容，只要利用 CSS 設定，就能依裝置的尺寸調整版面。

以下用幾個範例來說明，讓我們一起來思考該如何改變外觀，才能讓小畫面變得更容易瀏覽。

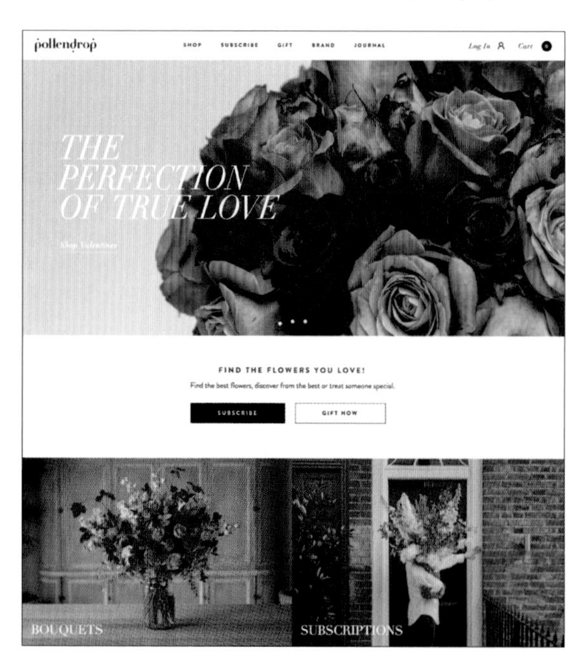

桌上型電腦版的網頁

Pollendrop…https://www.pollendrop.com/

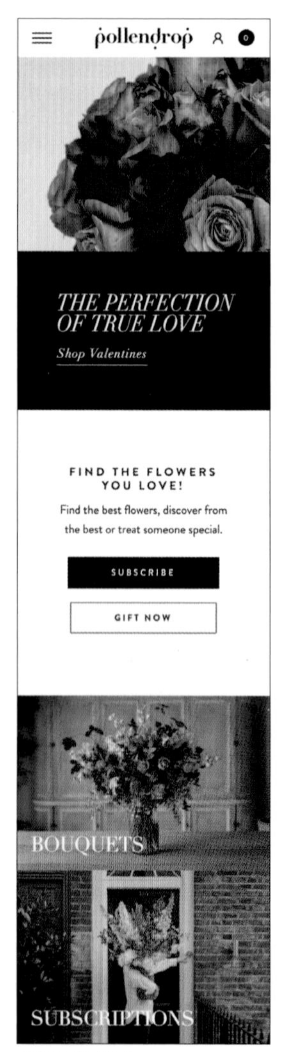

手機版的網頁

要減少欄位數量

電腦螢幕大多為寬螢幕，因此許多網站會設計成 2 欄、3 欄之類的多欄式版面，以便呈現更多資訊，但是這樣在智慧型手機上會變得不易閱讀。因此多數網站在智慧型手機上顯示時，會自動調整成單欄的版面，將原本水平排列的各欄位改成垂直排列。

例如左頁的「Pollendrop」網站，在桌上型電腦版的網頁，是水平排列多欄；但是在以智慧型手機為對象的手機版網頁上，就自動調整成垂直排列。

要減少導覽列選單的數量或改變排列方式

大部分網站都會在畫面上方排列多個導覽列選單，在改用較窄的裝置瀏覽時，往往無法正常顯示這麼多項目。在智慧型手機上有個常見的方法，是從一開始就隱藏導覽列選單，等使用者點擊選單圖示時，才會顯示出完整的導覽列選單。

下面的「VIVRE」網站，在改用智慧型手機瀏覽時，就會把導覽列選單隱藏起來。要點擊畫面右上角的「三條線圖示」，才會顯示導覽列選單，並改成垂直排列。

VIVRE…https://vivre-i.co.jp/

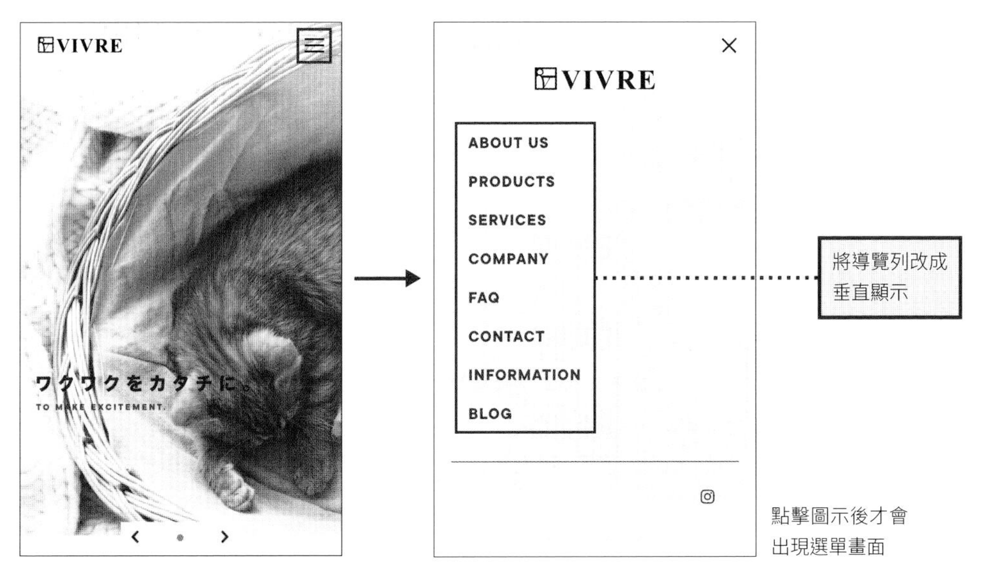

支援響應式網頁設計的步驟

接著就實際練習，把前面完成的「WCBCafe」頁面改成響應式網頁設計。

設定「viewport」

我們在 p.132 曾學過「viewport」這個名詞，就是表示在各種裝置上的顯示區域。

如果沒有特別設定，網頁在智慧型手機上顯示時，會比照桌上型電腦的寬度顯示，文字將會變得很小，不易閱讀。因此請在 HTML 的「head」標籤內加上以下這段 <meta> 標籤，以符合顯示區域的寬度。

若沒有特別設定，在使用智慧型手機瀏覽時，會呈現和電腦版一樣的狀態，導致文字變得很小、不易閱讀。

chapter5/c5-08-1/news.html

```
<meta name="viewport" content="width=
device-width, initial-scale=1">
```

設定後，會發現網頁文字變大了，變得容易閱讀了，但是又會發生文字過大而破壞版面的問題，所以必須再進一步調整。

設定後會依裝置寬度調整，但版面變得很亂。

媒體查詢的基本寫法

接下來要使用「**媒體查詢**」功能來調整。媒體查詢 (Media Queries) 就是根據網頁的畫面大小，自動切換套用不同 CSS 的功能。例如「當畫面小於 600px 就縮小文字」，這樣一來就可以根據使用者的瀏覽環境改變樣式。

媒體查詢的內容要描述在 CSS 內，首先寫「**@media**」，就是宣告「**要描述媒體查詢**」，接著在括弧內設定畫面尺寸的範圍。

例如寫成「**(max-width: 600px)**」，是「最大 (max) 寬度 (width) 為 600px 時」的意思，宣告之後就會對寬度為 0～600px 的畫面尺寸套用大括號中指定的樣式。

chapter5/c5-08-2/css/style.css

```
@media (max-width: 600px) {
    h1 {
        color: #0bd;
    }
}
```

這段是指使用 0～600px 的畫面尺寸瀏覽時，要讓 <h1> 標籤的文字顏色變成藍色。

在「媒體查詢」中調整文字大小與留白

接著在實際製作中的「WCBCafe」套用媒體查詢。首先要設定所有網頁的共通部分。請在 style.css 的最下面增加以下樣式。

以下的宣告內容表示「在 600px 以下的畫面，要縮小標語及導覽列選單的文字大小、縮小首頁內容的留白」，這樣一來，在小型畫面上也會很容易瀏覽。

chapter5/c5-08-3/css/style.css

```
/* 手機版
------------------------------ */
@media (max-width: 600px) {
    .page-title {
        font-size: 2.5rem;
    }
    /* HEADER */
    .main-nav {
        font-size: 1rem;
        margin-top: 10px;
    }
    .main-nav li {
        margin: 0 20px;
    }
    /* HOME */
    .home-content {
        margin-top: 20%;
    }
}
```

針對 600px 以下的畫面，分別調整多個類別的樣式

設定之後，開啟首頁 (c5-08-3/index.html) 來檢視，會發現整個畫面變得清爽易讀。

在手機版網頁中將內容改成垂直排列

在智慧型手機版的網頁中，我們還要把原本用 Flexbox 水平排列的欄位變成垂直排列。請使用另一個 Flexbox 屬性「**flex-direction**」，可以設定往哪個方向排列。請將這個屬性設定為「**column**」，就能把元素改成垂直排列。

請在剛才描述的「**@media (max-width: 600px)**」後面的大括號「**{ }**」內加入本頁右上方的原始碼。

原本的首頁中，LOGO 及導覽列項目都是水平排列，設定後就變成垂直排列。我們在原始碼中一併設定「**align-items: center;**」，可在垂直排列的同時也將元素置中對齊。這樣一來就可以將首頁變成響應式網頁設計（效果可參考 c5-08-4/index.html）。

首頁調整好了，接著再調整「NEWS」網頁。首先要將水平排列的主要區域及邊欄變成垂直排列，我們要分別將寬度設定為「100%」，讓內容擴大至填滿整個寬度。右圖這些原始碼也是要加在「**@media (max-width: 600px)**」後面的大括號「**{ }**」內。

chapter5/c5-08-4/css/style.css

```
@media (max-width: 600px) {
    (・・・省略・・・)
    .page-header {
        flex-direction: column;
        align-items: center;
    }
}
```

加在這之間

縮小視窗時，會將 LOGO 與導覽列選單垂直排列。

chapter5/c5-08-5/css/style.css

```
@media (max-width: 600px) {
    (・・・省略・・・)
    /* NEWS */
    .news-contents {
        flex-direction: column;
    }
    article,
    aside {
        width: 100%;
    }
}
```

加在這之間

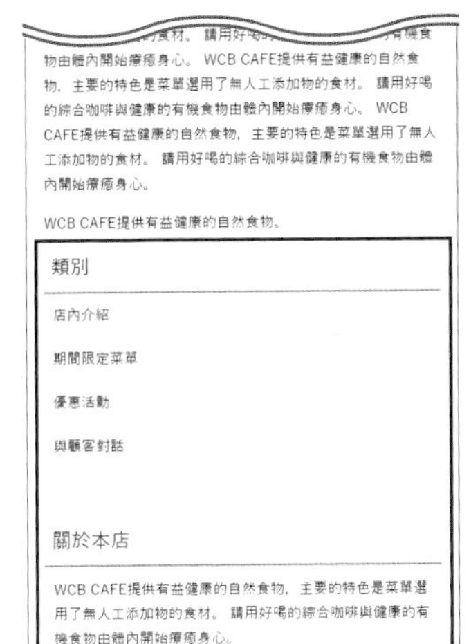

原本並排在主要區域右側的邊欄，調整後變成在下方。完成結果可參考 c5-08-5/news.html。

接著要調整手機版網頁的文字大小與留白，同樣在 CSS 中設定。

chapter5/c5-08-6/css/style.css

```
@media (max-width: 600px) {
    (・・・省略・・・)
    #news .page-title {
        margin-top: 30px;
    }
    aside {
        margin-top: 60px;
    }
    .post-info {
        margin-bottom: 30px;
    }
    .post-date {
        width: 70px;
        height: 70px;
        font-size: 1rem;
    }
    .post-date span {
        font-size: 0.875rem;
        padding-top: 2px;
    }
    .post-title {
        font-size: 1.375rem;
    }
    .post-cat {
        font-size: 0.875rem;
        margin-top: 10px;
    }
    .post-title,
    .post-cat {
        margin-left: 80px;
    }
}
```

將各個項目整理得更加容易檢視

重新調整了標題文字周圍的裝飾，變得比較清爽。完成結果可參考 c5-08-6/news.html。

思考響應式網頁設計的斷點

這一節我們學到使用「媒體查詢」功能，可以隨著裝置的畫面大小改變樣式，當畫面寬度小於多少就要切換，這個成為切換點的畫面尺寸，就稱為「**斷點 (breakpoint)**」。

前面的範例設定「@media (max-width: 600px)」，所以斷點是 600px。由於行動裝置通常是垂直握持的，所以建議以直式畫面的寬度＝裝置較短的寬度為基準來思考斷點。

可以瀏覽網頁的裝置種類很多，很難一概而論地認為「只要設定成這個斷點就沒有問題」。大部分的情況下，小裝置畫面的尺寸是以 450px 為準，而大裝置畫面的尺寸是以 760px 起跳，因此建議把斷點設定為中間值 600px 左右即可。

iOS 裝置主要的畫面寬度

裝置	橫式的畫面寬度	直式的畫面寬度
iPad Pro (10.5")	1112	834
iPad (9.7") / iPad mini	1024	768
iPhone Xs Max	896	414
iPhone X / iPhone Xs	812	375
iPhone 6 ～ 8 Plus	736	414
iPhone 6 ～ 8	667	375

以 450～760
為起點

製作響應式網頁設計時，是使用「媒體查詢」功能按照畫面寬度調整樣式。

POINT

在「媒體查詢」功能中設定要切換樣式的尺寸，就稱為「斷點」。

5-9 CHAPTER 製作三欄式網頁的範例

範例網站是製作兩欄式網頁，如果需要更多欄位，該怎麼辦呢？以下會示範將「NEWS」網頁改成三欄式的設計，並改變顯示的欄位順序。三欄也是常用的版型，學會這個技巧會很有幫助。

設定成三欄式版面

範例檔案：chapter5/c5-09-1/Demo-3columns/news.html

NEWS 網頁是製作成兩欄式版面，本例要再增加一個欄位，變成三欄，並且在第三個欄位中置入直式 banner 影像。首先開啟「news.html」，在 <div class="news-contents wrapper"> 區塊中增加含「**ad**」類別的 <div> 標籤與影像。

chapter5/c5-09-2/news.html

```
<div class="news-contents wrapper">
    <article>
        (・・・省略・・・)
    </article>

    <aside>
        (・・・省略・・・)
    </aside>

    <div class="ad">
        <img src="images/banner.jpg" alt="新菜單登場">
    </div>
</div><!-- /.news-contents -->
```

請增加這一段原始碼

加入一欄會讓整體顯得擁擠，所以用 CSS 稍微縮小「article」的寬度，調整比例。

chapter5/c5-09-3/css/style.css

```
/* 報導部分 --- 修改為 60% */
article {
    width: 60%;
}
```

稍微縮小寬度

在原本的邊欄右側再加上第三欄，並插入影像。

前面已經學過，只要使用 **Flexbox** 屬性，就會將有設定「**display: flex**」的元素自動水平排列。上面這三個欄位的父元素「.news-contents」區塊有設定「**display: flex**」，因此無論在其中增加多少欄，都可以自動變成水平排列，非常簡單。

改變欄位的顯示順序

目前的欄位順序，左起依序是「主要區域」、「邊欄」、「banner 影像」。如果想要變更順序，是否需要重組呢？其實不用。以下將示範改成左起為「banner 影像」、「主要區域」、「邊欄」。

用 CSS 的 **order** 屬性即可調整順序，請依照想要的順序寫上數值。請注意，只有包含「**display: flex**」設定的元素之子元素才能用 order 屬性控制順序。

chapter5/c5-09-4/css/style.css

```
/* ↓ 修改這個部分 ↓ */
article {
    width: 60%;
    order: 2;
}
aside {
    width: 22%;
    order: 3;
}
.ad {
    order: 1;
}
/* ↑ 到這裡為止 ↑ */
```

按照想顯示的順序設定 order 屬性

將 banner 影像（.ad 類別）的順序改成 1，就變成最左邊的欄位。

COLUMN

為什麼我們不用 HTML 改變內容的順序？

你可能會認為，既然要改變顯示順序，為什麼不直接在 HTML 中調整前後順序呢？當然有時這樣也能解決問題，但是這裡考慮到的是**網頁中最重要的內容為何**。網頁瀏覽器預設會「由上到下」載入檔案，因此最重要的內容，就必須優先快速載入。這可能也會影響網站在 Google 等搜尋引擎中的排序。

在 NEWS 網頁中，最重要的是「報導文章」，因此建議把重點描述在 HTML 檔案的頂部，其他沒那麼重要的內容則放在下面，並利用 CSS 調整外觀。

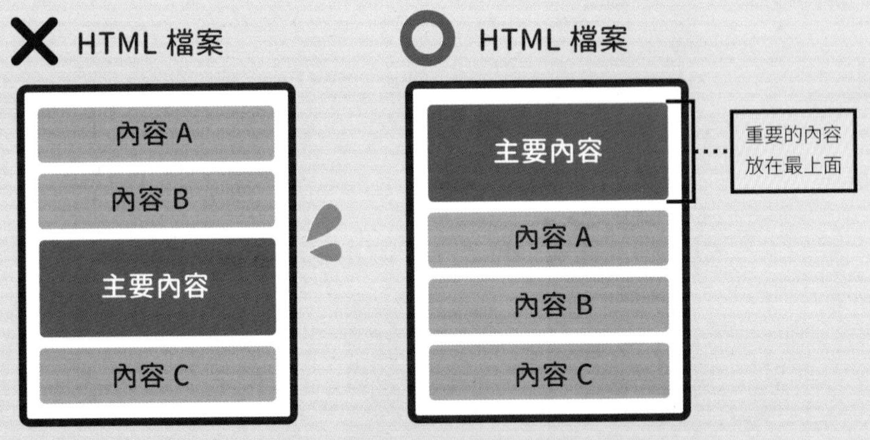

請把重要的內容描述在 HTML 檔案的上方，才能優先、快速地載入該內容。

CHAPTER 6

—

製作磚牆式網頁

需要在網頁中排列很多照片時，例如製作產品目錄或是需要展示作品時，適合使用磚牆式版面，只要使用「CSS 格線」功能就能輕鬆完成。本章就一起來學習這種排版方法，此外也會示範如何讓磚牆式網頁符合響應式網頁設計。

WEBSITE | WEB DESIGN | HTML | CSS | SINGLE PAGE | MEDIA

6-1 CHAPTER 何謂磚牆式版面

將大量影像製作成方形並且整齊排列，這種版面就稱為「磚牆式版面」、「格線版面」或「卡片式設計」。以下就為大家介紹這種版面的特色。

磚牆式版面的優點與構成元素

磚牆式版面可以一次展示大量影像與文字，而且將資訊整理成同樣格式，給人井然有序、有條不紊的感覺。

磚牆式版面也很適合搭配響應式網頁設計，像是購物網站的目錄或圖庫網站等，都常使用這種版面。

磚牆式版面的範例。

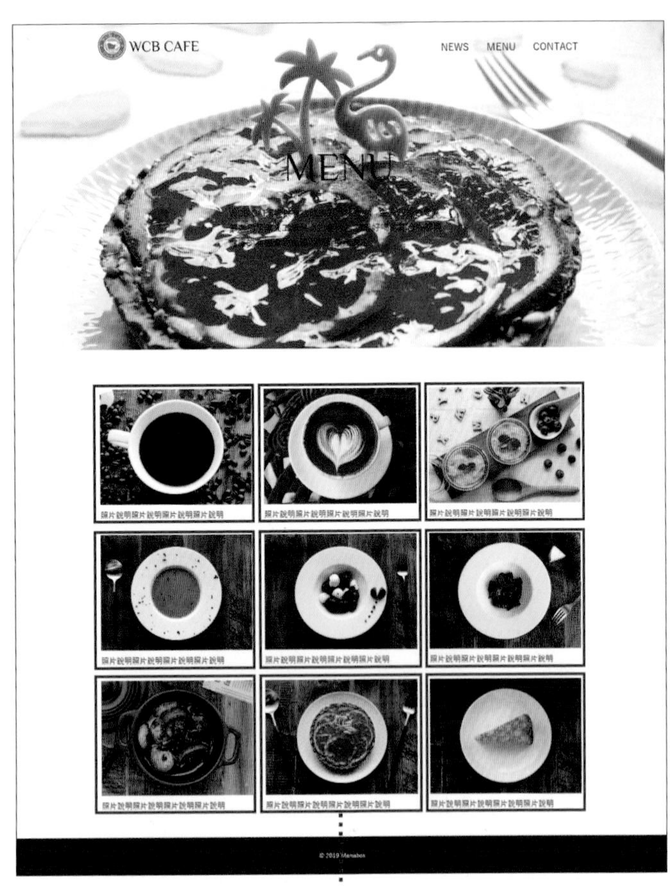

將 9 張照片排成 3 行的磚牆式版面（使用 CSS 格線製作）

在磚牆式版面中，也可以調整每個方塊的大小，製造強弱對比，或是改變高度、填滿整個畫面。即使方塊大小不一，只要統一留白或左右線條，也能排得整齊好看。

POINT

統一元素的留白距離並對齊，即使改變某些元素的大小，也能顯示出整齊的版面。

放大左上方的影像

即使放大左上方的影像，仍然會維持整齊的版面（使用 grid-column、grid-row 製作）

改變單一元素大小的版面範例。

6-2 CHAPTER 磚牆式版面的製作流程

範例網站中的「MENU」頁面就是利用磚牆式版面來展示菜單，這是活用 CSS 格線來製作的，也能支援響應式網頁設計。以下先來了解製作流程。

製作流程

01 製作網頁頂端的商品簡介

在網頁頂端會顯示大型的背景影像、網頁標題與商品簡介。6-3 節會示範完整的步驟。

結構和首頁一樣。

02 建立磚牆式版面

重點的磚牆式版面是使用 CSS 格線製作，把 9 種商品照排列成 3 排的磚牆式版面。6-4 節會示範完整的步驟。

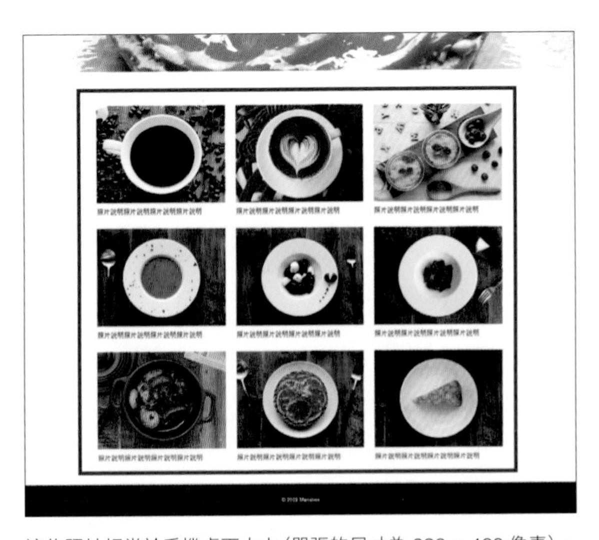

這些照片相當於手機桌面大小（單張的尺寸為 620 x 460 像素），請注意是否能清楚顯示。

03 設定為響應式網頁

磚牆式版面可以設定成響應式網頁，自動依畫面的寬度調整要顯示的照片尺寸及數量。6-5 節會示範完整的步驟。

 POINT

磚牆式版面是使用 CSS 格線製作※。

POINT

如果要依畫面寬度顯示內容，就要活用 CSS 格線搭配響應式網頁的設定。

會自動依畫面寬度調整每一列顯示的元素數量。

※CSS 格線功能只支援 Chrome, Safari, Firefox, Edge 等瀏覽器。若要在 Internet Explorer 上使用，需另外描述。

6-3 CHAPTER 製作網頁頂端的商品簡介

這一節就開始製作「MENU」網頁，首先要製作網頁頂端的 First View 區域，此區將置入大型背景影像、網頁標題與商品簡介。

準備檔案

和建立「news.html」的方法一樣，請利用拷貝檔案的方式建立新的網頁。這次要拷貝的是有包含頁首與頁尾的「news.html」，並將該檔案重新命名為「menu.html」。接下來我們將編輯「menu.html」，製作成「MENU」網頁。

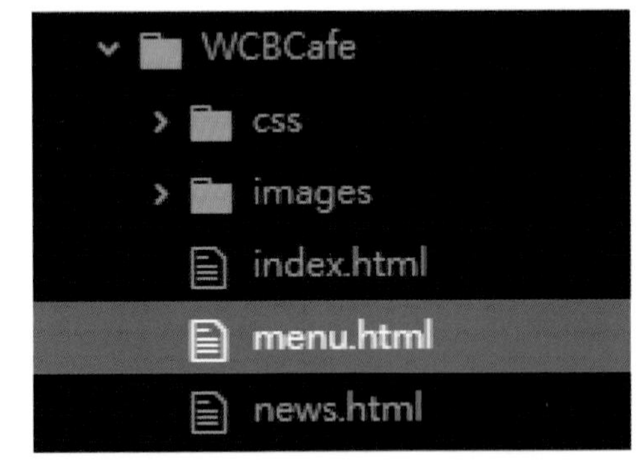

目前的檔案結構如上圖所示。

編輯 HTML

拷貝檔案後，可保留網頁的共通元素，以下將編輯需要變更的地方。

編輯「head」內的「title」

首先要更改「MENU」網頁用的標題，本例是改成「WCB Cafe - MENU」。

chapter6/c6-03-1/menu.html

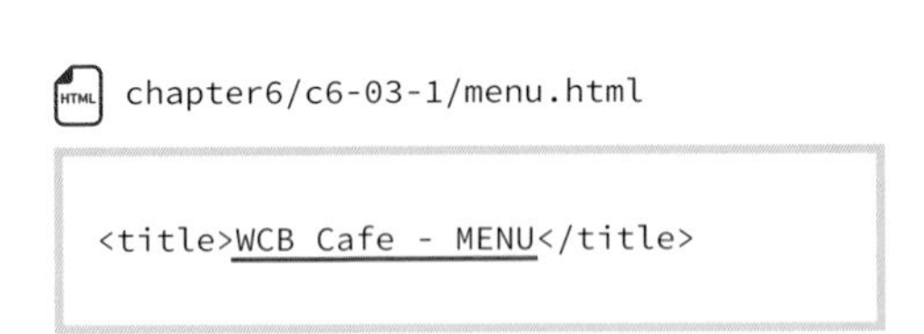

```
<title>WCB Cafe - MENU</title>
```

刪除不需要的內容

這個網頁不會再需要「NEWS」網頁上方的標題，也不需要再使用報導文章與側邊欄的區塊，因此要刪掉標題和 <div class="news-contents wrapper"> 這組標籤。

chapter6/c6-03-2/menu.html

```html
<div class="wrapper">
    <h2 class="page-title">News</h2>
</div><!-- /.wrapper -->
```

刪除

chapter6/c6-03-3/menu.html

```html
<div class="news-contents wrapper">
    <article>
        (・・・省略・・・)
    </article>

    <aside>
        (・・・省略・・・)
    </aside>
</div><!-- /.news-contents -->
```

刪除

更改 ID 名稱

把「div id="news"」的 ID 名稱改成「div id="menu" 」，請注意下方註解也要從 <!-- /#news --> 改成 <!-- /#menu -->。

chapter6/c6-03-4/menu.html

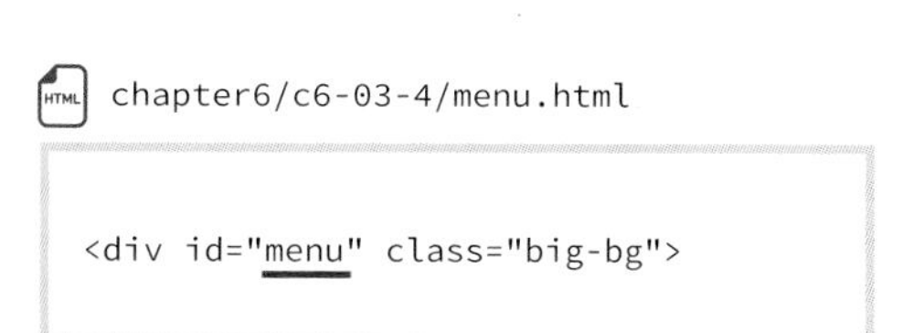

```html
<div id="menu" class="big-bg">
```

增加標題

接著請在「header」下方撰寫網頁的標題與簡介內容。

chapter6/c6-03-5/menu.html

```html
<div class="menu-content wrapper">
    <h2 class="page-title">Menu</h2>
    <p>
        WCB CAFE 提供有益健康的自然食物，主要的特色是菜單選用了無人工添加物的食材。
        請用好喝的綜合咖啡與健康的有機食物由體內開始療癒身心。
    </p>
</div><!-- /.menu-content -->
```

增加

NEWS　MENU　CONTACT

WCB CAFE提供有益健康的自然食物，主要的特色是菜單選用了無人工添加物的食材。 請用好喝的綜合咖啡與健康的有機食物由體內開始療癒身心。

© 2019 Manabox

顯示了標題與簡介內容。

用 CSS 裝飾標題區塊

接著設定標題的樣式，請繼續寫在之前製作的 style.css 裡。右圖的設定內容包括背景影像及標題高度、留白距離等。

chapter6/c6-03-6/css/style.css

```
/* MENU
------------------------------- */
#menu {
    background-image: url(../images/menu-bg.jpg);
    min-height: 100vh;
}
.menu-content {
    max-width: 560px;
    margin-top: 10%;
}
.menu-content .page-title {
    text-align: center;
}
.menu-content p {
    font-size: 1.125rem;
    margin: 10px 0 0;
}
```

手機版也同步修改，只要稍微調整留白即可。請在「**@media (max-width: 600px)**」後面的大括號「**{ }**」內加入原始碼。

chapter6/c6-03-7/css/style.css

```
/* 手機版
------------------------------- */
@media (max-width: 600px) {

    ( ··· 省略 ··· )

    /* MENU */
    .menu-content {
        margin-top: 20%;
    }
}
```

增加

POINT

支援響應式網頁設計的描述，都要寫在「@media (max-width: 600px)」後面的大括號「{ }」內。

使用 CSS 稍微調整了影像配置及文字位置

完成了網頁頂部的簡介內容。

COLUMN

—

裁切影像的技巧 ①

即使是同一張照片，也會隨著裁切（擷取）部分的差異，而產生不同的外觀，或是可傳達不同的訊息。因此建議依照設計目的，思考要以照片的哪個部分當作視覺焦點。

依使用目的裁切影像

就算是同一張照片，可以選擇要使用遠拍的照片呈現出整體構圖，或是加以裁切、製作成局部放大的特寫照片，兩者想傳達的訊息也會變得不一樣。

遠拍的照片是以整張照片為主角。如果是料理的照片，這種構圖適合用來介紹套餐的內容。

透過裁切，可將照片中的特定元素放大，能強調出該元素，讓它變成主角。想讓人注意到照片中的特定元素時，適合使用這種方法。

6-4 CHAPTER 建立磚牆式版面

要把元素整齊排列，需要用「CSS 格線」(CSS Grid) 這個功能，可以像表格一樣排列元素。以下就要使用「CSS 格線」，把 9 張商品照與文字排列成磚牆狀。

準備要排列的元素

請在 <div id="menu" class="big-bg"> 與 <footer> 間插入內容。首先要建立一個「div」標籤套用「**wrapper grid**」類別，在這個標籤內建立 9 個「div」標籤，都要包夾影像與文字，並套用「**item**」類別。

chapter6/c6-04-1/menu.html

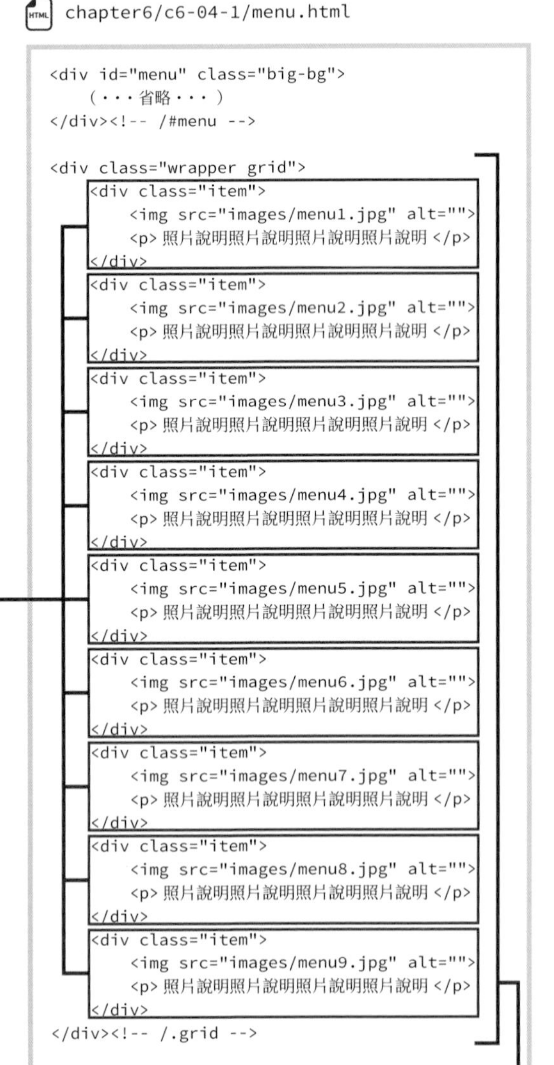

```
<div id="menu" class="big-bg">
   (・・・省略・・・)
</div><!-- /#menu -->

<div class="wrapper grid">
  <div class="item">
      <img src="images/menu1.jpg" alt="">
      <p> 照片說明照片說明照片說明照片說明 </p>
  </div>
  <div class="item">
      <img src="images/menu2.jpg" alt="">
      <p> 照片說明照片說明照片說明照片說明 </p>
  </div>
  <div class="item">
      <img src="images/menu3.jpg" alt="">
      <p> 照片說明照片說明照片說明照片說明 </p>
  </div>
  <div class="item">
      <img src="images/menu4.jpg" alt="">
      <p> 照片說明照片說明照片說明照片說明 </p>
  </div>
  <div class="item">
      <img src="images/menu5.jpg" alt="">
      <p> 照片說明照片說明照片說明照片說明 </p>
  </div>
  <div class="item">
      <img src="images/menu6.jpg" alt="">
      <p> 照片說明照片說明照片說明照片說明 </p>
  </div>
  <div class="item">
      <img src="images/menu7.jpg" alt="">
      <p> 照片說明照片說明照片說明照片說明 </p>
  </div>
  <div class="item">
      <img src="images/menu8.jpg" alt="">
      <p> 照片說明照片說明照片說明照片說明 </p>
  </div>
  <div class="item">
      <img src="images/menu9.jpg" alt="">
      <p> 照片說明照片說明照片說明照片說明 </p>
  </div>
</div><!-- /.grid -->

<footer>
   (・・・省略・・・)
</footer>
```


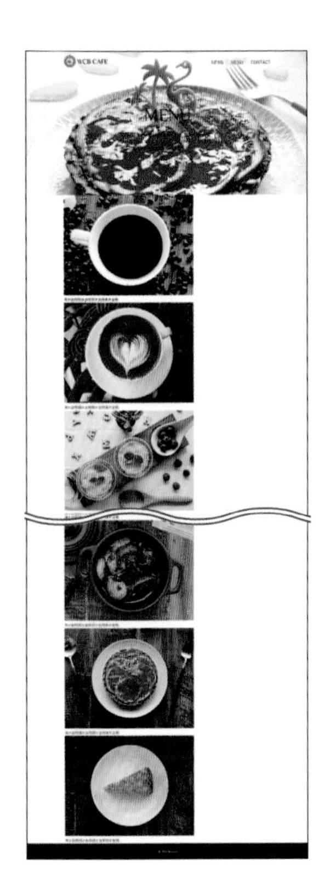

完成後會垂直排列 9 組內容。

CSS 格線的寫法

為了排列成磚牆式版面，我們要在父元素「grid」類別設定「**display: grid;**」屬性，這樣一來就會套用 CSS 格線。接著要用「**grid-template-columns**」屬性，將寬度設定為「**1fr 1fr 1fr**」，就會以「1：1：1」的比例，每行都水平排列 3 個元素。這樣一來，寬度不會固定，可配合畫面寬度自動縮放，非常方便。另外，可利用「**gap**」屬性設定各個元素的留白。

chapter6/c6-04-2/css/style.css

```
.grid {
  display: grid;
  gap: 26px;
  grid-template-columns: 1fr 1fr 1fr;
  margin-top: 6%;
  margin-bottom: 50px;
}
```

針對想要排列成磚牆式版面的元素，必須在它們的父元素內設定「display: grid;」屬性。寬度單位請設定為「fr」而非「px」，就能依畫面寬度縮放。

POINT

目前只有 Chrome、Safari、Firefox 和 Edge 瀏覽器有支援 CSS 格線的效果。如果你使用 Internet Explorer 瀏覽器來看，可能會無法正常顯示。

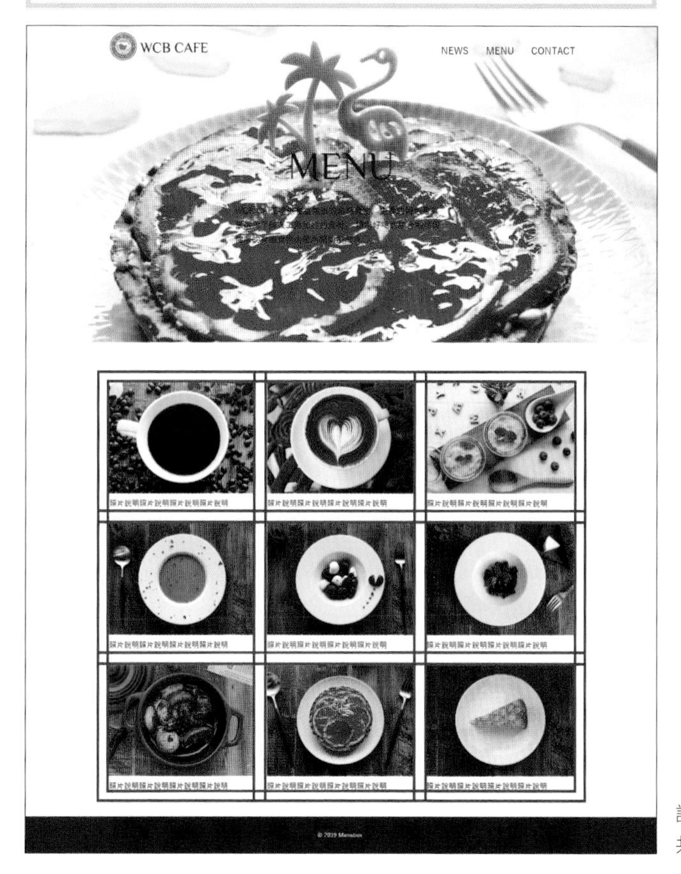

設定後就會排成每行 3 個，共 9 個元素的磚牆式版面。

6-5 設定為響應式網頁

CHAPTER

上一節已設定好磚牆式版面，但是如果你縮小視窗或用手機瀏覽，會覺得每張影像變得太小，不易檢視。以下這節就要繼續修改，針對響應式網頁的需求調整「grid-template-columns」屬性。

利用「repeat」屬性重複排列元素

為了在每行水平排列 3 個元素，前面將「**grid-template-columns**」設定為「1fr 1fr 1fr」。像這樣在寫相同數值時，也可以使用「**repeat 函數**」，讓原始碼變得簡潔。

該函數的寫法是「**repeat(重複的次數，元素的寬度)**」。例如設定成「**grid-templatecolumns: repeat(3, 1fr);**」，就會在一行內排列 3 個「1fr」的方塊。

POINT

利用「grid-template-columns」屬性重複相同數值時，可改成「repeat(重複的次數，元素的寬度)」讓原始碼更簡潔。

chapter6/c6-05-1/css/style.css

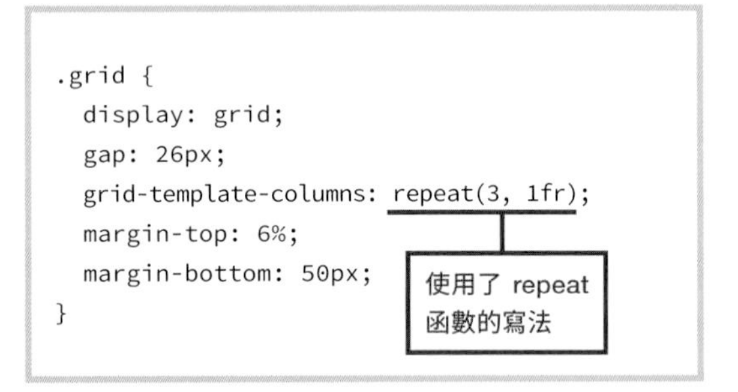

```
.grid {
  display: grid;
  gap: 26px;
  grid-template-columns: repeat(3, 1fr);
  margin-top: 6%;
  margin-bottom: 50px;
}
```

照片說明照片說明照片說明照片說明

照片說明照片說明照片說明照片說明

照片說明照片說明照片說明照片說明

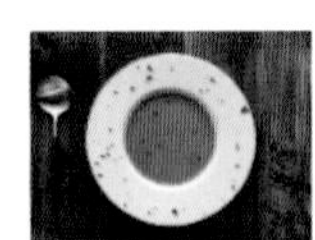
照片說明照片說明照片說明照片說明

照片說明照片說明照片說明照片說明

照片說明照片說明照片說明照片說明

照片說明照片說明照片說明照片說明

照片說明照片說明照片說明照片說明

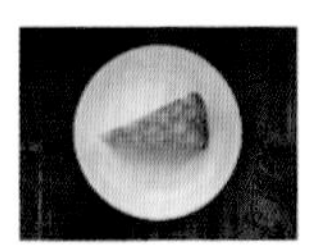
照片說明照片說明照片說明照片說明

雖然顯示結果不變，但是 CSS 的寫法變得比較容易瞭解

用「minmax」函數設定元素寬度的最小值或最大值

在目前的狀態下，使用智慧型手機瀏覽網頁時，影像會變得太小，不易辨識。因此請在元素寬度設定**最小值**。最小值是指「不能小於這個數值」的尺寸。使用「**minmax**」函數就可以執行這項設定。「minmax」除了設定尺寸的最小值，也能設定最大值。

minmax 的寫法是「**minmax(最小值 ， 最大值)**」。這裡設定為「minmax(240px, 1fr)」，表示**元素的寬度不會小於 240px，並且會配合畫面縮放**。

利用這個函數，搭配 repeat 的設定，就讓每行的 3 個元素寬度可以縮放，且不會小於 240px。

POINT

在元素的寬度設定最小值或最大值時，要寫成「minmax(最小值 , 最大值)」。

chapter6/c6-05-2/css/style.css

```
.grid {
  display: grid;
  gap: 26px;
  grid-template-columns: repeat(3, minmax(240px, 1fr));
  margin-top: 6%;
  margin-bottom: 50px;
}
```

使用了 minmax 的寫法

照片說明照片說明照片說明照片說明

照片說明照片說明

照片說明照片說明照片說明照片說明

照片說明照片說明

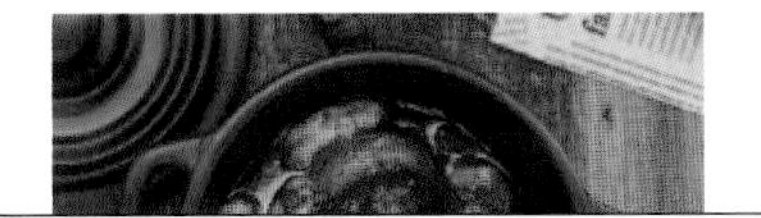

使用智慧型手機瀏覽也能顯示較大的影像。

利用「auto-fit」屬性讓元素依畫面寬度自動換行

上一頁設定了最小值，即使用智慧型手機瀏覽，也能以最小 240px 的寬度顯示元素。然而，目前只有最左邊的元素能正常顯示，右邊第 2 個、第 3 個元素都無法完整顯示。

因此我們要取消每行 3 個元素的限制，改成按照畫面的寬度讓元素換行，自動排列到下一行。設定方法是把用 repeat 函數設定的重複數值更換成「**auto-fit**」。使用「auto-fit」就可以將元素換行，同時還能填滿父元素多餘的留白。這樣一來，不論用多小的裝置檢視，都能顯示成磚牆狀版面，並維持易讀性。

chapter6/c6-05-3/css/style.css

```
.grid {
  display: grid;
  gap: 26px;
  grid-template-columns: repeat(auto-fit, minmax(240px, 1fr));
  margin-top: 6%;
  margin-bottom: 50px;
}
```

設定為 auto-fit

使用智慧型手機（窄螢幕）瀏覽時的畫面

使用平板電腦（窄螢幕）瀏覽時的畫面

使用桌上型電腦（寬螢幕）瀏覽時的畫面

COLUMN

—

裁切影像的技巧②

活用空間的裁切手法

有時為了構圖需要，裁切影像時會刻意讓主角偏離中央位置，這樣可以保留空間來配置文字或營造氣氛。想置入大型背景影像來搭配文字時，可以參考這種手法。

主角視線前方留白，可營造展望未來的積極感。

主角背後留白，可營造回顧過去的感覺。

6-6 CHAPTER 自訂磚牆式版面的範例

碼牆式網頁中的元素並不是一成不變的方塊，也可以自訂各元素的大小。以下將針對本章製作的 MENU 網頁，自訂磚牆式版面。雖然設定方法稍微複雜，為了提升版面設計技巧，請耐心練習。

配置大小不同的元素

範例檔案：chapter6/c6-06-1/Demo-grid/menu.html

右圖是完成的範例，我們將左上方的照片放大了。「在以相同大小配置的元素中，有希望特別強調的部分」，就可以透過這種編排來強調。

在 HTML 中加入放大用的類別

如果有想要放大的元素，首先在 HTML 中，請針對想放大顯示的元素加上「big-box」類別，之後就可以到 CSS 替這個類別撰寫放大設定。本例只要將左上角的元素放大顯示，因此只在第一個項目寫「big-box」類別。

chapter6/c6-06-2/menu.html

```
<div class="wrapper grid">
    <div class="item big-box">
        <img src="images/menu1.jpg" alt="">
        <p> 照片說明照片說明照片說明照片說明 </p>
    </div>
    <div class="item">
        <img src="images/menu2.jpg" alt="">
        <p> 照片說明照片說明照片說明照片說明 </p>
    </div>

    (・・・省略・・・)

</div><!-- /.grid -->
```

設定放大尺寸的格線項目

格線項目的設定方法有點複雜，為了避免混淆，以下將會一步一步說明。如右圖所示，在 CSS 格線中，是以水平、垂直排列的格線為基礎來設定範圍。

調整水平範圍(元素寬度)要使用「**grid-column**」屬性設定，垂直範圍(元素高度)則用「**grid-row**」屬性設定。

若希望放大後的元素寬度為「第 1 到第 3 條格線」，就以「**開始線 / 終止線**」的方式，用斜線隔開，描述的方法是「**grid-column: 1 / 3;**」。

格線最左邊、最上面都是第 1 條格線。

chapter6/c6-06-3/css/style.css

```
.big-box {
  grid-column: 1 / 3;
}
```

利用格線的開始線 / 終止線來設定元素的水平範圍(寬度)

元素寬度變成第 1 到第 3 條格線的範圍

雖然將左上角的元素變大，但是有個元素被擠到下一行了。

同樣地，垂直範圍也要設定為第 1 到第 3 條格線，請使用「**grid-row**」屬性描述為「**grid-row: 1 / 3;**」。

chapter6/c6-06-4/css/style.css

```
.big-box {
  grid-column: 1 / 3;
  grid-row: 1 / 3;
}
```

設定垂直範圍

元素高度變成第 1 到第 3 條格線的範圍

設定後，由於依格線排列，雖然元素大小不一，但還是能排列得整齊劃一。

對齊影像的高度

在目前的狀態下，大小影像的高度並不一致，所以要再調整影像的大小。請如下撰寫 CSS 來調整「.big-box」中的圖片高度。

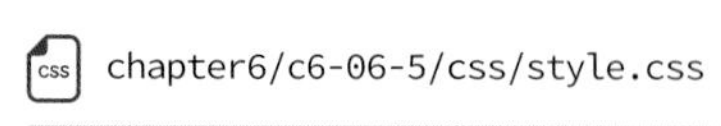


```
.big-box img {
    height: 94%;
    width: 100%;
}
```

統一高度，呈現出井然有序的感覺。

用 object-fit 屬性裁切影像

在前面的 CSS 設定中，有強制設定影像大小，這可能會使影像有點變形（目前左邊的咖啡照片就變形了）。這是因為原始影像的尺寸比設定的大小還寬。此時可以使用「**object-fit**」屬性，會自動裁切掉超出尺寸的影像。

chapter6/c6-06-6/css/style.css

```
.big-box img {
    height: 94%;
    width: 100%;
    object-fit: cover;
}
```

改用裁切影像的方式，就不會讓影像變形。

使用 object-fit 屬性，可以裁切影像的顯示範圍。

調整手機版網頁的設定完成響應式網頁設計

在我們改變元素大小後，用電腦看是沒問題，但如果使用智慧型手機瀏覽，會發現元素變得大小不一。

因此在手機版的 CSS 中，必須把「**grid-column**」以及「**grid-row**」兩者的設定值變成「**auto**」，影像高度也要設定為「100%」，這樣才能正常瀏覽，本章的範例到此就完成了。

chapter6/c6-06-7/css/style.css

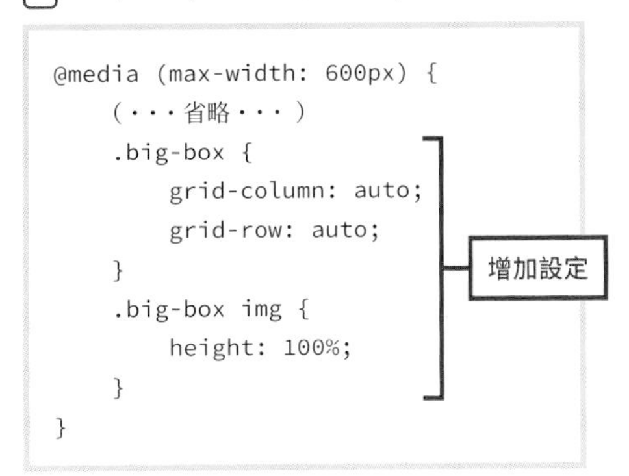

```
@media (max-width: 600px) {
    (・・・省略・・・)
    .big-box {
        grid-column: auto;
        grid-row: auto;
    }
    .big-box img {
        height: 100%;
    }
}
```


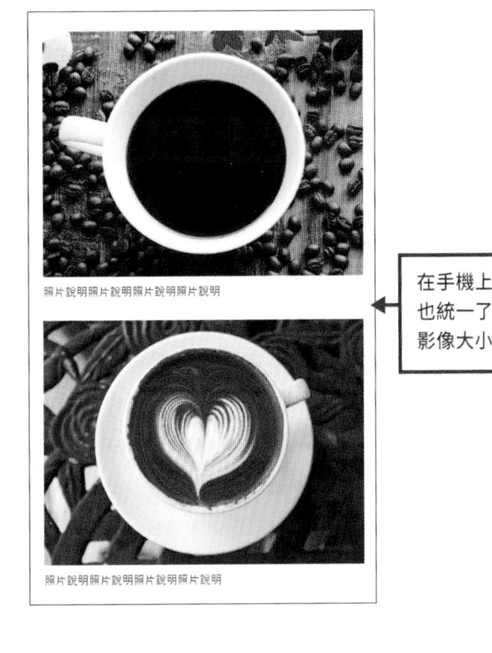

完成後，建議你調整順序，將手機版的 CSS，也就是「@media (max-width: 600px) {...}」的內容全部搬到 CSS 檔案的最後，確保執行順序正確。

接下來若以手機瀏覽此頁，就會利用媒體查詢功能，把元素還原成設定好的範圍及大小。因此在手機上，商品照會以相同大小排成一行，方便檢視。

chapter6/c6-06-7/menu.html

使用桌上型電腦（寬螢幕）瀏覽時的畫面

使用智慧型手機（窄螢幕）瀏覽時的畫面

CHAPTER 7

—

使用外部媒體

知名的社群媒體例如臉書（Facebook）、推特（Twitter）等，現在幾乎每個人都在使用，而且連商店或企業也積極地投入這個領域，活用社群媒體資源來自我宣傳。本章將說明每個網站都有的「聯絡表單」作法，為了讓使用者與網站聯繫，也會說明置入社群媒體和 Google 地圖等外部媒體的方法。

WEBSITE | WEB DESIGN | HTML | CSS | SINGLE PAGE | MEDIA

※ 本章將介紹如何置入 Google 地圖、Facebook、Twitter、YouTube 影片，前提是已完成註冊。若你還沒有相關帳號，可先註冊帳號再開始練習。

7-1 CHAPTER 「CONTACT」網頁的製作流程

範例網站中的「CONTACT」網頁就是常見的「聯絡我們」表單，製作重點包括製作表單欄位和美化表單，此外還會置入各種外掛程式，用來顯示 Google 地圖以及各家社群媒體的資訊。

「CONTACT」網頁的構成元素

在「CONTACT」網頁的上半部會顯示大型背景影像及聯絡表單，中間則是店家資訊與 Google 地圖，下方則是店家相關的社群網站與影片，將三種媒體資訊水平排列。

在網頁的下半部載入外部媒體。

製作流程

01 製作聯絡表單

首先使用 <form> 標籤製作基本的表單元件，並且要用 CSS 美化。7-2 節會示範完整的步驟。

POINT

製作可填寫欄位的表單要用 <form> 標籤。

在大型背景影像上置入半透明的表單欄位。

02 顯示 Google 地圖

在店家資訊旁邊要置入 Google 地圖。置入後要讓店家資訊與地圖並排，如果是手機版，要改成垂直排列資料與地圖，會更方便瀏覽。7-3 節會示範完整的步驟。

POINT

要置入 Google 地圖與各種社群媒體內容，必須到這些網站取得需要的原始碼，拷貝後貼入到 HTML 檔案內。

置入橫長型的 Google 地圖。

03 插入 Facebook 外掛程式

我們將在網頁中置入 Facebook 的「動態時報」(Timeline) 內容，讓使用者可以看到最新貼文，因此要前往 Facebook 網站取得原始碼並貼入到 HTML 檔案。7-4 節會示範完整的步驟。

在網頁上顯示 Facebook 動態時報的貼文。

04 插入 Twitter 外掛程式

Twitter 也同樣要顯示最新貼文，因此也要前往該網站取得原始碼，並置入到 HTML 檔案內。7-5 節會示範完整的步驟。

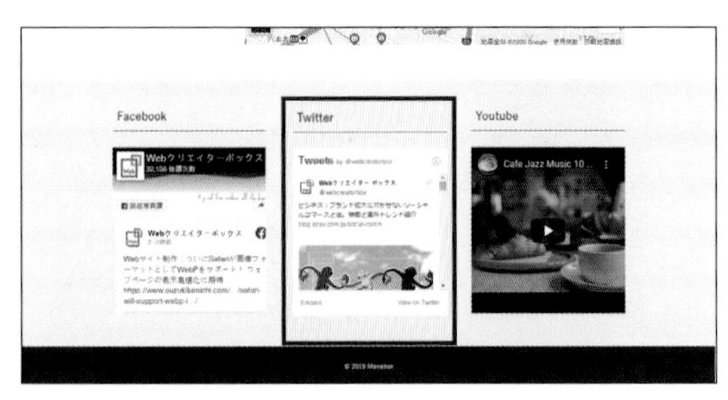

和 Facebook 一樣，也能在網頁上瀏覽 Twitter 的貼文。

05 插入 YouTube 影片

要置入 YouTube 影片也是用同樣方法，前往 YouTube 網站取得需要的原始碼並置入到 HTML 檔案內。7-6 節會示範完整的步驟。

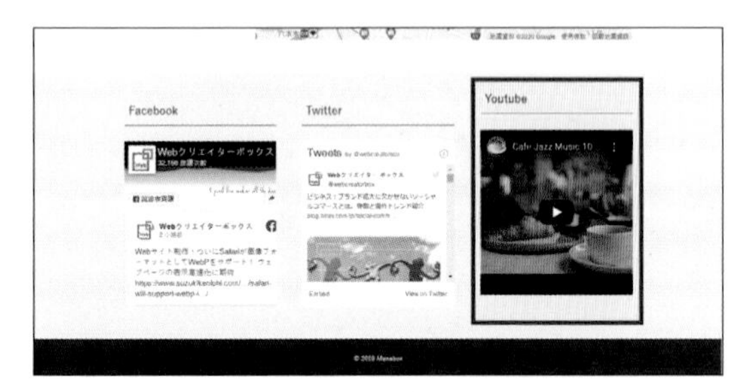

置入 YouTube 影片後，點擊播放按鈕，就會開始播放影片。

06 支援響應式網頁設計

置入需要的媒體後，同樣要使用 CSS 的**媒體查詢**功能調整手機版的內容，在手機版上，要把水平排列的店家資訊、地圖、社群媒體外掛程式的內容變成垂直排列。7-7 節會示範完整的步驟。

在手機版上讓這些外部媒體垂直排列

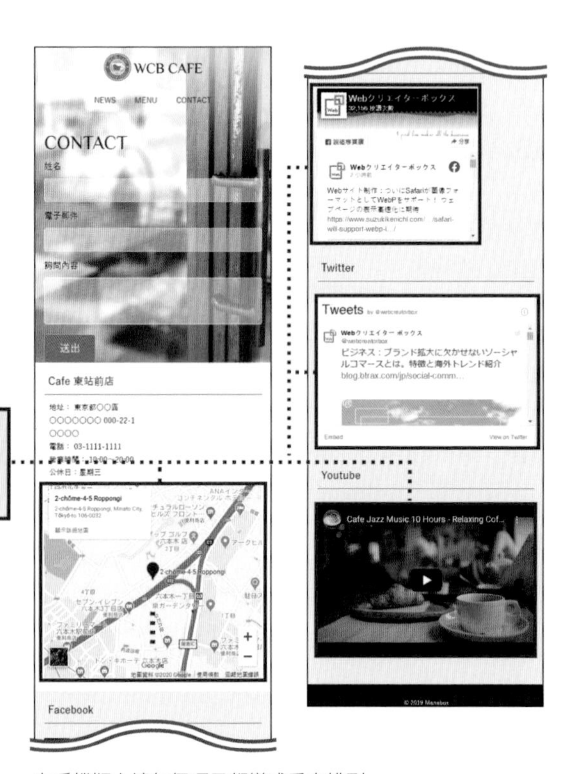

在手機版上讓每個項目都變成垂直排列。

7-2 CHAPTER 製作聯絡表單

在「CONTACT」網頁的上半部，要置入一張大型背景影像，並且要製作聯絡用的表單。這一節就來製作這個部分。

準備檔案

和前面一樣，請利用拷貝檔案的方式，建立新的網頁。請拷貝「menu.html」，並重新命名為「contact.html」。接下來我們將編輯「contact.html」，製作成「CONTACT」網頁。

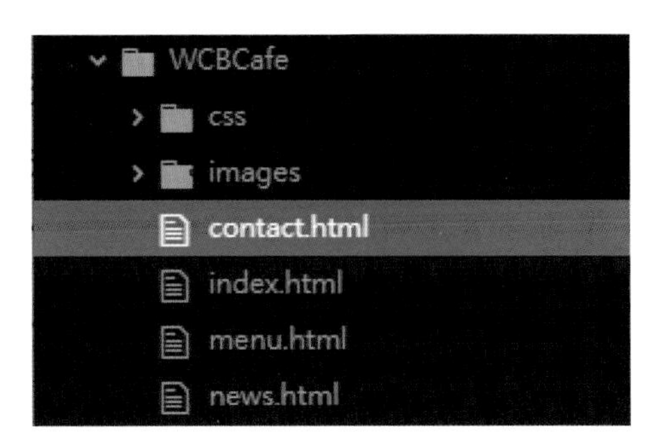

目前的檔案結構如上圖所示。

編輯 HTML

以下將保留網頁上共通的部分，僅編輯需要修改的地方。

編輯在「head」內的「title」

首先同樣要更改聯絡表單的標題。

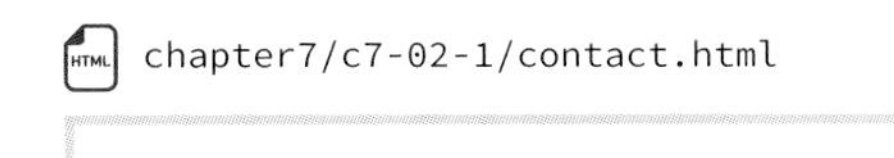

chapter7/c7-02-1/contact.html

```
<title>WCB Cafe - CONTACT</title>
```

刪除不需要的內容

這個網頁不需要再使用「MENU」網頁上半部的介紹與商品照，可先刪除。

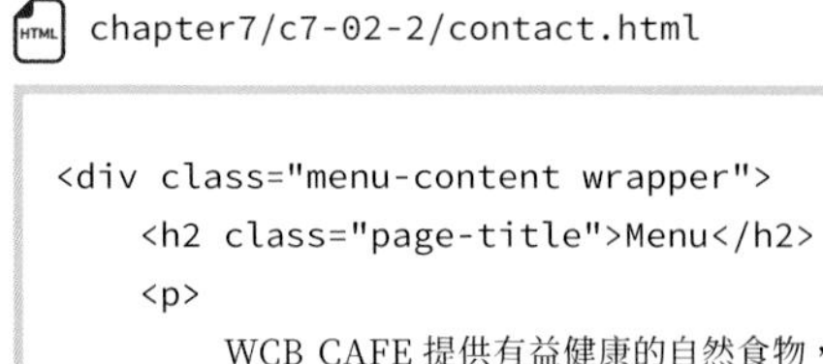

chapter7/c7-02-2/contact.html

```
<div class="menu-content wrapper">
    <h2 class="page-title">Menu</h2>
    <p>
        WCB CAFE 提供有益健康的自然食物，
主要的特色是菜單選用了無人工添加物的食材。
        請用好喝的綜合咖啡與健康的有機食物由體
內開始療癒身心。
    </p>
</div><!-- /.menu-content -->
```

chapter7/c7-02-3/contact.html

```
<div class="wrapper grid">
    <div class="item">
        <img src="images/menu1.jpg" alt="">
        <p> 照片說明照片說明照片說明照片說明 </p>
    </div>
    ( · · · 省略 · · · )
</div><!-- /.grid -->
```

刪除這些內容

更改 ID 名稱

把「div id="nemu"」的 ID 名稱改成「div id="contact" 」，下方的註解也要從 <!-- /#nemu --> 改成 <!-- /#contact -->。

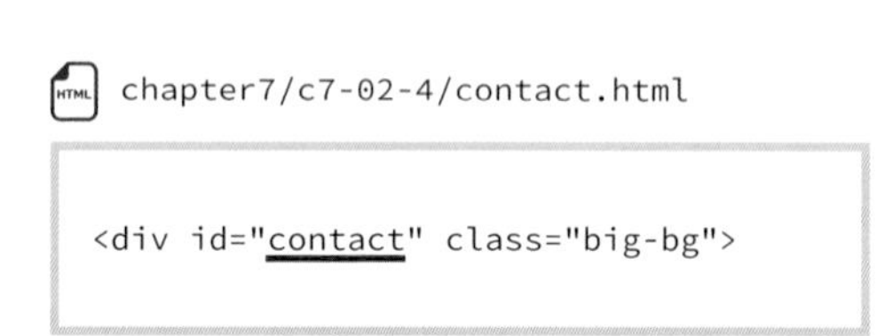

chapter7/c7-02-4/contact.html

```
<div id="contact" class="big-bg">
```

新增表單標籤

接著要在「header」下方加入表單和欄位。請用 **<form>** 標籤製作表單，在表單中插入 **<input>** 與 **<textarea>** 標籤來描述輸入欄位，這兩種標籤都要加上 **id** 屬性。

<input> 與 <textarea> 標籤前面要加入 **<label>** 標籤，並加上 **for 屬性**，讓 for 屬性與 id 屬性的值相同，就會產生連結。

chapter7/c7-02-5/contact.html

```
<div class="wrapper">
    <h2 class="page-title">Contact</h2>
    <form action="#">
        <div>
            <label for="name"> 姓名 </label>
            <input type="text" id="name" name="your-name">
        </div>

        <div>
            <label for="email"> 電子郵件 </label>
            <input type="email" id="email" name="your-email">
        </div>

        <div>
            <label for="message"> 詢問內容 </label>
            <textarea id="message" name="your-message"></textarea>
        </div>

        <input type="submit" class="button" value=" 送出 ">
    </form>
</div><!-- /.wrapper -->
```

POINT

<input> 標籤不需要結束標籤。表單標籤可參照 2-11、2-12 節。

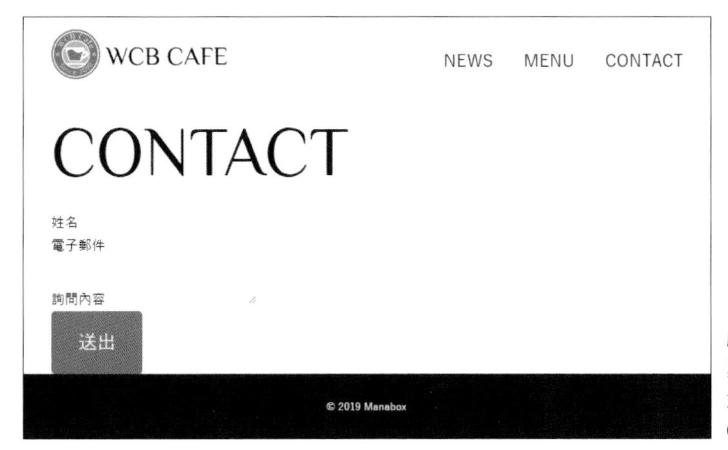

目前的表單還沒有任何裝飾，所以看起來就像是沒有顯示，其實已經完成了，只是欄位為透明而看不出來。接著會使用 CSS 美化，讓欄位顯示出來。

用 CSS 加上裝飾

顯示背景影像

首先要置入背景影像，顯示在表單後面。

chapter7/c7-02-6/css/style.css

```
/* CONTACT
------------------------------- */
#contact {
    background-image: url(../images/contact-bg.jpg);
    min-height: 100vh;
}
```

在背景置入影像

顯示背景影像。

裝飾表單

接著要裝飾表單中各個元件。除了要設定文字大小和留白，還要替表單元件加上背景色「**rgba(255,255,255,.5)**」，可顯示成半透明的白色。

設定 **<input>** 標籤的屬性時，是利用**中括號**「 **[ ]** 」包夾設定。假如要在多個選擇器執行相同設定時，請用逗號「 **,** 」隔開。

POINT

表單內容都是放在 <form> 標籤內，用 <input> 與 <textarea> 標籤描述輸入欄。<input> 標籤的屬性是用中括號「[ ]」包夾。

chapter7/c7-02-7/css/style.css

```
/* 表單 */
form div {
    margin-bottom: 14px;
}
label {
    font-size: 1.125rem;
    margin-bottom: 10px;
    display: block;
}
input[type="text"],
input[type="email"],
textarea {
    background: rgba(255,255,255,.5);
    border: 1px #fff solid;
    border-radius: 5px;
    padding: 10px;
    font-size: 1rem;
}
input[type="text"],
input[type="email"] {
    width: 100%;
    max-width: 240px;
}
textarea {
    width: 100%;
    max-width: 480px;
    height: 6rem;
}
input[type="submit"] {
    border: none;
    cursor: pointer;
    line-height: 1;
}
```

設定欄位屬性

設定白色半透明

設定欄位屬性

設定後，三個輸入欄位會變成白色半透明的狀態，看起來更明顯。

電腦版的表單已初步設定完成，接著要在 CSS 中調整手機版表單的留白與輸入欄位的寬度。設定完成後，若切換到手機版或縮小視窗瀏覽時，輸入欄位寬度會變成 100%，填滿整個畫面。

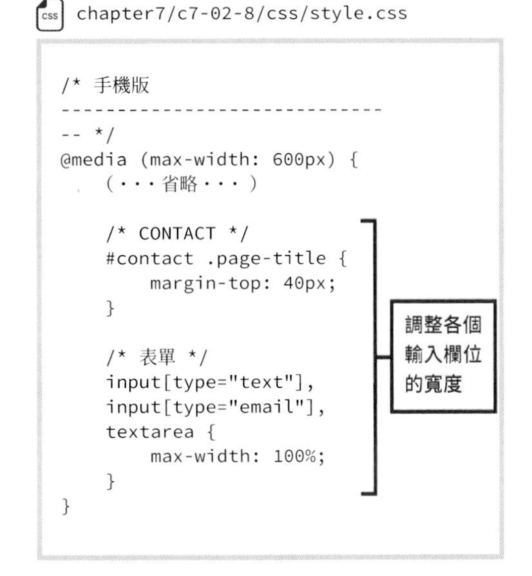
chapter7/c7-02-8/css/style.css

```
/* 手機版
-----------------------------
-- */
@media (max-width: 600px) {
    (・・・省略・・・)

    /* CONTACT */
    #contact .page-title {
        margin-top: 40px;
    }

    /* 表單 */
    input[type="text"],
    input[type="email"],
    textarea {
        max-width: 100%;
    }
}
```


POINT

本書僅示範表單的外觀製作步驟，若需要讓表單發揮作用，例如連結資料庫等，需要另外撰寫 PHP 等程式。如果沒有後端程式的資源，可參考以下介紹的 Google 表單等網路服務。

使用網路服務來製作表單

雖然我們可以用 <form> 標籤製作出聯絡表單，但是若要讓表單資料儲存到資料庫，必須搭配 PHP 等程式語言。換言之，我們光憑 HTML 與 CSS 僅能建立出表單的外觀。如果你的網站需要表單服務，又不會寫 PHP 等後台程式，也不用擔心，以下推薦幾種能輕鬆製作表單的網路服務。

Google 表單 … https://www.google.com.tw/intl/zh-TW/forms/about/

Google 提供的「**Google 表單**」服務是任何人都可以免費、輕鬆使用的網路表單。此服務可以做問卷調查，也能製作聯絡表單。

建立方法是先連到 Google 表單的首頁，點擊「**前往 Google 表單**」鈕，登入自己的 Google 帳戶後，會跳至建立新表單畫面，請點擊右下角的「＋」鈕「**建立新表單**」。

建立表單後，可透過下拉選單加入「**簡答**」、「**段落**」、「**選擇題**」等欄位元件。完成表單後，按右上方的「**傳送**」鈕，傳送方式會顯示 URL 連結或嵌入原始碼，請切換到「**<>**」標籤，下面會顯示「**嵌入 HTML**」的內容，可調整表單的寬度和高度。設定後，只要複製視窗中的原始碼 <iframe src="https://docs.google...></iframe>，貼至 HTML 檔案內要顯示的地方，就完成了。

Google 表單的首頁。

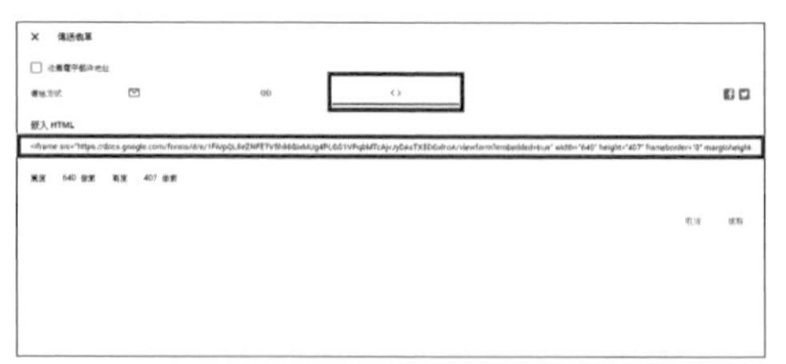

把顯示在「嵌入 HTML」欄位內的原始碼複製後，貼至 HTML 檔案內即可。

formrun … https://form.run/ja

「**formrun**」這個網站和 Google 表單的服務類似，可輕鬆建立表單，並且能以視覺化方式管理輸入的資料。不過這是日文網站，以下將解說幾個必要的設定項目。

使用方法是先在網站首頁點擊「**無料でスタート**（免費開始）」鈕，可建立新帳戶，也可以用 Google 帳戶登入。建立帳戶後，輸入「**Team Name**」與「**Form URL**」會顯示表單的範本清單。這裡提供多種範本，例如活動申請、會員註冊、案件委託、求才職缺等，請增加必要項目，製作成需要的表單。

設定完成並儲存後，就會顯示表單共享畫面。可使用網頁版的 URL 來連結，或點擊「**iframe 埋め込みフォーム**（以 <iframe> 標籤嵌入表單原始碼）」，即可複製原始碼。

「formrun」網站的服務可以免費使用 3 個表單。付費版本會依團隊成員人數及功能，提供每月 4,980 日幣與每月 12,800 日幣的方案。

formrun 網站的首頁。

「共有」就是分享表單的意思，可在此複製連結，或點擊下方的「iframe 埋め込みフォーム」項目複製原始碼。

7-3 CHAPTER 顯示 Google 地圖

這一節我們要在網頁中嵌入「Google 地圖」，這是 Google 提供的地圖服務，置入後就可以讓使用者了解店家位置，非常方便。置入地圖後，我們會將店家資訊與地圖水平並排，以便瀏覽。

撰寫店家資訊

首先在 HTML 的 <div id="contact" class="big-bg"> 與「footer」之間，插入一個 **<section>** 標籤，並套用「**location**」這個 ID 。在 <section> 標籤內，再繼續建立套用「**location-info**」類別的 <div> 標籤，撰寫店家資訊，包括店名、地址、電話等。需要換行時，可以 使用 **
** 標籤。

在「location-info」後面，我們還要建立套用「**location-map**」類別的 <div> 標籤，之後要置入地圖，請先暫時寫上「Google 地圖」。

chapter7/c7-03-1/contact.html

```
<div id="contact" class="big-bg">
    (・・・省略・・・)
</div><!-- /#contact -->

<section id="location">
    <div class="wrapper">
        <div class="location-info">
            <h3 class="sub-title">Cafe 東站前店 </h3>
            <p>
                地址：東京都○○區 <br>
                ○○○○○○○ 000-22-1<br>
                ○○○○ <br>
                電話： 03-1111-1111<br>
                營業時間： 10:00～20:00<br>
                公休日：星期三
            </p>
        </div><!-- /.location-info -->
        <div class="location-map">
            Google 地圖
        </div><!-- /.location-map -->
    </div><!-- /.wrapper -->
</section><!-- /#location -->
```

利用
 標籤換行

加入 <section> 標籤並撰寫內容

置入 Google 地圖

範例網站的地圖是使用 Google 地圖，方法是在 Google 地圖的網站 (https://www.google.com/maps/) 輸入地址，地圖會找出該地點，請如圖點擊「**分享**」鈕，即可開啟分享資訊。

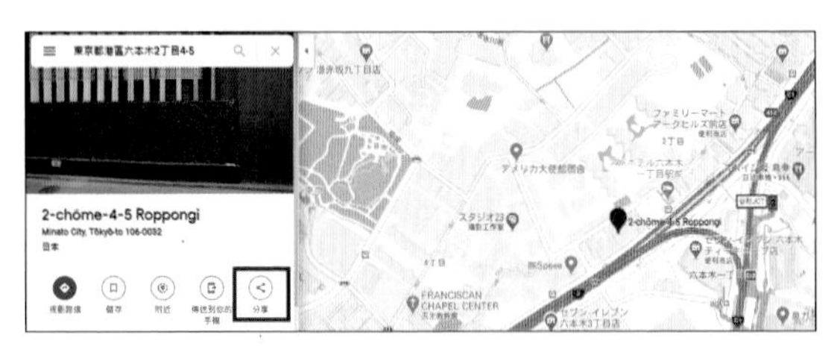

開啟如右圖的分享視窗後，請再點擊「嵌入地圖」，即可取得連結。

範例網站是使用虛構的地址，你可以輸入自己的地址來練習。

預設值是設定為「中」，請選擇「自訂大小」並設定為「800 × 400」，就會顯示原始碼，拷貝後貼至 HTML 中暫時寫上「Google 地圖」的地方即可。

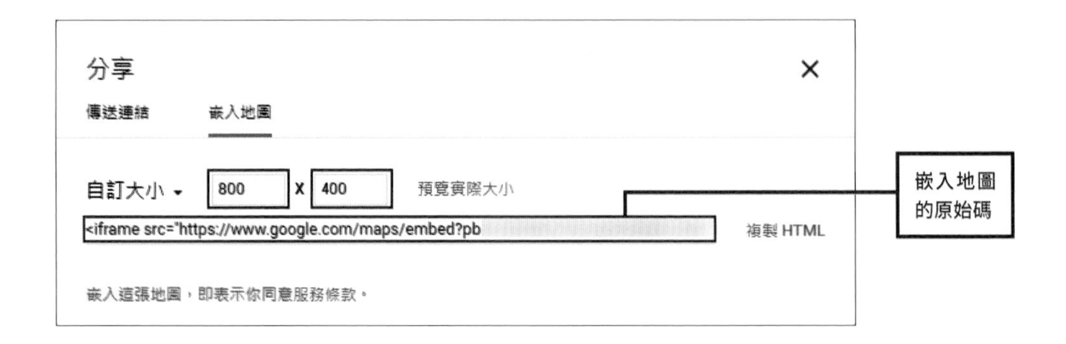

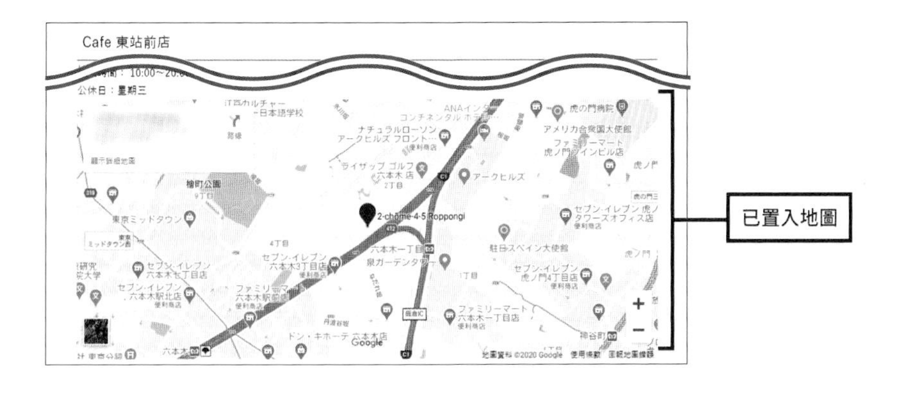

調整外觀

置入後，店家資訊與地圖會呈上下垂直排列，我們要用 CSS 的 **Flexbox** 功能並排，並調整各元素的寬度與留白，如下圖所示。另外，如果包夾 Google 地圖的 **<iframe>** 標籤超出顯示區域，會與商店資料重疊，因此要把它的寬度設定為「100%」。

chapter7/c7-03-2/css/style.css

```
/* 商店資料・地圖 */
#location {
    padding: 4% 0;
}
#location .wrapper {
    display: flex;
    justify-content: space-between;
}
.location-info {
    width: 22%;
}
.location-info p {
    padding: 12px 10px;
}
.location-map {
    width: 74%;
}
```

設定 Flexbox

chapter7/c7-03-3/css/style.css

```
/* iframe */
iframe {
    width: 100%;
}
```

設定為 100%

POINT

把 <iframe> 標籤的寬度設定為「100%」，就不會超出顯示範圍了。

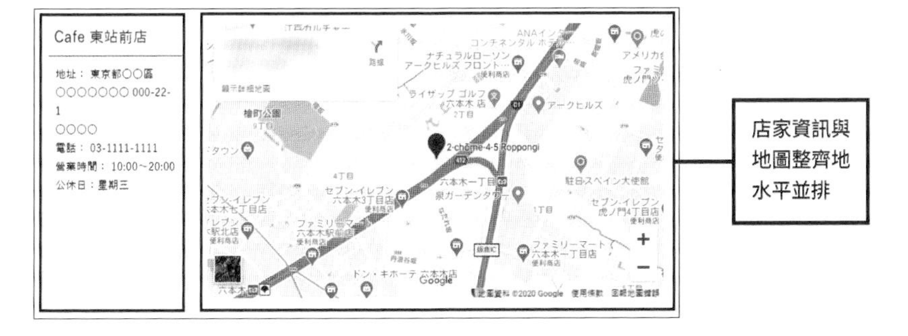

7-4 CHAPTER 插入 Facebook 外掛程式

接著要在網頁下方置入 Facebook、Twitter、YouTube 的資訊，只要到這些網站取得外掛程式的原始碼，置入網頁後，就會同步顯示社群網站的最新貼文。以下先示範插入 Facebook 外掛程式。

撰寫用來置入社群媒體的 <section> 標籤

首先要建立幾個標籤，準備置入各家社群媒體。請在置入 Google 地圖的 <section id="location"> 下方，插入 **<section>** 標籤並套用「**sns**」ID，這個是最外層的標籤，會包夾三個社群媒體區塊。接著再加入 3 組套用「**sns-box**」類別的 <div> 標籤。準備插入媒體的地方，可先暫時輸入文字：「Facebook 外掛程式」、「Twitter 外掛程式」、「YouTube 影片」。下一頁要接著用 CSS 設定背景色，並用 **Flexbox** 設定水平排列。

chapter7/c7-04-1/contact.html

```
<section id="location">
    (・・・省略・・・)
</section><!-- /#location -->

<section id="sns">
    <div class="wrapper">
        <div class="sns-box">
            <h3 class="sub-title">Facebook</h3>
            Facebook 外掛程式
        </div>

        <div class="sns-box">
            <h3 class="sub-title">Twitter</h3>
            Twitter 外掛程式
        </div>

        <div class="sns-box">
            <h3 class="sub-title">YouTube</h3>
            YouTube 影片
        </div>
    </div><!-- /.wrapper -->
</section><!-- /#sns -->
```

請增加這段描述。準備要插入媒體的地方，可暫時先輸入文字，之後再置換成外掛程式。

chapter7/c7-04-2/css/style.css

```
/* SNS */
#sns {
    background: #FAF7F0;
    padding: 4% 0;
}
#sns .wrapper {
    display: flex;
    justify-content: space-between;
}
#sns .sub-title {
    margin-bottom: 30px;
}
.sns-box {
    width: 30%;
}
```

在 CSS 中新增這個段落，設定整個區塊的背景色，並使用 Flexbox 屬性，讓三個區塊水平並排。

Facebook	Twitter	Youtube
Facebook 外掛程式	Twitter 外掛程式	Youtube 影片

© 2019 Manabox

加上淺米色的背景色，並且將 3 個區塊水平排列。

取得 Facebook 外掛程式的原始碼

接著我們就要去取得 Facebook 外掛程式的原始碼。請連到「**粉絲專頁外掛程式**」的網站 (https://developers.facebook.com/docs/plugins/page-plugin?locale=zh_TW)，設定以下項目，然後點擊下方的「**取得程式碼**」鈕即可。

項目	設定
Facebook 粉絲專頁網址	以 https://www.facebook.com/ 為開頭的 Facebook 粉絲專頁網址
頁籤	timeline
寬度	不設定 (空白)
高度	315
搭配外掛程式容器寬度	勾選

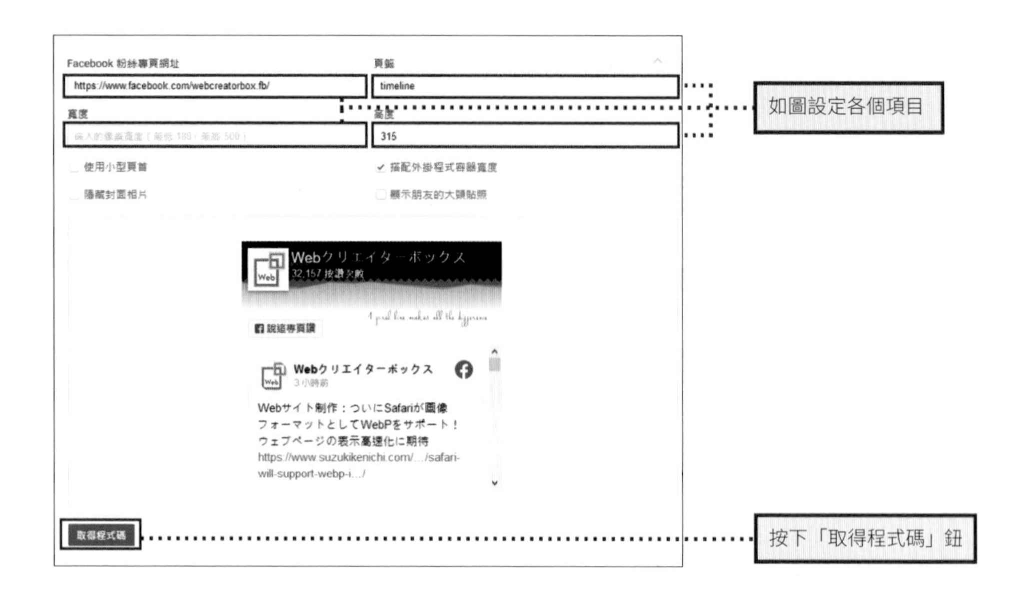

點擊視窗上方的「IFrame」標籤，即可取得以 <iframe> 標籤包夾的原始碼，請拷貝整段原始碼，貼至 p.260 暫時寫上「Facebook 外掛程式」的地方，就完成了。

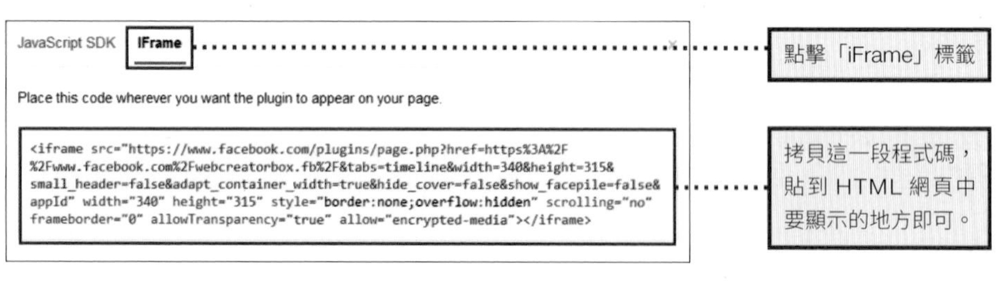

若要顯示 Facebook 外掛程式，必須取得原始碼。

chapter7/c7-04-3/contact.html

在網頁中置入了 Facebook 外掛程式。

COLUMN

讓 Facebook 外掛程式支援響應式網頁設計

使用「IFrame」標籤取得的原始碼，寬度是固定的，不會隨著畫面尺寸縮放寬度。如果要置入的外掛程式自動縮放，要改用「**JavaScript SDK**」標籤取得原始碼。

在「JavaScript SDK」的畫面中會顯示兩種原始碼。這裡要把「Step 2」的原始碼貼在 HTML 檔案 <body> 標籤的下方，並將「Step 3」的原始碼貼在實際要顯示的地方（這個範例是指暫時輸入「Facebook 外掛程式」文字的地方）。

不過，如果用這種方法置入網頁，必須要上傳至網頁伺服器才會顯示 Facebook 的貼文，儲存在電腦的 HTML 檔案不會顯示任何東西，請特別注意。

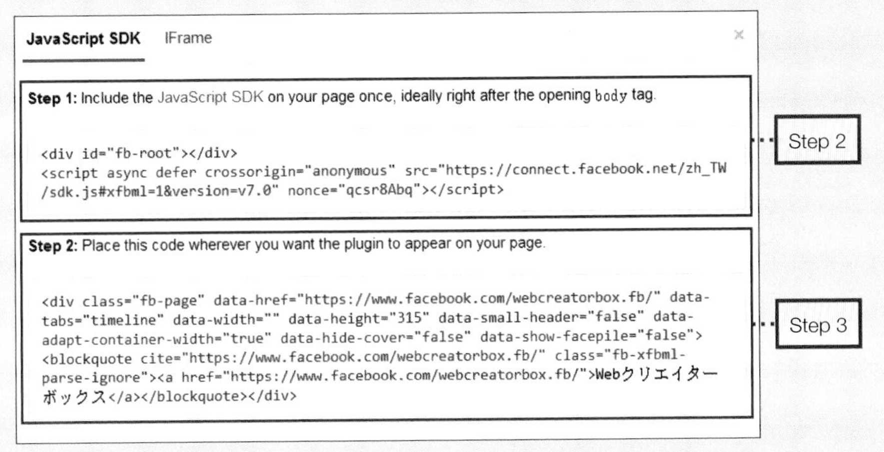

請注意原始碼要貼在兩個地方。這種設定方式必須上傳到網站才看得到，僅供參考。本書的範例為了讓你能在電腦上檢視結果，會以插入 <iframe> 的方式來示範。

7-5 CHAPTER 插入 Twitter 外掛程式

接著要用類似的方法再插入 Twitter 外掛程式。Twitter 上面提供原始碼的網頁只有英文，不過設定方法很簡單，請試著挑戰看看。

取得 Twitter 外掛程式的原始碼

請前往 Twitter 外掛程式的網站（https://publish.twitter.com/），上面會顯示寫著「Enter a Twitter URL」的輸入欄。請在這裡輸入你的 Twitter 帳號的網址（twitter.com/帳戶名稱），按下 Enter 鍵。

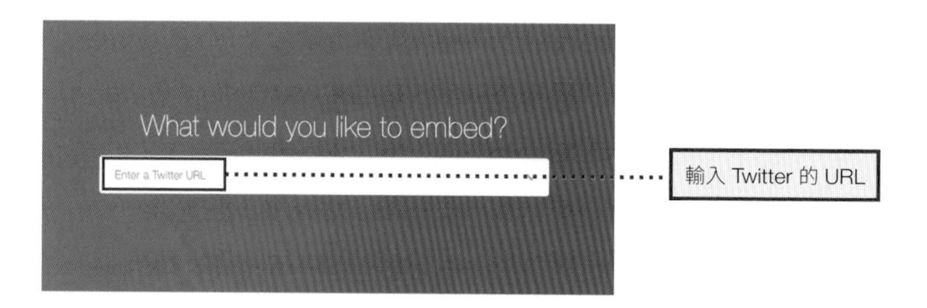

輸入後畫面會往下移動，進入「**Here are your display options**」畫面，讓你選擇要呈現的版面。本例我們是點選「**Embedded Timeline**」。

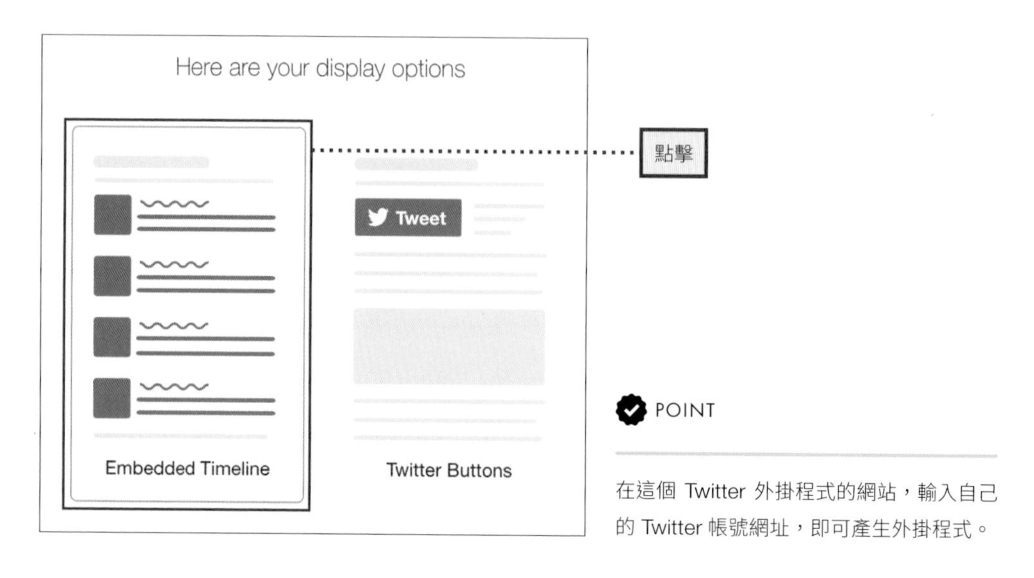

POINT

在這個 Twitter 外掛程式的網站，輸入自己的 Twitter 帳號網址，即可產生外掛程式。

顯示了原始碼之後，如果想自訂大小，要點擊「**set customization options**」連結，請在「**Height(px)**」欄位輸入「315」，設定高度。其他欄位請視需求調整。

接著點擊「**Update**」鈕，就會顯示原始碼，再按「**Copy Code**」鈕即可拷貝。接著同樣貼到 p.260 暫時寫上「Twitter 外掛程式」的地方即可。

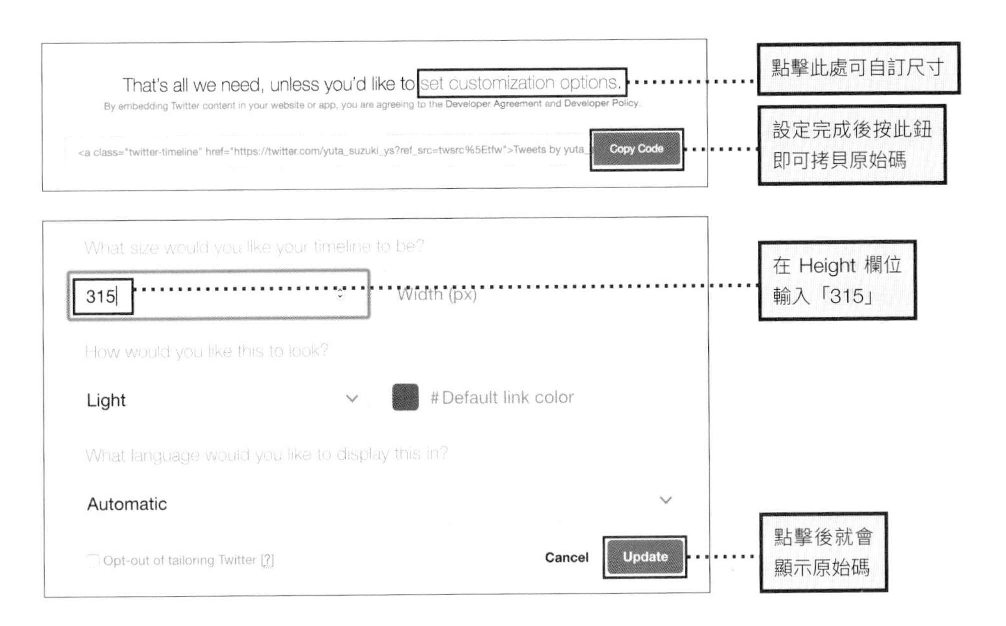

POINT

如果想自訂外掛程式的大小或顏色，同樣是要點擊「set customization options」連結去做設定。Twitter 外掛程式預設就會支援響應式網頁設計。

chapter7/c7-05-1/contact.html

顯示了 Twitter 外掛程式。這個設定已經支援響應式網頁設計。

7-6 CHAPTER 插入 YouTube 影片

社群網站的外掛程式都已經置入了，最後要插入 YouTube 影片。與其他外掛程式相比，不需要太多設定，就能輕鬆地插入影片。

取得 YouTube 影片的原始碼

YouTube 影片的原始碼很容易取得。請連到 YouTube 的網站（https://www.youtube.com/），找出要置入的影片，然後點擊影片下方的「**分享**」鈕。

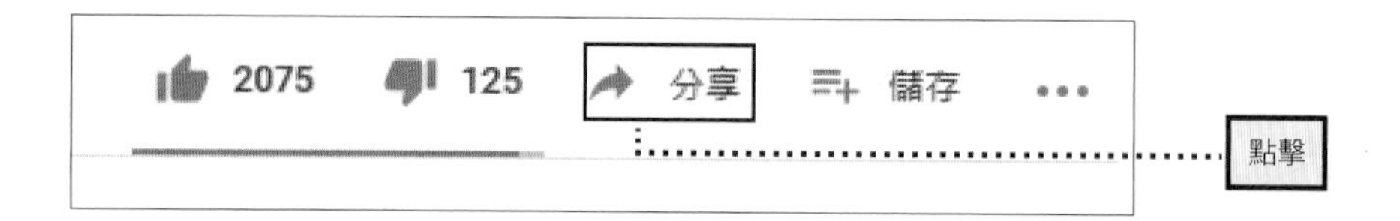

出現分享視窗後，再點擊視窗內的「**嵌入**」鈕。

接著比照右頁上圖，拷貝「**嵌入影片**」的原始碼，並貼至 p.260 暫時寫上「YouTube 影片」的地方即可。如果要更改影片開始播放的位置，請勾選「**開始處**」項目，可輸入要從幾分幾秒的時間點開始播放。

chapter7/c7-06-1/contact.html

顯示 YouTube 影片，非常簡單就可以嵌入。

從顯示 YouTube 影片的網頁取得原始碼。可利用「開始處」選項調整播放影片的時機。

請注意，將影片嵌入自己的網站必須遵守版權規範，最好是自己製作的影片，以免有侵權疑慮。左圖是示範置入網路上的影片，僅供參考。在本書提供給讀者的範例網站檔案中，其實是嵌入了作者自製（有版權）的教學影片，因此和左圖的畫面不同。

7-7 CHAPTER 支援響應式網頁設計

到此已經置入所有需要用到的外部媒體，我們最後要再使用前面學過的「媒體查詢」功能，調整成用手機瀏覽也很方便的版面。

利用「媒體查詢」功能改成垂直排列

前面使用了 Flexbox 將店家資訊和地圖並排，這樣在手機版上較不容易瀏覽。因此我們同樣要用「媒體查詢」功能來設定手機版，將並排的元素改成垂直排列。請在 CSS 檔案中增加「**flex-direction: column;**」屬性，設定寬度為「100%」，則在手機版會讓元素擴大至整個畫面。

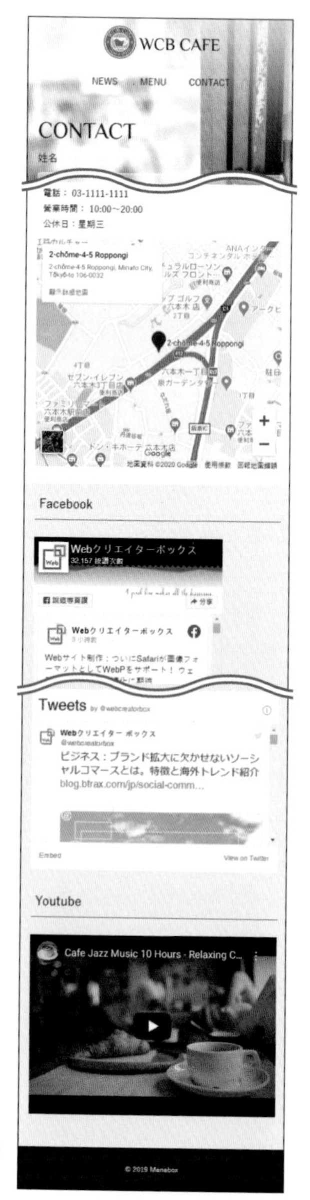

chapter7/c7-07-1/css/style.css

```
@media (max-width: 600px) {

    (・・・省略・・・)

    /* 商店資料・地圖 / SNS */
    #location .wrapper,
    #sns .wrapper {
        flex-direction: column;
    }
    .location-info,
    .location-map,
    .sns-box {
        width: 100%;
    }
    .sns-box {
        margin-bottom: 30px;
    }
}
```

增加

POINT

要針對手機版修改樣式時，都要使用媒體查詢。

這樣就能讓所有元素都支援智慧型手機了。

7-8 CHAPTER 設定 OGP

網站做好了，當然會將網址分享到社群媒體邀請其他人來瀏覽，其實這是有訣竅的。本節是針對「已經將完成的網站上傳、擁有獨立網址」的狀況，將說明把網址分享到社群網站的注意事項。

何謂 OGP

OGP 是「**Open Graph Protocol**」(開放圖表協議) 的縮寫，有設定 OGP 的情況，在社群媒體分享網站時，可正確傳達網頁標題、內文、影像等資料的結構。

舉例來說，假設在 Facebook 或 Twitter 分享網站時，會在動態時報顯示預覽內容，未設定 OGP(上圖) 與有設定 (下圖) 的狀態將會截然不同。如果設置得宜，可以讓更多使用者更想要瀏覽你的網站。

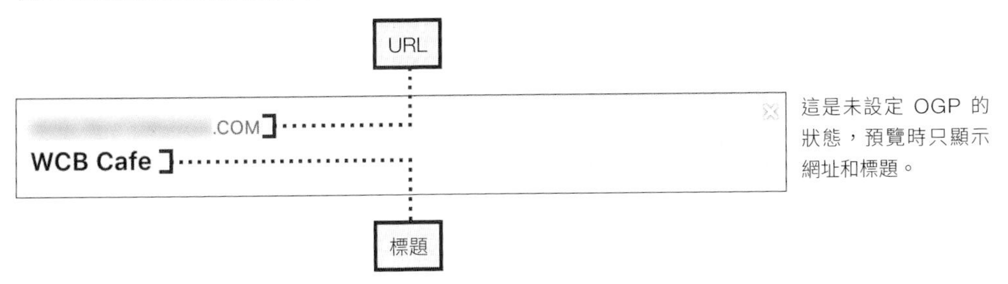

這是未設定 OGP 的狀態，預覽時只顯示網址和標題。

這是有設定 OGP 的狀態。會顯示出首頁影像、網頁的標題、簡介等。

設定 OGP

在 HTML 檔案的「**head**」內描述以下這些指定的 **<meta>** 標籤，就可以設定 OGP。

chapter7/c7-08-1/contact.html

```
<meta property="og:url" content="http://example.com/index.html">
<meta property="og:type" content="website">
<meta property="og:title" content="WCB Cafe Home">
<meta property="og:description" content="想不想待在時尚咖啡店裡放鬆身心？用無人工添加物的食材讓身體由內而外煥然一新。">
<meta property="og:image" content="http://example.com/images/ogp.jpg">
```

利用 <meta> 標籤輸入每個項目的設定

主要的設定項目

種類	說明
og:url	網頁的 URL
og:type	網頁的種類。可設定「website」(網站) 或「article」(報導)
og:title	網頁的標題
og:description	網頁的簡介文字
og:image	分享時想顯示的影像檔案路徑

舉個例子，假如我們要將網站分享到 Facebook，首先要準備一張圖片，Facebook 建議的影像大小為寬 1200px、長 630px。請事先準備好這張影像。

Facebook 本身也有提供關於 OGP 的許多選項。如果有需要，請參考 Facebook「**給網站管理員的分享功能指南**」(https://developers.facebook.com/docs/sharing/webmasters/)，自行設定。

使用 Facebook 確認

只要將網址貼到 Facebook 就可以瞭解是否正確完成設定，不過這樣可能會產生重複發布的問題，建議使用官方提供的確認工具。只要在下頁的「**分享偵錯工具**」頁面輸入網頁的 URL，點擊「**偵錯**」鈕，就會顯示已經設定的項目。假如有錯誤，就會顯示。

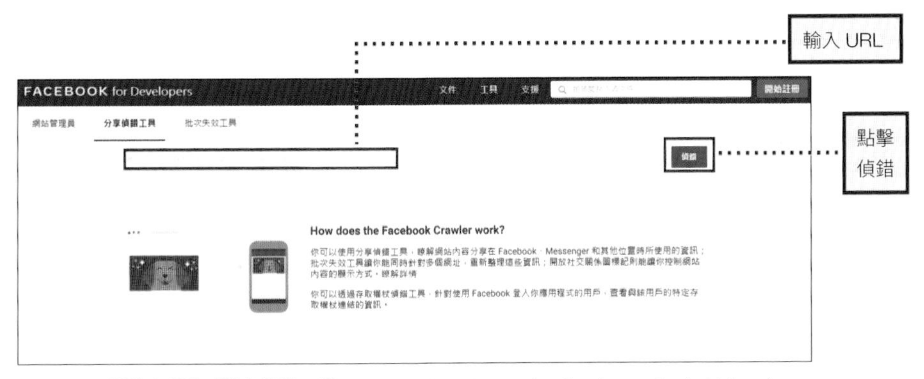

Facebook 開發人員的「分享偵錯工具」…https://developers.facebook.com/tools/debug/

此網址尚未分享在 Facebook。 擷取新資訊

首次偵測時，請點擊「擷取新資訊」鈕。

使用 Twitter 確認

Twitter 網站也有提供類似的工具。請如下圖前往 Twitter 的「**Card Validator**」網站，輸入網頁的 URL，點擊「**Preview card**」鈕以便確認。

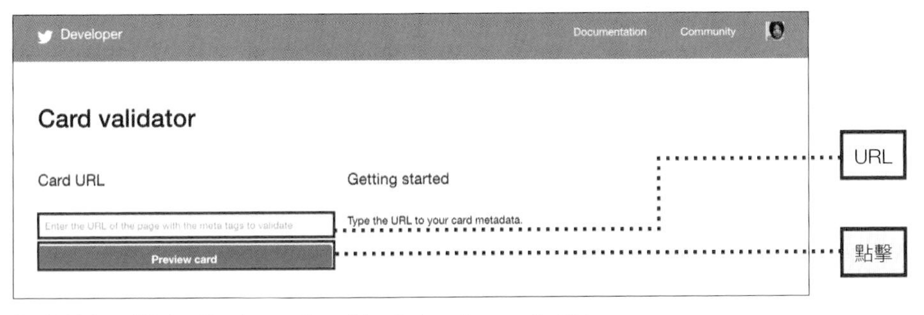

Card Validator | Twitter Developers...https://cards-dev.twitter.com/validator

Twitter 的選項設定

Twitter 也提供了選項設定，可以自訂影像的顯示方法或 Twitter 使用者名稱的記載。如果有需要，請參考 Twitter 官網「**Getting started with Cards**」的說明（https://developer.twitter.com/en/docs/tweets/optimize-with-cards/guides/getting-started.html）。

7-9 CHAPTER 自訂外部媒體的外觀

載入外部媒體的缺點是無法控制其外觀，有時候載入的內容無法搭配網站的設計風格。所幸某些媒體仍有提供部分自訂的功能，這一節就以 Google 地圖為例，將地圖調整成風格相符的外觀。

自訂 Google 地圖

HTML 範例檔案：chapter7/c7-09-1/Demo-map/contact.html

Google 地圖服務有提供自訂功能，只要在網站上調整即可，不需要修改原始碼，非常方便。

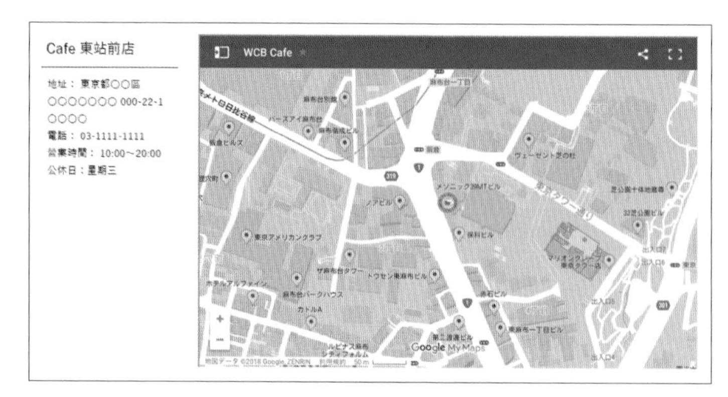

這是完成圖。這一節會示範如何更改地圖的樣式及圖示。

製作 Google 地圖

首先進入 **Google 地圖**的首頁（https://www.google.com/maps/d/）。假如尚未登入 Google 帳戶，請先登入後，點擊「**+ 建立新地圖**」鈕，開始執行操作。

顯示在左上方。

建立後預設還沒有名稱，請點擊左上方「**無標題的地圖**」鈕，在如右圖的視窗中輸入標題及說明，然後按下「儲存」鈕。

輸入店名及介紹，然後按「儲存」鈕。

接著輸入並搜尋想顯示在地圖上的地址，找到後，該地點就會加上標記，請點擊「新增至地圖」鈕，將地點加到地圖。

點擊

新增至地圖後，就可以自訂樣式。

更改圖示

點擊「**樣式**」圖示，這裡可以選擇圖示的顏色及種類。

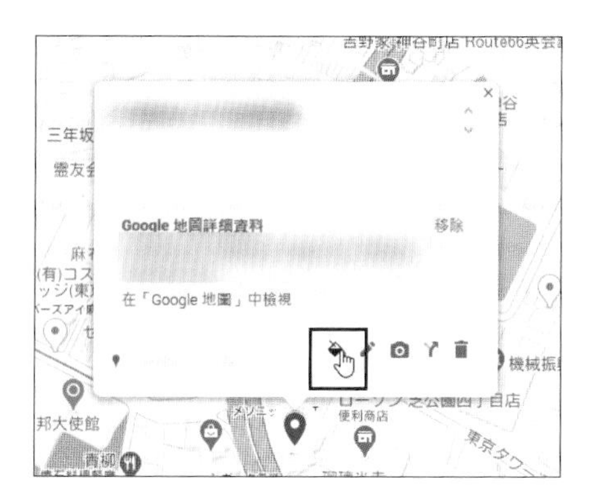

點擊樣式會顯示色彩盤以及熱門圖示。

若點擊樣式內的「更多圖示」鈕，可以選擇更多圖示。

圖示也可以改成自己喜歡的影像。點擊「**更多圖示**」視窗左下方的「**自訂圖示**」鈕，即可上傳要顯示的影像。請將電腦中的影像直接拖曳到框內，即可上傳檔案。

上傳後按左下的「選取」鈕，再按「確定」鈕。

圖示已更改成剛才上傳的影像。

更改地圖樣式

接著請改變整個地圖的顏色。點擊寫著「**基本地圖**」的向下箭頭，可以選擇「**地圖**」、「**衛星**」、「**地形**」、「**淡色政治區域圖**」、「**黑白城市地圖**」、「**基本地圖**」、「**淡色自然景觀圖**」、「**深色自然景觀圖**」、「**白色水域圖**」等 9 種樣式。

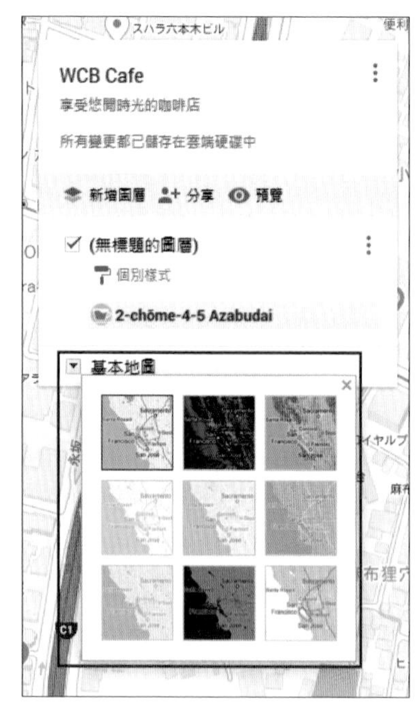

選擇容易檢視的樣式。

上圖是選擇「基本地圖」的結果。

POINT

在 Google 地圖建立新地圖後，就可以改變圖示及地圖樣式。

顯示地圖

在預設狀態下，製作好的地圖是顯示成不公開的狀態。為了讓訪客可以看到內容，要改成可以公開瀏覽的狀態才行。請先重新整理網頁（儲存設定），然後點擊「**分享**」鈕，如圖開啟兩個選項，即可啟用連結共用設定。

點擊「分享」鈕。

啟用連結共用設定。

接著要取得此地圖的原始碼，以便嵌入 HTML 網頁。請點擊「**我的地圖**」標題右上角的選單鈕（三個點），再點擊「**嵌入我的網站**」項目，就會顯示地圖原始碼。只要將這串原始碼拷貝、貼至要顯示在 HTML 檔案中的位置，就完成了。

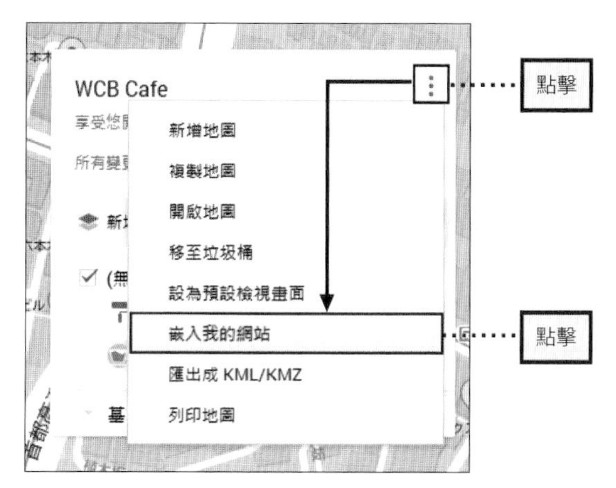

點擊「嵌入我的網站」。

拷貝原始碼，貼至想要的顯示的地方即可。

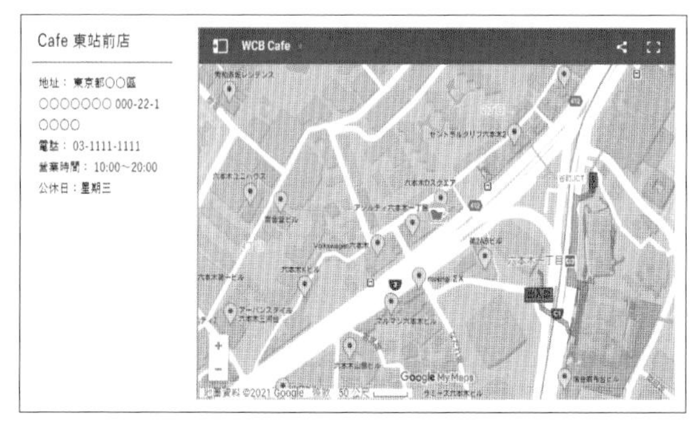

嵌入網頁後即可顯示出自訂的地圖。

常用的 HTML 標籤

以下整理了使用頻率較高的標籤，最好先記住基本結構或內容會用到的標籤。

基本結構、head 內

標籤	用途
html	代表這個檔案是 HTML 文件
head	HTML 文件的表頭，描述了搜尋引擎用的說明、CSS 檔案的連結、網頁標題等
meta	描述網頁資料，包括網頁語系等
title	網頁標題。使用瀏覽器的標籤或書籤時，會顯示為網頁標題
link	連結外部檔案，主要用來載入 CSS 檔案
body	HTML 文件的主要內容部分。裡面描述的內容都會顯示在瀏覽器上

內容

標籤	用途
h1～h6	顯示標題，依照數字順序描述
p	文章的段落
img	顯示影像，利用 src 屬性設定影像來源
a	貼上連結，並用 href 屬性設定連結對象
ul	不指定順序的條列式清單
ol	有指定順序的條列式清單
li	條列式清單內的各個項目
br	換行
strong	重要性較高的元素通常會顯示為粗體
Blockquote	引用
small	版權及法律聲明
span	使用於以 CSS 裝飾部分元素的情況
audio	用來嵌入聲音資料
video	用來嵌入影片資料
script	嵌入或參照 Script 資料，一般會使用於 JavaScript 的原始碼

表格

標籤	用途
table	顯示表格，包夾整個表格
tr	包夾表格的一列
th	製作成為表格標題的儲存格
td	製作成為表格資料的儲存格

表單

標籤	用途
form	製作表單
<input type="text">	單行文字輸入欄
<input type="radio">	選項按鈕。只能從選項中選擇其中一個項目
<input type="checkbox">	核取方塊。可以選取多個項目
<input type="submit">	送出按鈕
select	下拉式選單
option	製作下拉式選單的選項
textarea	多行文字輸入欄
label	表單的標籤，連結表單的元件與項目的名稱

分組用的區塊元素

標籤	用途
header	網頁頂部的元素，主要包夾 LOGO、網頁標題、導覽列選單
nav	主要的導覽列選單
article	網頁內的報導部分，用來包夾可以成為獨立網頁的文章內容
section	擁有一個主題的群組
main	用來包夾網頁的所有主要內容
aside	非本文的補充資料，用於和主內容關聯性較低的資料
footer	網頁底部的頁尾區塊元素。通常包含版權及社群媒體連結等
div	沒有特定意義的區塊元素

B 常用的 CSS 屬性

APPENDIX

以下整理了使用頻率較高的屬性。檢視結果會隨著設定值而產生明顯差異，最好逐一確認清楚。

文字及文章的裝飾

屬性	用途	值
font-size	設定文字大小	數值…數值後要加上 px、rem、% 等單位 關鍵字…可以設定 xx-small、x-small、small、medium、large、x-large、xx-large 等 7 個等級，medium 是標準尺寸
font-family	設定字體種類	字型名稱…描述字型的名稱。假如含有中文名稱或名稱內有空格時，要用單引號「'」或雙引號「"」包夾字型名稱 關鍵字…可以設定 sans-serif（黑體）、serif（明體）、cursive（手寫體）、fantasy（裝飾體）、monospace（等寬字體）等
font-weight	設定文字粗細	關鍵字…normal（標準）、bold（粗體）、lighter（較細）、bolder（較粗） 數值…可設定 1～1000 之間的任意數值
line-height	設定行高	normal…顯示瀏覽器判斷的行高 數值（無單位）…按照與字型大小的比例來設定 數值（有單位）…可使用 px、em、% 等單位設定數值
text-align	設定對齊文字的位置	left…靠左對齊、right…靠右對齊、center…置中對齊、justify…左右對齊
text-decoration	在文字上設定底線、刪除線等裝飾	none…無裝飾、underline…底線、overline…上線、line-through…刪除線、blink…閃爍
letter-spacing	設定字距	normal…標準字距 數值…數值後要加上 px、rem、% 等單位
color	文字上色	色碼…要設定以 # 為開頭的 3 位數或 6 位數的色碼 顏色名稱…設定 red、blue 等既定的顏色名稱 RGB 值…以「rgb」為開頭，用逗號「,」分隔紅、綠、藍的數值。如果顏色包含不透明度，則以「rgba」為開頭，用逗號「,」分隔紅、綠、藍、不透明度的值。不透明度的值介於 0～1 之間
font	統一設定所有與文字相關的屬性	設定 font-style、font-variant、font-weight、font-size、line-height、font-family 等設定值

背景的裝飾

屬性	用途	值
background-color	設定背景色	色碼…設定以 # 為開頭的 3 位數或 6 位數的色碼 顏色名稱…設定 red、blue 等既定的顏色名稱 RGB 值…以「rgb」為開頭，用逗號「,」分隔紅、綠、藍的數值。如果顏色包含不透明度，則以「rgba」為開頭，用逗號「,」分隔紅、綠、藍、不透明度的數值。不透明度的值介於 0～1 之間
background-image	設定背景影像	url…設定影像檔案 none…不使用背景影像
background-repeat	設定重複顯示背景影像的方式	repeat…往垂直、水平方向重複顯示 repeat-x…往水平方向重複顯示 repeat-y…往垂直方向重複顯示 no-repeat…不重複顯示
background-size	設定背景影像的大小	數值…數值後要加上 px、rem、% 等單位 關鍵字…用 cover、contain 設定
background-position	設定顯示背景影像的位置	數值…在數值後要加上 px、rem、% 等單位 關鍵字…水平方向為 left(左)、center(中央)、right(右)；垂直方向為 top(上)、center(中央)、bottom(下)
background	統一設定所有與背景相關的屬性	設定 background-color、background-image、background-repeat、backgroundattachment、background-position 的值

寬度與高度

屬性	用途	值
width	設定寬度	數值…數值後要加上 px、rem、% 等單位 auto…根據相關的屬性值自動設定
Height	設定高度	數值…數值後要加上 px、rem、% 等單位 auto…根據相關的屬性值自動設定

留白

屬性	用途	值
margin	元素外側的留白。用半形空格分隔，依照上、右、下、左（順時針）的順序設定	數值…數值後要加上 px、rem、% 等單位 auto…根據相關的屬性值自動設定
margin-top	元素外側上方的留白	數值…數值後要加上 px、rem、% 等單位 auto…根據相關的屬性值自動設定
margin-bottom	元素外側下方的留白	數值…數值後要加上 px、rem、% 等單位 auto…根據相關的屬性值自動設定
margin-left	元素外側左邊的留白	數值…數值後要加上 px、rem、% 等單位 auto…根據相關的屬性值自動設定
margin-right	元素外側右邊的留白	數值…數值後要加上 px、rem、% 等單位 auto…根據相關的屬性值自動設定
padding	元素內側的留白。用半形空格分隔，依照上、右、下、左（順時針）的順序設定	數值…數值後要加上 px、rem、% 等單位 auto…根據相關的屬性值自動設定
padding-top	元素內側上方的留白	數值…數值後要加上 px、rem、% 等單位 auto…根據相關的屬性值自動設定
padding-bottom	元素內側下方的留白	數值…數值後要加上 px、rem、% 等單位 auto…根據相關的屬性值自動設定
padding-left	元素內側左邊的留白	數值…數值後要加上 px、rem、% 等單位 auto…根據相關的屬性值自動設定
padding-right	元素內側右邊的留白	數值…數值後要加上 px、rem、% 等單位 auto…根據相關的屬性值自動設定

線條

屬性	用途	值
border-width	設定線條粗細	數值…數值後要加上 px、rem、% 等單位 關鍵字…thin（細線）、medium（一般）、thick（粗線）
border-style	設定線條種類	none…不顯示線條、solid…單實線、double…雙實線、dashed…虛線、dotted…點線、groove…立體凹線、ridge…立體凸線、inset…被包圍的部分看起來凹陷的嵌入線、outset…被包圍的部分看起來浮凸的浮出線
border-color	設定線條的顏色	色碼…設定以 # 為開頭的 3 位數或 6 位數的色碼 顏色名稱…設定 red、blue 等既定的顏色名稱

屬性	用途	值
border	統一設定線條顏色、樣式、粗細	設定 border-width、border-style、border-color 的值
border-top	統一設定元素上方的線條顏色、樣式、粗細	設定 border-width、border-style、border-color 的值
border-bottom	統一設定元素下方的線條顏色、樣式、粗細	設定 border-width、border-style、border-color 的值
border-left	統一設定元素左邊的線條顏色、樣式、粗細	設定 border-width、border-style、border-color 的值
border-right	統一設定元素右邊的線條顏色、樣式、粗細	設定 border-width、border-style、border-color 的值

清單項目

屬性	用途	值
list-style-type	設定清單符號的種類	Lower-roman…小寫羅馬數字、 upper-roman…大寫羅馬數字、 cjk-ideographic…中文國字數字、 hiragana…平假名、 katakana…片假名、 hiragana-iroha…平假名序號、 katakana-iroha…片假名序號、 lower-alpha、lower-latin…小寫英文字母、 upper-alpha、upper-latin…大寫英文字母、 lower-greek…小寫古典希臘字母、 hebrew…希伯來數字、 armenian…亞美尼亞數字、 georgian…喬治亞數字
list-style-position	設定清單符號的顯示位置	outside…顯示在方塊的外側 inside…顯示在方塊的內側
list-style-image	設定清單符號使用的影像	url…影像檔案的 URL none…沒有設定
list-style	統一設定清單符號的種類、位置、影像	list-style-type、list-style-position、list-style-image 的值

排版（Flexbox）

屬性	用途	值
display	使用 Flexbox 排列子元素	flex
flex-direction	設定子元素的排列方向	row（預設值）…由左往右排列子元素 row-reverse…由右往左排列子元素 column…由上往下排列子元素 column-reverse…由下往上排列子元素
flex-wrap	設定子元素的換行方式	nowrap（預設值）…子元素不換行，排列成一行 wrap…子元素換行，由上往下排列多行 wrap-reverse…子元素換行，由下往上排列多行
justify-content	設定水平方向的對齊方式	flex-strat（預設值）…從每行起始位置開始排列，靠左對齊 flex-end…從行尾開始排列。靠右對齊 center…置中對齊 space-between…把最初與最後的元素放在左右兩端，並按照均等的間隔排列其他元素 space-around…包含左右兩端的子元素在內，以均等的間隔排列
align-items	設定垂直方向的對齊方式	stretch（預設值）…根據父元素的高度、或內容最多的子元素高度來擴大排列 flex-start…從父元素的起始位置開始排列，靠上對齊 flex-end…從父元素的終點開始排列，靠下對齊 center…置中對齊 baseline…對齊基線
align-content	設定變成多行的對齊方式	stretch（預設值）…根據父元素的高度擴大排列 flex-start…從父元素的起始位置開始排列，靠上對齊 flex-end…從父元素的終點開始排列，靠下對齊 space-between…把最初與最後的元素放在上下兩端，並按照均等的間隔排列其他元素 space-around…包含上下兩端的子元素在內，以均等的間隔排列

排版（CSS 格線）

屬性	用途	值
display	使用 CSS 格線排列子元素	grid
grid-template-columns	設定子元素的寬度	數值…數值後要加上「px」、「rem」、「%」、「fr」等單位
grid-template-rows	設定子元素的高度	數值…數值後要加上「px」、「rem」、「%」、「fr」等單位
grid-gap	設定子元素之間的留白	數值…數值後要加上「px」、「rem」、「%」、「fr」等單位

後　記

筆者在撰寫本書時，曾接受許多人的幫助。包括為了讓說明更淺顯易懂，親切提供建議的鈴木編輯、提供好看照片素材的「GIRLY DROP」圖庫網站，還有在我身旁加油打氣，偶爾陪我外出「轉換心情」的老公達也，以及擅自幫我打字，讓文章全化為烏有的貓咪 Kinako，我在此致上誠摯的謝意。

Web Creator Box **Mana**

作者簡介

Mana

曾在日本擔任平面設計師二年，之後赴加拿大進修，畢業於溫哥華的某所網頁製作學校。曾在加拿大、澳洲、英國的企業擔任網頁設計師，現在於日本全國各地參與和網頁相關的研討會，以網頁製作講師的身份從事教育工作。部落格「Web Creator Box」在 2010 年榮獲日本「Alpha Blogger」(最有影響力部落格) 大獎。

網站

Mana's Portfolio Website … http://www.webcreatormana.com

Web Creator Box … https://www.webcreatorbox.com

SNS

Facebook(Web Creator Box) … https://www.facebook.com/webcreatorbox.fb

Twitter(Web Creator Box) … https://twitter.com/webcreatorbox

Twitter(個人) … https://twitter.com/chibimana

照片素材提供

GIRLY DROP … https://girlydrop.com